东北地区松花江流域水文过程模拟

王斌　王忠波　张秀芳　著

中国水利水电出版社
www.waterpub.com.cn
·北京·

内 容 提 要

本书首先从降水、蒸发蒸腾、土壤水与下渗、径流等水文循环现象与过程角度，对各种水文过程涉及的数据获取方式、模拟计算方法等进行了初步梳理与总结，继而对松花江部分流域的降水径流、蒸发蒸腾、积雪融雪、产汇流、水土流失等过程开展了实例研究。本书从模型的适用条件、输入输出、参数率定等方面，重点介绍了 Sacramento、SWAT 两种水文模型以及 Penman 公式为先导的多种蒸发蒸腾模型、Budyko 经验方程等。

本书可为水文学及水资源、农业水土工程、水利水电工程等专业领域的科研工作者和大中专院校师生开展寒区水文过程模拟工作提供参考。

图书在版编目（CIP）数据

东北地区松花江流域水文过程模拟 / 王斌，王忠波，张秀芳著. -- 北京 : 中国水利水电出版社，2024.2
ISBN 978-7-5226-2139-5

Ⅰ. ①东… Ⅱ. ①王… ②王… ③张… Ⅲ. ①松花江－流域－水文情势－研究 Ⅳ. ①P344.235

中国国家版本馆CIP数据核字(2024)第037311号

书　　名	东北地区松花江流域水文过程模拟 DONGBEI DIQU SONGHUA JIANG LIUYU SHUIWEN GUOCHENG MONI
作　　者	王斌　王忠波　张秀芳　著
出版发行	中国水利水电出版社 （北京市海淀区玉渊潭南路 1 号 D 座　100038） 网址：www. waterpub. com. cn E-mail：sales@mwr. gov. cn 电话：（010）68545888（营销中心）
经　　售	北京科水图书销售有限公司 电话：（010）68545874、63202643 全国各地新华书店和相关出版物销售网点
排　　版	中国水利水电出版社微机排版中心
印　　刷	天津嘉恒印务有限公司
规　　格	170mm×240mm　16 开本　12.25 印张　240 千字
版　　次	2024 年 2 月第 1 版　2024 年 2 月第 1 次印刷
定　　价	**68.00** 元

前言

本书是作者从水文过程模拟层面对部分教学与科研实践所做的梳理、总结和记录。近些年来，在本科教学工作中，作者主讲过水文学原理、水资源系统分析、工程水文学、农田水利学等多门课程，这些课程涉及水文循环、水文水利计算、水资源优化利用、农田灌溉排水、水土保持、水利工程经济等教学内容。在研究生教学工作中，作者先后主讲过生态水文学新理论及应用、蒸散发模型原理及应用、SWAT理论基础与实践应用等课程，这些课程是作者在深入学习了多个流域水文模型与作物模型、试验设计与统计分析、计量经济学、农业水文学以及多种编程语言以后，结合多年的科研实践而开展的。这些科研实践均以我国东北地区的部分流域为研究对象，包含了降水径流、蒸发蒸腾、积雪融雪、产汇流、水土流失等过程研究；或者针对黑龙江省的稻田节水灌溉、水稻栽培、黑土地保育、温室气体排放等问题，开展了水肥耦合、水稻直播、保护地耕作等试验以及作物模型建模模拟等工作。这些工作均与流域尺度或田间尺度水文过程的关系十分密切。在查阅文献、收集资料、设计试验、构建模型、编写程序源代码等各方面，作者都曾遇到过较多问题，也积累了一些经验。因此，把在解决这些问题时积累的经验，或得到的认识整理出来，如果能够使得一些同行，尤其是一些年轻人，在开展类似工作时少走一些弯路，将是作者莫大的荣幸，这是作者撰写本书的第一个初衷。

与温暖湿润的南方地区不同，东北地区相对寒冷干燥，在东北地区开展水文过程模拟研究面临的难点较多。受河流冰封、封冻、开河等影响，东北地区水文站冬季资料缺测较严重，个别站点的流量资料缺测可达半年之久；在寒冷季节，降水具有雨、雪、雨夹雪等多种形态，植被或死亡或处于休眠状态，积雪和（季节性）冻土广泛分布，这些因素严重影响雨雪分割、植被截留、蒸发蒸腾、土壤水运移、产汇流等水文过程，水文模型模拟精度往往不高，可供参考的水文模型实用案例不多，一些水文模型是否适用于东北地区的讨论较少。例如：我国著名的新安江模型，无论是在研发者赵人俊先生的专著和论文中，还是在其他众多研究者的应用实践中，均已证明更适用于以蓄满产流为主的南方暖湿地区，如果将新安江模型不加区别地应用在与“南方暖湿地区”自然地理条件迥异的东北地区可能是不适宜的。仅从模型运行角度而言，新安江模型在东北地区能够连续运行并输出模拟结果，但在季节性冻土甚至永久性冻土长期存在的情况下，对于新安江模型的包气带蓄满产流机理将存在难以解释的困境。在寒区、旱区、冻土区的水文过程模拟经验方面，本书期望能给读者提供一点参考和借鉴，这是作者撰写本书的第二个初衷。

我国东北地区的黑土退化、黑土层变薄是不争的事实。作为我国重要的商品粮生产基地，东北地区也是我国水资源、粮食安全、黑土退化等问题高度关注的区域，对于保障国家粮食安全和维护农业生态安全意义重大。近些年来，国家正在加强保护东北黑土地、减缓黑土层流失的工作力度。在应对我国东北黑土退化方面，农业措施（如耕作制度、秸秆还田、化肥农药使用等）、工程措施（如小流域治理、侵蚀沟整治等）以及生物措施等，难以在短期内大范围改变地形地貌，难以改变流域与田间尺度下的流域降水径流过程，一场大雨就可能破坏或摧毁来之不易的黑土地保育成果。因此，将不同时空范围内的黑土地退化现象控制在适当范围内，并辅以科学的黑土地保育措施，可能是对待黑土地保育的客观科学态度。以流域为对象研究土壤侵蚀与水土流失过程，对于估算不同尺度的土壤侵蚀量与流失量、预测和评价黑土地保育措施效果、制定水土保持规划等工作具有现实意义。作者出生于东北，生活在黑土地上，对黑土地、对东北地区都怀有深厚的感情，希望在流域水文过程模拟方面取得的微小成果，在促进东北地区黑土地保育方面能够有所贡献，这是作者撰写本书的第三个初衷。

全书共7章，王斌撰写了第2至第7章，并负责全书的统筹定稿工作；王忠波撰写了第1章，并承担了全书水文、气象数据的校核工作；张秀芳承担了地形、土地覆盖、土壤等数据产品的申请、下载以及数据产品的预处理工作，绘制了全书用图，并承担了参考文献的复核工作。

本书出版得到了国家重点研发计划课题（2016YFC040010101，2017YFC050420302）、黑龙江省自然科学基金项目（LH2021E009）的资助，在此对科技部、黑龙江省科技厅的支持表示感谢。在本书的撰写过程中，参阅和借鉴了大量的学术论文、科研报告、专业书籍、行业规范等资料，在此向各位论文、报告、书籍作者以及标准起草人等的工作表示最诚挚的谢意。

水文过程模拟涉及水文学、气象学、地理学、生态学甚至经济学等多门学科的知识，需要研究的内容很多。由于科研能力和收集到的资料有限，本书仅呈现了作者对东北地区松花江水系部分流域的降水径流过程、积雪融雪过程、融雪径流过程、蒸发蒸腾过程、土壤侵蚀与水土流失过程的模拟工作，书中观点、研究思路和研究内容的不足之处在所难免。此外，作者外语水平有限，在对外文文献、数据集的应用说明等方面，可能存在理解和翻译上的偏差。恳请同行专家和读者多提宝贵意见，我们将在今后的工作中加以改进。

作者

2023年11月

目 录

第1章

绪　论

1.1　东北地区自然地理概况

1.1.1　地理位置

东北地区位于我国东北部，一般指黑龙江、吉林、辽宁3省和内蒙古自治区东北部的呼伦贝尔市、兴安盟、通辽市和赤峰市（刘宝元等，2008；刘兴土等，2009；翟富荣等，2020；张芳玲等，2020；邢韶华等，2022）。东北地区西北部邻接蒙古国，西南部与河北省和内蒙古自治区锡林郭勒盟毗连，北部和东北部以额尔古纳河、黑龙江干流和乌苏里江与俄罗斯分界，东部隔图们江、鸭绿江与朝鲜相望，南部濒渤海和黄海（陈志恺等，2007；钱正英等，2007）。依据东北各省、自治区人民政府官方网站公布数据，东北地区土地总面积为124.78万km^2，具体统计情况见表1.1。在表1.1中，黑龙江省土地面积包含了加格达奇区和松岭区，

表1.1　东北地区土地面积

省（自治区）下辖市或盟	土地面积/万km^2	省（自治区）下辖市或盟	土地面积/万km^2
黑龙江省	47.3❶	内蒙古自治区兴安盟	5.51❷
吉林省	18.74❸	内蒙古自治区通辽市	5.9535❹
辽宁省	14.8❺	内蒙古自治区赤峰市	9❻
内蒙古自治区呼伦贝尔市	25.3❼	合　计	124.78

❶ 数据来源于黑龙江省人民政府官方网站。
❷ 数据来源于内蒙古自治区人民政府官方网站。
❸ 数据来源于吉林省人民政府官方网站。
❹ 数据来源于内蒙古自治区人民政府官方网站。
❺ 数据来源于辽宁省人民政府官方网站。
❻ 数据来源于内蒙古自治区人民政府官方网站。
❼ 数据来源于内蒙古自治区人民政府官方网站。

这两个区的土地面积也被统计在内蒙古自治区呼伦贝尔市。依据黑龙江省大兴安岭地区行政公署官方网站数据，属内蒙古自治区行政区的面积为1.82万km^2，124.78万km^2为扣除重复统计的1.82万km^2后的东北地区土地总面积。

1.1.2 地形地貌

东北地区地形主要以山地、平原、丘陵为主，山地与平原之间的过渡地带为丘陵，山地、平原、丘陵分别占东北地区总面积的44%、32%、24%（陈志恺等，2007）。东北地区地貌的基本特征是西、北、东三面环山，南临渤海和黄海，中部、南部为宽阔的松嫩平原、辽河平原，东北部为三江平原，东部为长白山系，西南部为七老图山、努鲁儿虎山，大兴安岭和小兴安岭位于本区的西北部和东北部，中部为松花江和辽河分水岭的低丘岗地（陈志恺等，2007；蒲真等，2019）。

1.1.3 气候

东北地区地处温带大陆性季风气候区，冬季严寒，夏季温热，年平均气温为−4～10℃，由西北部向东南部递增。年最低气温出现在1月，南北差别较大，南部为−4℃，北部为−30℃；年最高气温出现在7月，且南北相差不大，7月多年平均气温为16～24℃（李兰，2003）。东北地区日照时数南北差别不大，但东西差异明显，东部年日照时数为2200～2400h，而西部为2600～3300h。东北地区无霜期南北差别较大，北部一般为120～140d，南部一般为140～160d（钱正英等，2007）。

东北地区的年降水量及其季节分配受季风环流、水汽来源及地形等因素影响，降水主要集中在每年的6—9月。东北地区降水量为300～1000mm，由东南向西北递减，跨湿润、半湿润、干旱三个区（钱正英等，2007）。东北地区水面蒸发量（E-601型蒸发器）为500～1200mm，由西南向东北递减。从干湿分布情况看，东部山区为湿润区，丘陵多为半湿润区，平原多为半干旱区，而西部为干旱区（陈志凯等，2007）。

1.1.4 土壤与土地资源

东北地区冬季寒冷漫长，土壤冻结深度大且解冻过程缓慢。虽然黑土在我国很多区域都有零散分布，但连片分布的黑土主要分布在东北地区（张兴义等，2018）。我国东北的黑土区有广义与狭义（或典型）之分。广义的东北黑土区是指有黑色表土层分布的区域，主要土类包括黑土、黑钙土、草甸土、白浆土、暗棕壤、棕壤等，行政区包括黑龙江、吉林两省全部，辽宁省（除辽西）大部，内蒙古自治区呼伦贝尔市东部、兴安盟全部和通辽市北部，土地总面积为103万km^2（石玉林等，2007；阎百兴等，2008；段兴武等，2012）。如果按“具有黑色富含有机质的表土层分布区域”界定广义黑土区，则东北黑土区土地总面积为101.9万km^2（张兴义等，2018）。可见，东北地区的绝大部分地处广义的东北黑土区。

但不同学者对狭义（或典型）的东北黑土区划分有所差别：阎百兴等（2008）认为狭义的东北黑土区是指具有典型黑土分布的区域，主要包括松辽平原东部的黑土、白浆土区和兴安岭与三江平原西部的暗棕壤、黑土区，总面积为 37.69 万 km^2；在段兴武等（2012）的研究中，典型黑土区是指在黑土连片分布的大兴安岭以东、小兴安岭以南、长白山地以西的松嫩平原弓形狭长地带，面积约为 9.4 万 km^2；张兴义等（2018）认为典型黑土区是指具有世界黑土特征的土壤，按我国的土壤分类系统，土类主要包括典型黑土、黑钙土、草甸土、白浆土、草甸暗棕壤，部分草甸沼泽土、灰黑土和栗钙土，土地总面积约 34.8 万 km^2。

发生学分类黑土区是基于我国土壤分类系统所命名的黑土分布区域，主要分布于大兴安岭、小兴安岭向松嫩平原腹地过渡的阶地，即东北典型黑土带，总面积约 7.0 万 km^2；如果依据地理发生学分类，我国连片分布的黑土主要集中在黑龙江省、内蒙古自治区呼伦贝尔市以及吉林省等地区，分别占东北黑土总面积的 54.5%、22.5%、19.0%，该区域粮食产量和粮食商品量多，分别占东北地区粮食产量和粮食商品量的 44.4%和 83.0%，其中玉米产量和玉米出口量占全国的 1/3 和 1/2（张兴义等，2018）。

东北地区拥有富饶的土地资源，尚未充分利用的荒山、草地、沼泽、荒原，在全国各大区中还是少有的。东北地区耕地面积约占全国耕地总面积的 20%，是我国主要的耕地分布区，其中灌溉水田面积约占全国水田总面积的 9.1%，旱地约占全国总面积的 30.9%，菜地约占全国总面积的 17.2%。尽管如此，东北地区土地仍存在过度开发以及由于耕地扩大而过多侵占湿地、林地与草地等问题，湿地面积减少、森林质量下降、土壤侵蚀面积扩大、西部土地沙漠化等现象仍较严重（石玉林等，2007）。黑土肥力的衰减，将影响黑土的可持续利用，长此下去东北玉米带的核心部分可能不复存在。

1.1.5 水资源与植被

东北地区水系包括黑龙江水系、辽河水系以及独流入海的绥芬河、图们江、鸭绿江、大凌河、小凌河等。其中：额尔古纳河、松花江、乌苏里江属于黑龙江水系；西辽河、东辽河、浑河、太子河等属于辽河水系；松花江是我国七大江河之一，也是东北地区我国境内流域面积最大的河流，而额尔古纳河、黑龙江干流、乌苏里江、图们江、鸭绿江为界江界河，兴凯湖为界湖。东北地区多年平均降水量为 515mm，折合降水总量为 6410 亿 m^3。地表水资源总量为 1701 亿 m^3，地下水资源总量为 680 亿 m^3，扣除两者重复水量的 394 亿 m^3 后，多年平均水资源总量为 1987 亿 m^3。东北地区水资源的空间分布极不平衡，具有明显的地带特征，表现为周边水多，中西部缺水，并且有 2/3 的水流入界江界河（钱正英等，

2007；石玉林等，2007）。

综合气候、土壤、生物的区域差异，可以将东北地区划分为东部和北部湿润森林地带、中部半湿润森林草原地带、西部半干旱草原地带。湿润森林地带包括大兴安岭、小兴安岭、长白山（含辽东山地）、南部辽东半岛的千山丘陵、东北部的三江平原；半湿润森林草原地带是松辽平原的主体部分，该地带的北部是肥沃的黑土带，也是东北玉米带的核心分布区；半干旱草原地带位于东北西部，包括西辽河流域、松嫩平原西部、呼伦贝尔高原，这一地带分布着我国最好的草原，是农牧业交错区和牧区（钱正英等，2007）。

东北地区的林地资源占全国的近1/4，居全国首位，森林覆盖率为37.3%，远高于全国平均水平。东北地区森林类型复杂，包括以落叶松为主的寒温带针叶林、以红松为主的温带针阔叶混交林和暖温带落叶阔叶林、以杨桦等多种阔叶树种组成的次生林等（钱正英等，2007）。除西部地区外，东北大部分地区拥有森林、草原、湿地等生态系统，河流、湖泊、苇地、滩涂、沼泽等自然湿地占全国自然湿地的1/4以上，此外还拥有灌溉水田、望天田、坑塘、水库、沟渠等人工湿地27.9万hm^2。

1.2 本书研究内容

东北地区不仅工业发达，而且具有我国最大的林区和最好的草原，也是全国最大的商品粮生产基地，在我国农业、生态安全战略格局中占有重要地位。但是由于长期粗放式的生产经营，部分工农业资源濒临衰竭，环境受到严重损害，表现为森林资源枯竭、部分草地退化、沙化和盐碱化、耕地的黑土资源严重流失、水质严重污染、河流干涸、地下水超采、湿地大量减少等（钱正英等，2007）。水文循环是一个涉及降水、截留、入渗、蒸发蒸腾、产汇流等多环节的复杂过程，受气候条件、土地利用变化、管理措施等多重因素影响。研究东北地区的流域水文循环过程，对于促进寒区水文学科发展，推动东北地区的水土资源配置以及生态与环境资源的开发、保护与管理等工作具有现实意义。然而，东北地区的降雪、积雪、融雪、冻土、河道冰封、河水断流等现象十分普遍，因此，在东北地区开展水文循环过程模拟研究既具特色和亮点，又存在难点与挑战。

1.2.1 降水径流过程模拟

陈仁升等（2005）提出的寒区划分方案（最冷月平均气温<−3℃、超过10℃的月份≤5个月、年平均气温≤5℃）基本符合我国的实际情况，依据该方案，除吉林省西部、辽宁省大部、吉林和辽宁与内蒙古接壤的部分区域外，东北大部分地区地处寒区范围。依据信乃诠等（1998）提出的我国北方旱区类型

分区方案，东北地区自西向东分布有干旱区、半干旱偏旱区、半干旱区、半湿润偏旱区等几种北方旱区类型。同时，东北地区也地处我国东部冻土大区，季节冻土历年最大厚度为1.0～3.9m，冻结期为112～190d，北部的大兴安岭大片多年冻土亚区，季节冻土历年最大厚度可达4m以上，冻结期在190d以上；多年冻土厚度为2～80m，大兴安岭大片多年冻土亚区的多年冻土厚度最厚可达130m（周幼吾等，2000）。可见，东北地区总体上地处我国北方的寒区、旱区、冻土区。

早在20世纪60年代，我国学者就已得出“南方湿润半湿润地区以蓄满产流为主，北方干旱半干旱地区以超渗产流为主”的中国不同地区基本产流模式共识（赵人俊等，1963；邓沽霖，1965；刘昌明等，1965；赵人俊，1984），因此推断东北地区的基本产流模式应以超渗产流为主。然而，我国水文站网布设密度偏低，全国雨量站、水文站的单站平均控制面积分别为500km^2/站、3202km^2/站（何惠，2010），依托水文站网监测数据发布的水文年鉴，其降水量、流量以日步长数据为主，虽然有短时段的摘录数据，但其监测时段不固定，为数分钟、数小时甚至十几小时不等，这种摘录数据在年内往往不连续。在寒冷季节，东北地区流域水文站的数据缺测情况很常见，个别站的数据缺测现象可达数月甚至半年之久；不仅如此，东北地区流域的年际和年内流量过程变化十分剧烈，不同年份的日、月最大洪峰流量可相差数倍甚至数十倍。

由于超渗产流模型对数据要求很高，尤其对降水强度很敏感，我国水文站网提供的降水、流量等数据很难支撑“绝对的”超渗产流模型（王斌等，2011c；王斌等，2013），也很难支撑具有物理机制的“纯粹的”分布式水文模型。相对而言，概念性的蓄满产流模型对数据要求不高，日步长的降水、流量等数据即可驱动，但由于东北地区存在季节冻土和多年冻土，包气带与含水层的产流机制复杂，蓄满产流模型也面临模拟精度（以模拟评价指标值衡量）较低、峰值流量模拟效果较差、寒冷季节不满足蓄满产流机制等问题。与文献中水文模型在其他地区的模拟精度相比，在流域面积相近、模拟时段相同的条件下，同种模型对东北地区流域降水径流过程的模拟精度往往更低。

降水径流过程模拟是最常见的水文模型应用场景，也是模拟流域尺度下的泥沙过程、营养物/农药/细菌等迁移过程、农业耕作制度、气候变化、土地利用/覆盖变化、碳循环等过程的基础。第4章将结合东北地区的自然地理特点以及我国水文站网能够提供的基础数据条件研究东北地区的降水径流过程，验证国内外经典模型在东北地区的适用性，以及研发适于地处寒区、旱区、冻区的流域水文模型。

1.2.2 积雪融雪与融雪径流过程模拟

东北地区是我国三大积雪区之一，但与新疆、西藏两大积雪区不同，东北地处高纬度地区，冬季寒冷漫长，季节性积雪与径流变化具有独特特征。一方面，积雪覆盖不仅对土壤具有保墒、保温作用，其消融产生的融雪径流是总径流的重要组成部分，已有研究表明东北地区的融雪径流量可占全年总径流量的10%～30%（肖迪芳等，1983；焦剑等，2009；杨倩，2015），可为农业灌溉、居民生活、工业生产等提供季节性淡水资源。另一方面，积雪也是东北地区自然灾害的来源之一，冬季降雪过多容易引发雪灾，春季气温的快速回升也可能导致突发性的融雪径流，从而增大洪灾的可能性。因此，研究东北地区的积雪融雪和融雪径流变化特征对东北地区的水资源管理、农业春季灌溉、春汛灾害防御等具有现实意义。

然而，由于流域尺度的积雪、融雪、融雪径流等实测资料十分有限，东北地区的积雪融雪与融雪径流机制仍不是十分清楚，模拟东北地区的积雪融雪与融雪径流变化过程有助于理解高寒区的降雪-积雪-融雪-径流的演变机制。SWAT（Soil and Water Assessment Tool）是美国农业部（United States Department of Agriculture，USDA）农业研究中心（Agricultural Research Service，ARS）的Arnold等开发的适用于从较小集水区（small watershed）到江河流域（river basin）的水文模型，是一种功能强大、输入资料易获取、模型软件及源代码公开、应用领域广泛的水文模型。SWAT一般被认为是半分布式水文模型（Li et al.，2010；Ferrant et al.，2011）、准分布式水文模型（Kim et al.，2008）或分布式水文模型（丁飞等，2007；肖玉成等，2013；王莺等，2017）。

虽然SWAT相对成熟，但在模型结构和参数设计方面也存在一些不足，例如：仅采用距离子流域形心最近站点的气象数据、部分参数无法率定或修改等。任何水文模型都不可能是完美且普遍适用的，总体来看，SWAT仍不失为一个全球普遍认可的水文模型。在利用SWAT模拟东北地区流域尺度的积雪融雪、融雪径流、蒸发蒸腾、土壤侵蚀与水土流失等过程中，不仅可以验证SWAT在东北地区的适用性，也间接模拟了研究流域的降雪过程、产汇流过程、土壤水与地下水的变化过程等。第5章将SWAT用于模拟东北地区流域尺度的积雪融雪、融雪径流过程，后续章节将SWAT用于模拟蒸发蒸腾、土壤侵蚀与水土流失等过程。

1.2.3 蒸发蒸腾过程模拟

流域蒸发蒸腾量是指流域内的水面、土壤表面、植物枝叶面等各种蒸发、蒸腾面的蒸发蒸腾量总和。明确流域蒸发蒸腾量的目的通常是为了评价流域的水资源量，或计算降水径流过程中的蒸发蒸腾损失量，或揭示流域尺度的水热条件及水热交换规律等。在多年平均情况下，尚可依据水量平衡法估算流域（或区域）的实际蒸发蒸腾量，但在诸如年、月等时段内，由于流域（或区域）的蓄水量变化情况不易监测，因此难于应用水量平衡法直接推求流域（或区域）

的实际蒸发蒸腾量。在当前科技水平下，直接观测流域（或区域）的实际蒸发蒸腾量、潜在蒸发蒸腾量是不现实的，而依据水文循环、水量平衡、产汇流等原理构建的水文模型模拟流域实际蒸发蒸腾量则会凸显很多优势。

然而，利用水文模型模拟蒸发蒸腾量，通常需要较多的输入资料，对于获得一定时空范围内的蒸发蒸腾量资料而言代价较高，并且水文模型模拟的蒸发蒸腾量通常只能反映模型运行期内的子流域、全流域的蒸发蒸腾情况。尽管如此，如果在一定区域范围内，借助水文模型获取若干流域的潜在蒸发蒸腾量与实际蒸发蒸腾量资料，继而采用理论方法识别这些流域的潜在蒸发蒸腾与实际蒸发蒸腾作用规律，将有助于了解包含这些研究流域在内的更大尺度流域（或区域）的实际蒸发蒸腾过程。

目前，Budyko 假设已广泛应用于我国华北、西北地区等多种气候条件下的大量流域蒸发蒸腾研究（孙福宝，2007；孙福宝等，2007；Yang et al.，2007；Du et al.，2016），在我国东北地区的松花江流域也有部分研究成果（薛丽君，2016；张静，2019；张静等，2019）。寒区通常存在降雪、积雪升华、土壤冻结、融雪径流、封河等季节性水文现象，从而形成与温暖区不同的降水、冠层截留、蒸发蒸腾、入渗、土壤水出流和地下水出流等水文过程。Budyko 假设涉及的流域实际蒸发蒸腾量和蓄水量变量不能直接测量，它们通常由模型模拟提供，而常见的水文模型对寒区流域水文过程的模拟效果一般并不理想。在寒区流域应用 Budyko 假设，除与其他地区一样面临流域不闭合、流域蓄水量变化不能忽略外，寒区水文过程的复杂性加剧了应用 Budyko 假设的挑战。第 6 章将以地处东北地区的松花江多个流域同步期的降水和径流资料，采用 SWAT 模拟各研究流域的子流域、水文响应单元的实际蒸发蒸腾量变化过程，从而估算月尺度下的流域实际蒸发蒸腾量，并在年时段验证 Budyko 假设在松花江流域的适用性。

1.2.4 土壤侵蚀与水土流失过程模拟

我国东北地区的黑土退化、黑土层变薄已是不争的事实（张兴义等，2018）。近些年来，国家正在加强保护东北黑土地、减缓黑土层流失工作力度。2015 年中央财政斥资 5 亿元在东北四省（自治区）的 17 个产粮大县（市、区、旗）开展黑土地保护利用试点；同一年发布的《全国农业可持续发展规划（2015—2030 年）》把东北黑土地保护列入发展改革委、国家林业局以及农业部、科技部、财政部、国土资源部、环境保护部、水利部联合实施的重要任务；2016 年，中共中央、国务院发布的《关于全面振兴东北地区等老工业基地的若干意见》中提出实施黑土地保护重大工程；2017 年，农业部、发展改革委、财政部、国土资源部、环境保护部、水利部联合印发《东北黑土地保护规划纲要（2017—2030 年）》；2021 年，农业农村部、发展改革委、财政部、水利部、科技部、中国科学院、国家林草局联合印发《国家黑土地保护工程实施方案（2021—2025年）》；2022年8月1日，《中华人民共和国黑土地保护法》正式实施。可见，作为我国重要的生态涵养基地和国家重要的农产品生产基地，保护好东北地区的黑土地，对于保障国家粮食安全和维护农业生态安全意义重大。

土壤侵蚀与水土流失是我国水土保持工作中最基本、最常用的概念（张双银，1992）。我国多采用“水土流失”一词，有时也采用“土壤侵蚀”这一术语，但对“什么是水土流失或土壤侵蚀”“如何理解和认识水土流失和土壤侵蚀”等观点不一致，给土壤侵蚀和水土流失的防治工作带来了很多困难和问题。第7章在分析SWAT土壤侵蚀和泥沙演算两种模拟计算与“土壤侵蚀”及“水土流失”联系的基础上，运用SWAT在流域尺度模拟土壤侵蚀与水土流失过程。

第2章

水文循环基本过程

水文循环是地球上各种形态的水，在太阳辐射和地心引力等的作用下，通过蒸发蒸腾、水汽输送、降水、入渗、径流等环节，不断发生相态转换的周而复始的运动过程。作为地球上最基本的物质循环和最活跃的自然现象，水文循环深刻地影响着地球圈层构造、地理环境、气候变化、生态平衡以及水资源开发利用等方方面面，是各种复杂水文现象的根源（黄锡荃等，1993）。在开展各种水文过程模拟研究中，会面临水文过程监测、基础资料收集、计算方法选择、数据计算与分析等大量工作。水文相关计算必须重视基础资料，应深入调查研究，搜集、整理、复核、评价基本资料和有关信息，并分析水文特性及人类活动对水文要素的影响，确保水文资料具有可靠性、代表性、一致性。本章从降水、蒸发蒸腾、土壤水与入渗、径流等水文循环现象与过程角度，对各种过程涉及的数据获取（收集、观测等）、数据处理（插值、还原等）等工作进行梳理与总结。

2.1 降水

降水是指液态或固态的水汽凝结物从云中或近地面的空中降落到地面的现象与过程。降水的主要形式是降雨和降雪，前者为液态降水，后者为固态降水，其他的降水形式还有霰、雹、露、霜等。降水是水文循环中最活跃的过程和现象，也是水文学和气象学的共同研究内容。降水量是重要的水文变量和气象变量，与蒸发蒸腾量、径流量等的观测方法和资料获取途径相比，降水量观测工作相对简单，降水资料相对充足，降水资料获取途径更广泛。

2.1.1 降水数据收集

我国的气象站一般已经布设到了县市级，能够提供较长时期的包括降水量在内的多种气象要素资料；我国的水文部门也布设了大量的雨量站点。当前，除了由于项目研究和实践应用等特殊需求自行设立雨量站观测降水量外，气象和水文部门提供的降水量资料基本能够满足需求，但需注意这两个部门的雨量站空间分布通常并不一致。例如：在国家级地面气象观测站网中，黑龙江省庆安县设有一处气象观测站，测站类型为一般站（杨卫东等，2010）；欧根河流域位于庆安县境内，但庆安气象站在欧根河流域之外，不仅如此，考察欧根河流域周边的气象站时，发现距离欧根河流域最近的气象站不是本县的庆安站，而是与庆安县相邻的铁力市气象站；如果查阅水文年鉴，会发现欧根河流域内有发展、十道岗、十四道岗、十八道岗4个雨量站（王斌等，2013）。可见，从数据代表性角度审视，无论是站点数量还是站点的空间分布情况，欧根河流域采用水文部门的降水量资料更适宜，但水文年鉴并不提供逐日的日照时数、气温、水汽压、风速等气象资料。

因此，在研究一个具体流域的水文过程时，尤其是在小尺度流域，即使在研究过程中增设了小型自动气象站或自记雨量计观测降水数据，但由于系列较短仍会面临降水数据短缺问题。如果单纯从气象部门获取降水量，往往只能收集到少数站点数据，但如果将流域内或周边的水文部门雨量站，以及乡镇等部门设置的气象站统筹考虑，可以增加雨量站的站点密度，从而提高降水数据的空间代表性以及综合利用效率。

此外，国内外多种机构或研究平台提供了不同时空分辨率的降水、气温、蒸发蒸腾量等数据集，这些数据集为水文过程模拟研究提供了极大的便利。但在利用这些数据集时，应采用能够获取的站点实测降水数据进行必要的验证和修正。

2.1.2 降水量观测

常用观测降水量的方法有器测法、雷达测雨法、气象卫星云图法等（魏永霞等，2005）。

降水观测仪器包括雨量器和自记雨量计两种，这两种仪器的详细分类、工作原理、技术参数、使用方法等可以通过网络等途径快速获取。需要注意的是，对于传统的雨量器，当遇到降雪时，应将漏斗和储水瓶从外筒中取出，仅用外筒作为承雪的器具，观测时将带盖的外筒带至观测地点，调换承雪的外筒，并将桶盖盖在外筒上，取回到室内加温融化后计算降水深度。

雷达测雨是应用专门的雷达装置测量降水量的方法，可以直接测得降水的空间分布，并能实时跟踪暴雨中心走向和暴雨的时空变化，但测量精度尚待提高。用于水文方面的雷达，有效范围一般是40～200km。雷达的回波可在雷达显示器上显示出来，不同形状的回波反映着不同性质的云、降水等。根据雷达探测到的降水回波位置、移动方向、移动速度和变化趋势等信息，即可预报探测范围内的降水量以及降水的开始与终止时间。

利用卫星资料估算降水量的方法很多，投入水文业务应用的是利用地球静止卫星短时间隔的云图资料，再用某种模型估算。这种方法可引入人-机交互系统，自动进行数据采集、云图识别、降水量计算、雨区移动预测等工作。目前，气象卫星资料估算的降水量精度也有待提高，尚不能满足水文计算的需要。

另需说明的是，降水（雨）量的定义通常为“一定时段内降落在某一点或某一面积上的水（雨）量”，而降水（雨）强度的定义一般为“单位时间的降水（雨）量”。然而，统计“降水（雨）量”的时段一般为分钟、小时、日、月、年等，也是“单位时间”，从这一角度而言，“降水（雨）量”与“降水（雨）强度”的概念并无本质区别，但在专业教材、科技文献中经常见到二者混用现象。本书认为：①以文字、图表等声明了统计时段时，“降水（雨）量”的概念可以表达任何时段的降水（雨）量，此时可以不再区别降水（雨）量与降水（雨）强度的概念。②在诸如说明一场降水过程中是否发生超渗产流，从而需要区别二者时，可以分别采用“mm”“mm/min”为单位表示降水（雨）量和降水（雨）强度，降水（雨）量还需声明统计时段，并且这些时段不宜再出现在单位中。③如仅区别两者的统计时段，在当前的降水（雨）量监测水平下，可以暂以“分钟”为界限，分钟及其以下时段的降水（雨）量称为降水（雨）强度，分钟以上时段的降水（雨）量称为降水（雨）量。

2.1.3 流域平均降水量计算

雨量站观测的降水量，理论上只能代表雨量站附近小范围内的降水情况，在水文过程模拟中，往往需要估算流域或区域的平均降水量，或估算流域、区域内任意地点的降水量。下面仅以流域平均降水量计算为例总结几种常用方法，这些方法同样适用于估算区域的平均降水量，也适用于对流域或区域内任意地点进行降水量（或其他部分气象要素）的空间插值计算。

2.1.3.1 算术平均法

算术平均法以流域内及流域周边各站降水量的算术平均值作为流域平均降水量，计算公式为

$$\overline{P}=\frac{1}{n}(P_1+P_2+\cdots+P_n)=\frac{1}{n}\sum_{i=1}^{n}P_i \tag{2.1}$$

式中：$\overline{P}$ 为流域平均降水量；n 为雨量站数；P_i 为第 i 个雨量站的降水量。

算术平均法适用于流域内及流域周边雨量站网密度较大、雨量站分布相对均匀、流域内地形起伏变化不大的情况。

2.1.3.2 泰森多边形法

泰森多边形法（Thiessen polygon method）实质是一种基于面积加权的降水量平均方法。该方法原理是将流域内及流域周边的雨量站用线段就近连成三角形，再对每个三角形的各边作垂直平分线，最后连接垂直平分线的交点得到

若干个多边形（流域边界处的多边形以流域分水线为“边”），从而使得各多边形内必含有一个雨量站。可以证明，在所有雨量站中，只有多边形内的那个雨量站，距离该多边形内任意一点最近。以每个多边形内雨量站的降水量代表该多边形面积上的降水量，按面积加权即可推求流域平均降水量。

$$\overline{P}=P_1\frac{f_1}{F}+P_2\frac{f_2}{F}+\cdots+P_n\frac{f_n}{F}=\frac{1}{F}\sum_{i=1}^{n}P_if_i \tag{2.2}$$

式中：$\overline{P}$ 为流域平均降水量，mm；n 为雨量站数；P_i 为第 i 个雨量站的降水量，mm；f_i 为流域内第 i 个雨量站对应的多边形面积，km^2；F 为流域面积，km^2。

如果流域内的雨量站空间分布不均，采用泰森多边形法比算术平均法更合理。当个别雨量站数据缺测或雨量站位置变动时，各站的面积权重将随之发生变化，需要重新划分多边形确定各站权重。此外，泰森多边形法的计算原则是测站间的降水量呈线性变化，这与地形起伏较大的流域实际情况不符，会带来较大的计算误差。

2.1.3.3 距离平方倒数法

距离平方倒数法将流域划分为网格形式，网格的格点降水量利用其周围临近的雨量站降水量确定，再取各格点降水量的算术平均值作为流域平均降水量（芮孝芳，2004）。在推求各格点的降水量时，以格点周围临近各雨量站到该格点的距离平方倒数为权重：

$$P_j=\frac{\sum_{i=1}^{m}(P_i/d_{ji}^2)}{\sum_{i=1}^{m}(1/d_{ji}^2)} \tag{2.3}$$

式中：P_j 为第 j 个格点的降水量；m 为第 j 个格点周围临近的雨量站数目；P_i 为第 j 个格点周围临近的第 i 个雨量站的降水量；d_{ji} 为第 j 个格点到其周围临近的第 i 个雨量站的距离。

在利用式（2.3）求得每个格点的降水量后，即可按算术平均法计算流域平均降水量：

$$\overline{P}=\frac{1}{n}\sum_{j=1}^{n}\left[\frac{\sum_{i=1}^{m}(P_i/d_{ji}^2)}{\sum_{i=1}^{m}(1/d_{ji}^2)}\right]=\frac{1}{n}\sum_{j=1}^{n}P_j \tag{2.4}$$

式中：$\overline{P}$ 为流域平均降水量；n 为流域内的格点数目；P_j 为第 j 个格点的降水量；m 为第 j 个格点周围临近的雨量站数目；P_i 为第 j 个格点周围临近的第 i 个雨量站的降水量；d_{ji} 为第 j 个格点到其周围临近的第 i 个雨量站的距离。

2.1.3.4 球面角距离加权法

球面角距离加权法（spherical angular distance weighting algorithm）是Willmott等（1985）提出的一种插值方法，这种方法已在很多研究中等到验证（New et al.，1999；New et al.，2000；Yang et al.，2007；孙福宝，2007；孙福宝等，2007）。

选择与目标点最近的若干个站点（以8个站点为例），计算每个站点对目标点的距离权重ω_k：

$$\omega_k=[\exp(-x/x_0)]^{m_s} \tag{2.5}$$

式中：ω_k为各站点对目标点的距离权重；x_0为控制空间衰减程度的基于经验的衰减距离；x为站点至目标点的距离；m_s为调节系数，在1～8之间，一般取4。

再对8个距离权重进行方向修正：

$$a_k=\frac{\sum_{l=1}^{8}\omega_l[1-\cos\theta_j(k,l)]}{\sum_{l=1}^{8}\omega_l} \quad (l\neq k) \tag{2.6}$$

式中：a_k为修正系数；$\theta_j(k，l)$为以目标点为中心的站点k和l的分离角度；ω_l为站点l对目标点的距离权重。

再对总距离方向权重进行修正：

$$W_k=\omega_k(1+a_k) \tag{2.7}$$

式中：W_k为修正后的第k个站点的总距离方向权重；ω_k为各站点对目标点的距离权重；a_k为修正系数。

目标点的降水量为8个站点的加权平均值，即

$$P=\frac{\sum_{l=1}^{8}\omega_k P_{l,\mathrm{obs}}}{\sum_{l=1}^{8}W_l} \tag{2.8}$$

式中：P为目标点的降水量；$P_{l,\mathrm{obs}}$为站点观测的降水量；ω_k为各站点对目标点的距离权重；W_l为修正后的第l个站点的总距离方向权重。

在求得目标点的降水量后，可以按算术平均法计算流域的平均雨量。这种方法能够使得气象要素在时间和空间上的均一化和连续性较好，有利于描述气候状况改变的区域性特征，同时弱化了密集站点对平均值的影响，有利于给出较合理的空间平均值。

2.1.4 降水数据模拟

一种通用方法是采用马尔科夫链和某种分布函数相结合的随机模型模拟逐

日的降水过程（Berndt et al.，1976；Stern et al.，1982；Geng et al.，1986；Shui et al.，2004）。

2.1.4.1 马尔科夫链的两状态转移概率

在一定的环境条件下，采用一阶马尔科夫链描述降水的发生是简单有效的，这种模型不仅能够保持降水的很多重要特性，并且适用性也很好。一阶马尔科夫链模型的两个状态分别是降水日（wet day）和非降水日（dry day），状态的转换可以用两个转移概率描述，即由降水日到降水日的转移概率 $P(W/W)$ 和由非降水日到降水日的转移概率 $P(W/D)$。

由于 $P(W/W)$ 和 $P(W/D)$ 均需要较长系列的逐日降水资料推求，因此在降水资料系列较短或缺乏的地区应用比较困难。Geng 等（1986）对美国、荷兰、菲律宾的7个站点降水数据进行了统计分析，结果表明，在每个站点，各月份 $P(W/D)$、$P(W/W)$ 均与同月降水日出现的频率 f 间存在线性关系，尤其 $P(W/D)$ 与 f 之间在很大的环境范围内保持了很强的相关性，可用公式表示如下：

$$P(W/D)=a+bf \tag{2.9}$$

$$P(W/W)=(1-b)+P(W/D) \tag{2.10}$$

上述两式中：$P(W/D)$ 为由非降水日到降水日的转移概率；$P(W/W)$ 为由降水日到降水日的转移概率；f 为某月降水日出现频率的多年平均值，可根据实测降水资料推求；a、b 为回归系数。

在对多个站点数据进行了线性回归分析后，Geng 等（1986）等发现所有站点的回归方程式（2.9）的截距 a 和斜率 b 都很相近，对7个站点组合的数据进行回归分析后，得到 a 和 b 的平均值分别为0.006、0.748，当 a 取0且 b 取0.75时，利用式（2.9）可以解释各站点不同时间转移概率总变异的96.5%。因此，Geng 等（1986）建议的推求转移概率公式为

$$P(W/D)=0.75f \tag{2.11}$$

$$P(W/W)=0.25+P(W/D) \tag{2.12}$$

上述两式中：$P(W/D)$ 为由非降水日到降水日的转移概率；$P(W/W)$ 为由降水日到降水日的转移概率；f 为某月降水日出现频率的多年平均值。

当转移概率和分布函数确定以后，在模拟多年逐日降水过程时，可以假定从一个无雨（或有雨）日开始，利用计算机产生［0，1］区间上均匀分布的随机数，并将这个随机数与 $P(W/W)$ 和 $P(W/D)$ 相比较，估计该日是否产生降水。如果该随机数小于转移概率则模拟日为降水日，否则模拟日为非降水日。

2.1.4.2 逐日降水序列的产生

设 Ω 为随机试验 E 的样本空间，如果对于每一个 $\omega\in\Omega$，都有一个实数 $X(\omega)$ 与之对应，则称 $X(\omega)$ 为一维随机变量，简记为 X（陈内萍等，2007；

徐梅等，2012）。可见，随机变量是建立在随机事件基础上的一个重要概念。依据取值情况，随机变量可以分为两种基本类型：如果随机变量 X 只能取有限个或无限可列个数值，则称 X 为离散型随机变量；如果随机变量 X 可以取某个区间或无限区间的一切值，则称 X 为非离散型随机变量。非离散型随机变量范围很广，情况比较复杂，其中最重要的是在实际应用中经常遇到的连续型随机变量。

令连续型随机变量 X 表示日降水量，对降水日降水量的模拟就是求出指定概率 P 所对应的 X 取值 x_p，即求出的 x_p 应满足 $F(X>x_p)=P$，亦即

$$P=F(X\geqslant x_p)=\int_{x_p}^{\infty}f(x)\mathrm{d}x \tag{2.13}$$

密度函数 $f(x)$ 一经确定，x_p 仅与 P 有关，可由 P 唯一计算。当某日为降水日时，利用式（2.13）通过数值积分即可求得该降水日的降水量，但直接积分计算式（2.13）是非常繁杂的。

2.1.4.3 伽马分布

如果连续型随机变量的密度函数为式（2.14），则称其服从伽马（Gamma）分布，简记为 $\Gamma(\alpha，\beta)$。

$$f(x)=\frac{\beta^{\alpha}}{\Gamma(\alpha)}x^{\alpha-1}\mathrm{e}^{-\beta x}\quad(x>0) \tag{2.14}$$

式中：α 为伽马分布的形状参数，$\alpha>0$；β 为伽马分布的尺度参数，$\beta>0$。

根据伽马分布函数的统计特性可知：

$$\overline{x}=\alpha\beta \tag{2.15}$$

$$\Delta=\alpha\beta^{2} \tag{2.16}$$

上述两式中：$\overline{x}$、Δ 为服从伽马分布的总体均值和方差；α 为伽马分布的形状参数；β 为伽马分布的尺度参数。

Larsen 等（1982）和 Richardsen 等（1984）的研究结果表明，利用一阶马尔科夫链和伽马分布函数相结合的模型可以很好地模拟美国很多地区的日降水分配过程。由式（2.15）、式（2.16）可见，伽马分布的两个参数 α 和 β 也可根据实测降水资料求得。此外，还有其他估计参数 α 的方法，如 Greenwood 等（1960）和 Geng 等（1986）曾先后利用式（2.17）的长系列法估算 α，继而再利用式（2.15）或式（2.16）估算出 β。

$$\alpha=(0.5000876+0.16488552M-0.0544274M^{2})/M \tag{2.17}$$

其中

$$M=\ln(A/G)$$

上述两式中：α 为伽马分布的形状参数；A 为算术平均值，G 为几何平均值。

Geng 等（1986）等在分析美国 5 个州以及荷兰、菲律宾共 7 个站点的降水数据时还发现，参数 β 与多年平均各月降水日的降水量之间也存在很强的线性

关系，并应用7个站点的结果提出推求转移概率和伽马分布参数的简化方法，即式（2.18）、式（2.19），Geng等（1986）的研究结果表明该简化方法具有较好的适用性，在不同地区和不同的月份间，利用该式也可以解释96.5%的总变异。

$$\beta=-2.16+1.83p \tag{2.18}$$

$$\alpha=p/\beta \tag{2.19}$$

上述两式中：α为伽马分布的形状参数；β为伽马分布的尺度参数；p为某月降水日降水量的多年平均值。

当X表示各月的日降水量时，$\overline{x}$、Δ可利用月份降水观测资料推求，从而确定各月的α和β。由于通过积分计算降水日的降水量比较繁杂，将α和β提供给Matlab软件的GAMRND函数后，该函数可以产生服从伽马分布的随机数列，从而模拟降水日的降水量。

利用降水实测资料推求伽马分布的参数容易，参数的求解过程不受限制，应用Matlab软件提供的GAMRND函数模拟逐日数据简便，且模拟的降水量和降水天数均与实测数据符合较好（王斌等，2011a）。

2.2 蒸发蒸腾

2.2.1 蒸发蒸腾分类

在湿润地区，蒸发蒸腾量约占年降水量的一半；在干旱地区，蒸发蒸腾量可占年降水量的90%（赵人俊，1984）。可见，蒸发蒸腾是水文循环的重要现象和过程，蒸发蒸腾量是流域水量平衡关系中的重要变量。通常概念下的蒸发蒸腾是指水由液态或固态变为气态的过程或现象，有多种分类方法（芮孝芳，2004；缪韧，2007；沈冰等，2008）。当以蒸发蒸腾面区分时，发生在水体表面的称为水面蒸发，发生在土壤表面的称为土壤蒸发，发生在植物体表（主要是叶面）的称为植物蒸腾。有时也将一定时空范围内的水面蒸发、土壤蒸发、植物蒸腾等合称为蒸发蒸腾、腾发、蒸散等，与之相应的数量称为蒸发蒸腾量、腾发量、蒸散量等。截留蒸发一般指降水过程中植物体表截留的水最终消耗于蒸发的过程或现象；潜水蒸发是指在地下水埋藏较浅的地区，由于潜水对上部土壤水的补给而间接产生的蒸发过程或现象；当把流域视为一个整体时，发生在流域内的水面蒸发、土壤蒸发和植物蒸腾总和称为流域蒸发蒸腾或流域蒸散。

Thornthwaite（1948）提出了潜在蒸发蒸腾量（potential evapotranspiration）的概念，他定义的潜在蒸发蒸腾量是指植被均匀覆盖、土壤供水不受限制、不受对流或热储量影响的大面积区域的蒸发蒸腾量。由于蒸腾速率受许多植被表面特征的强烈影响，Penman（1956）将潜在蒸发蒸腾量重新定义为“完全覆盖地面、高度一致、从不缺水的低矮绿色作物的蒸发蒸腾量”。与潜在蒸发蒸腾量对应的概念是实际蒸发蒸腾量（actual evapotranspiration），其蒸发蒸腾面为水面、土壤表面、植物体表、植被覆盖的陆面等，并且这些蒸发蒸腾面处可能存在水分亏缺。从潜在蒸发蒸腾量和实际蒸发蒸腾量的概念分析，水面蒸发应无潜在蒸发和实际蒸发之分，而土壤表面、植物体表、植被覆盖的陆面等的实际蒸发蒸腾量应为这些蒸发蒸腾面在现实水分供给条件下的蒸发蒸腾量。

蒸发蒸腾能力也是水文模拟过程中经常遇到的概念，它是指一定的气象条件下，充分供水的陆面蒸发蒸腾量（赵人俊，1984），又称可能蒸发蒸腾量。可见，在陆面流域水文过程模拟中，蒸发蒸腾能力与潜在蒸发蒸腾量的概念基本相同。

2.2.2 水面蒸发

在自然条件下，水面蒸发是水面的水分从液态转化为气态而逸出水面的物理过程，因此，水面蒸发总是充分供水条件下的蒸发。水面蒸发可分为水分汽化和水分扩散两个过程，其影响因素包括太阳辐射、温度、湿度、水汽压差、风速、水质、水深等。蒸发器观测的水面蒸发资料可以从水文和气象部门获取。水文年鉴中发布了一些蒸发皿观测数据，但与雨量站相比，蒸发站点相对稀少。

2.2.2.1 水面蒸发量观测

1. 器测法

我国水文部门通常采用20cm口径蒸发器、80cm口径蒸发器和E-601型蒸发器观测水面蒸发量，其中20cm口径蒸发器和E-601型蒸发器应用最普遍。在各种型号的蒸发器中，E-601型蒸发器观测的水面蒸发量较接近自然水体的蒸发量，是我国水文和气象站网中的标准仪器（李军等，2019）。

2. 水面蒸发量的换算

目前，我国不结冰地区常年采用E-601型蒸发器观测水面蒸发量，而结冰地区的结冰期水面蒸发量采用20cm口径蒸发器观测（李军等，2019）。《水文资料整编规范》（SL/T 247—2012）规定，一年中采用不同口径的蒸发器进行观测的站点，当历年积累有20cm口径蒸发器与E-601型蒸发器的同步期可比测的资料时，应根据分析的换算系数进行换算。

依据《水利水电工程水文计算规范》（SL/T 278—2020）和《水电水利工程水文计算规范》（DL/T 5431—2009），20m^2以上的大型蒸发池观测的蒸发量可以代表天然大水体的水面蒸发量。我国大型蒸发池面积大多为20m^2，因此可将20m^2蒸发池的观测资料作为当地大水体的水面蒸发量。当水库、湖泊与蒸发池所在地区的自然地理条件有较大差异时，还应通过对比分析有关的气象要素，对蒸发池的观测成果加以修正。

《水文资料整编规范》（SL/T 247—2020）规定，一年中采用不同口径蒸发器分时期观测的站点，当历年积累有蒸发皿或蒸发池与标准水面蒸发器比测资料时，应根据分析的换算系数进行换算。因此，利用E－601型蒸发器、20cm口径蒸发器和80cm口径蒸发器的观测资料时，应先换算为20m²蒸发池蒸发量，换算方法见式（2.20）。我国东北地区4个站点的换算系数见表2.1，其他气候区的站点换算系数可参考《水电水利工程水文计算规范》（DL/T 5431—2009）等文献。

$$E_{天}=KE_{器} \tag{2.20}$$

式中：$E_{天}$为天然水面的蒸发量；$E_{器}$为蒸发器观测的水面蒸发量；K为蒸发器换算系数。

表2.1　东北地区E－601型蒸发器水面蒸发量换算系数表

气候区	省（自治区）	站名	标准蒸发池面积/m²	换算系数												统计年份
				1月	2月	3月	4月	5月	6月	7月	8月	9月	10月	11月	12月	
中温带	吉林	丰满	20					0.74	0.81	0.91	0.97	1.03	1.04			1965—1979
	辽宁	营盘	20					0.88	0.89	0.95	1.06	1.10	1.12			1965—1979
	黑龙江	二龙山	20					0.83	0.87	0.92	0.99	1.03				1991—1993
	内蒙古	红山	20					0.73	0.76	0.77	0.85	0.88	0.85			1980—1982

由表2.1可以看出，目前可供参考的换算系数，多为E－601型蒸发器观测的水面蒸发量换算系数，对于20cm口径蒸发器、80cm口径蒸发器的分时期观测资料，如果当地缺乏同步期的蒸发池资料时，可以先将这些口径的观测资料换算为E－601型蒸发器数据，再查取临近地区的换算系数表，从而估算当地的水面蒸发量。

除《水电水利工程水文计算规范》（DL/T 5431—2009）等建议的诸如表2.1的有限站点换算系数外，可以参考的蒸发器水面蒸发量换算系数资料不多，分析原因可能是因为具备长系列同步期的蒸发器和蒸发池观测资料的站点较少。一些文献在介绍研究区自然地理情况时，往往只笼统说明“蒸发量为×××mm”。由于不同型号蒸发器观测的水面蒸发量存在差异，而研究区通常也并非天然大水体，并且蒸发蒸腾量又有潜在蒸发蒸腾量与实际蒸发蒸腾量之分，因此，科研和实践中应详细说明研究区的蒸发量数据是哪种蒸发蒸腾量，如果采用了水面蒸发量资料，应注明这些水面蒸发量是观测值还是换算值，更细致的还应注明蒸发器的型号以及蒸发池信息等。

2.2.2.2　水面蒸发量估算

1. 经验公式法

由于影响水面蒸发的因素众多，理论计算方法往往不能全面考虑各种因素，尤其一些理论方法难于确定参数，在实际应用中较困难。在一般的应用场景下，可以采用经验公式估算水面蒸发量。长期以来，多数经验公式是以道尔顿（Dalton）定律为基础建立的（Penman，1948），这些经验公式可以表达为如下形式：

$$E=(e_s-e_d)f(u) \tag{2.21}$$

式中：E 为时段蒸发量；e_s 为蒸发面处的水汽压；e_d 为蒸发面上方空气的水汽压；$f(u)$ 为水平风速的函数。

这种经验公式实质是将水面蒸发量与水汽压垂直梯度和风速建立关系。《水电水利工程水文计算规范》（DL/T 5431—2009）中给出的我国东部、中部湿润和半湿润地区 13 个观测站资料拟合的公式为

$$E_{20}=0.22(e_0-e_{150})\sqrt{1+0.3W_{150}^2} \tag{2.22}$$

我国西部半干旱、干旱及高原地区 6 个观测站资料拟合的公式为

$$E_{20}=0.30(e_0-e_{150})\sqrt{1+0.27W_{150}^2} \tag{2.23}$$

上述两式中：E_{20} 为 $20m^2$ 蒸发池的水面蒸发量，mm/d；e_0 为根据水面温度求得的饱和水汽压，hPa；e_{150} 为水面以上 150cm 处的实际水汽压，hPa；W_{150} 为水面以上 150cm 处的风速，m/s。

计算水面蒸发量的经验公式较多，一般都有其适用条件，在缺乏实测资料情况下应用经验公式时，应根据地区的自然地理特性选用。

2. 空气动力学法

在总结以往学者工作的基础上，Penman（1948）给出了计算开阔区域蒸发量的空气动力学公式：

$$E=0.033(e_s-e_d)u_2^{0.76} \tag{2.24}$$

式中：E 为蒸发量，mm/d；e_s 为相应于蒸发面温度时的饱和水汽压，毫米汞柱（mmHg）[1]；e_d 为相应于露点温度时的饱和水汽压，mmHg；u_2 为 2m 高度处的水平风速，mile/d。

对比式（2.21）和式（2.24）可以看出，空气动力学方法与基于道尔顿定律的经验方法的公式形式是一致的。在 Penman（1948）的工作中，这两种方法被归为汇强度（sink strength）一类中。

3. 能量平衡法

蒸发面吸收的净辐射能量，除了为蒸发提供能量外，还通过对流传递给空气、水体以及传导到周围环境中（Penman，1948），其计算公式为

$$H=E+K+S+C \tag{2.25}$$

式中：H 为蒸发面吸收的可用净辐射能量；E 为蒸发消耗的能量；K 为传递给

[1] 1mmHg=133.3Pa。

空气的能量；S 为传递给水体的能量；C 为传递给周围环境的能量。

在以日为步长的时段内（通常为1d），S 和 C 可以忽略不计，因此式（2.25）可简化为

$$H=E+K \tag{2.26}$$

式中：H 为蒸发面吸收的可用净辐射能量；E 为蒸发消耗的能量；K 为传递给空气的能量。

引入波文（Bowen）比后，E 和 K 之间的关系可以表达为

$$\beta=\frac{K}{E}=\gamma\frac{T_s-T_a}{e_s-e_d} \tag{2.27}$$

式中：β 为波文比；K 为传递给空气的能量；E 为蒸发消耗的能量；γ 为湿度计常数，当温度以华氏度（℉）计算、水汽压以mmHg计算时，$\gamma=0.27$；T_s 为蒸发面温度；T_a 为空气温度；e_s 为相应于 T_s 时的饱和水汽压；e_d 为相应于露点温度时的饱和水汽压。

这样，H 和 E 之间的关系可以表达为

$$E=\frac{H}{1+\beta} \tag{2.28}$$

式中：E 为蒸发消耗的能量；H 为蒸发面吸收的可用净辐射能量；β 为波文比。

在总结前人工作基础上，Penman（1948）给出的计算 H 公式为

$$H=(1-r)R_a\left(0.18+0.55\frac{n}{N}\right)-\sigma T_a^4(0.56-0.092\sqrt{e_d})\left(0.10+0.90\frac{n}{N}\right) \tag{2.29}$$

式中：H 为蒸发面吸收的可用净辐射能量；r 为蒸发面的反射系数；R_a 为地外辐射；n 为实际日照时数；N 为最大可能日照时数；σT_a^4 为 T_a 时的理论黑体辐射（black - body radiation）；e_d 为相应于露点温度时的饱和水汽压。

利用式（2.27）、式（2.28）和式（2.29）估算蒸发量时，所涉及的资料容易获取。但应注意，当 β 为 -1 或（e_s-e_d）$\to 0$ 时，不能采用这种方法。

4. Penman公式

Penman（1948）耦合了汇强度法和能量平衡法，提出了著名的Penman公式，该公式的推导过程如下：

由式（2.21）可知，当采用相应于气温 T_a 时的饱和水汽压 e_a 代替 e_s 时，可得

$$E_a=(e_a-e_d)f(u) \tag{2.30}$$

由式（2.21）和式（2.30），可得

$$\frac{E_a}{E}=1-\frac{e_s-e_a}{e_s-e_d} \tag{2.31}$$

联立式（2.27）和式（2.28），可得

$$\frac{H}{E}=1+\gamma\frac{T_s-T_a}{e_s-e_d} \tag{2.32}$$

设 $T_s-T_a=(e_s-e_a)/\Delta$，Δ 为饱和水汽压-温度关系曲线在 $T=T_a$ 时的斜率，上式可转化为

$$\frac{H}{E}=1+\frac{\gamma}{\Delta}\frac{e_s-e_a}{e_s-e_d} \tag{2.33}$$

联立式（2.31）和式（2.33），约去 $(e_s-e_a)/(e_s-e_d)$，得到的 Penman 公式为

$$E=\frac{\Delta}{\Delta+\gamma}H+\frac{\gamma}{\Delta+\gamma}E_a \tag{2.34}$$

需要说明的是：①在总结经验公式法、空气动力学法、能量平衡法和综合法的各公式时，主要参考了 Penman 在 1948 年发表的论文，公式和变量尽量与 Penman 的论文保持一致，部分变量在不同公式中的意义和单位存在差异时均作以说明。②在 Penman 的工作中，研究蒸发蒸腾的对象不限于自然水体，也包括裸土和草地，因此仅从公式表达而言，式（2.21）的经验公式法、式（2.24）的空气动力学法以及能量平衡法中的 E，并非特指自然水体。③Penman 公式从提出发展至今已有多种表达式，各种表达式的主要差别是变量单位换算、采用了不同的水汽压以及变量表达式等。

5. 水量平衡法

水量平衡法的理论基础是质量守恒定律，对于一定数量的水体，满足水量平衡方程的水面蒸发量计算公式为

$$E_w=P+I-O-\Delta W \tag{2.35}$$

式中：E_w 为时段内的水面蒸发量；P 为时段内水体接受的降水量；I 为时段内水体接受的入流量；O 为时段内水体的出流量；ΔW 为时段内水体蓄水量的变化量。

与其他方法相比，水量平衡法简单明了，但当计算时段较短时，相对于其他各量，蒸发量的数值可能较小，从而导致计算的误差较大。因此，水量平衡法通常用于计算较长时段大尺度范围内的水面蒸发量。

2.2.3 土壤蒸发

土壤蒸发是土壤中的水分以水汽形式进入大气的现象和过程。由于土壤具有吸收、保持和输送水分的能力，因此土壤蒸发受土壤水分运动的影响，土壤饱和时属于充分供水蒸发，反之属于不充分供水蒸发。土壤蒸发较水面蒸发更加复杂，除土壤水分条件外，影响土壤蒸发的因素还包括温度、湿度、风速等气象因素，土壤的质地、色泽、表面特征等自身因素，以及地下水埋深、地形情况等。

2.2.3.1 土壤蒸发量观测

通过专门设计的仪器直接测定土壤蒸发量的方法称为器测法，一般指采用与大型蒸渗仪有别的小型器具观测土壤蒸发量，是水量平衡原理在较小尺度土体的具体体现。器测法使用的仪器种类较多，通常由内外两个埋置于土中的圆筒组成，内筒回填原状土壤，而外筒用来防止周围塌陷的土壤或渗漏。定时测定土壤质量变化，即可获得一定时段的土壤蒸发量。采用器测法观测土壤蒸发量时，由于观测仪器内土壤本身的热力条件与天然状况不同，其水分交换与实际情况的差别较大，一般用于单点观测，多用于研究蒸发蒸腾规律。由于较大空间范围内的下垫面条件复杂，难以分清土壤蒸发量和植物蒸发蒸腾量，器测法不再适用。

2.2.3.2 土壤蒸发量估算

从土壤蒸发的物理概念出发，以水量平衡、热量平衡等理论为基础，可以建立经验公式或半理论半经验公式估算土壤蒸发量（缪韧，2007；沈冰等，2008）。

1. 经验公式法

与计算水面蒸发量的经验公式类似，计算土壤蒸发量的经验公式可写作

$$E_s=(e_s'-e_a)D_s \tag{2.36}$$

式中：E_s 为土壤蒸发量；e_s' 为土壤表面水汽压；e_a 为土壤表面上方大气的水汽压；D_s 为质量交换系数，其值取决于气温、湿度、风速等气象条件。

采用式（2.36）估算土壤蒸发量时需要建立 D_s 的经验公式，这些经验公式具有地区性，移用时要利用移用当地的实测资料进行验证。

2. 水量平衡法

无论测坑、蒸渗仪或田间小区，测定的蒸发蒸腾量一般包含土壤蒸发量和植物蒸腾量两部分。通过同步期的对比观测试验，例如在保证试验条件接近情况下，仅在部分测坑内填入土壤，而另外部分测坑内栽种作物等方式，则可以分别确定土壤蒸发量和植物蒸腾量。因此，下述测定蒸发蒸腾量的方法通常也适用于测定土壤蒸发量和植物蒸腾量。

根据水量平衡原理，测坑、蒸渗仪、田间小区等的时段蒸发蒸腾量可以采用式（2.37）计算：

$$ET=P+I+K-O-\Delta W \tag{2.37}$$

式中：ET 为时段蒸发蒸腾量，mm；P 为时段内渗入土体的降水量，mm；I 为时段内灌溉到土体内的水量，mm；K 为时段内地下水对土体的补给量，mm；O 为时段内土体发生的深层渗漏量，mm；ΔW 为时段内土体蓄水量的变化量，mm。

对于称重式蒸渗仪，依据《灌溉试验规范》（SL 13—2015）可按式（2.38）

计算蒸发蒸腾量：

$$ET=\frac{G_1-G_2+P+I-C}{S} \tag{2.38}$$

式中：ET 为时段蒸发蒸腾量，mm；G_1 为时段初的蒸渗仪总质量，kg；G_2 为时段末的蒸渗仪总质量，kg；P 为时段内落入到蒸渗仪内的降水量，kg；I 为时段内向蒸渗仪内灌溉的水量，kg；C 为时段内蒸渗仪土表及底层的排水量之和，kg；S 为蒸渗仪的水平截面面积，m^2。

依据《灌溉试验规范》(SL 13—2015)，当利用分层测定的土壤含水量计算蒸发蒸腾量时，计算公式为

$$ET=10\sum_{i=1}^{n}\gamma_i H_i(W_{i1}-W_{i2})+P+I+K-C \tag{2.39}$$

式中：ET 为时段蒸发蒸腾量，mm；n 为土壤层数；γ_i 为第 i 层土壤的干密度，g/cm^3；H_i 为第 i 层土壤厚度，cm；W_{i1} 为第 i 层土壤在时段初的含水量（占干土重的百分数）；W_{i2} 为第 i 层土壤在时段末的含水量（占干土重的百分数）；P 为时段内的降水量，mm；I 为时段内的灌水量，mm；K 为时段内的地下水补给量，mm，在有底测坑条件下，$K=0$；C 为时段内的排水量（地表排水与下层排水之和），mm。

2.2.4 植物蒸腾

植物在生长期间需要大量水分，但植物从土壤中吸收的水分，绝大部分被植物蒸腾到空中，只有很少部分储存在植物体内。植物蒸腾与植物生理结构、土壤性质以及气温、湿度、日照、风速等气象因素均存在密切关系。通常植物不能脱离其生长的土壤环境而独立存在，因而植物蒸腾往往与土壤蒸发同时发生，精确区分植物蒸腾量与土壤蒸发量是很困难的。由上文可见，直接测定和间接估算土壤蒸发量的方法通常也适用于监测和估算植物蒸腾量，这里仅总结常见的植物蒸腾量观测方法。

1. 气量计法

将研究植物置于装有吸水物质的玻璃罩下或冷却室中，依据吸水物质质量的增加量，可以估算植物的蒸腾量。

2. 棵枝称重法

将整株植物从土壤中取出，在根系涂蜡以防止水分损失，每隔一段时间称重，从而求出其蒸腾量。或剪下植物部分枝叶，立即封蜡，每隔一段时间称重，从而求出整株植物的蒸腾量。

上述方法虽然简单方便，但仅适用于测定单株植物或一定范围内某种植物的蒸腾量，在测量过程中由于改变了植物的生态环境，所以测定精度会受到影响，且对植株体具有破坏性。自然条件下某一区域内所有植物的蒸腾量一般需

采用间接法计算。

2.2.5 截留蒸发

在降水过程中，植物冠层拦截并滞留部分水量的现象称为冠层截留，其截留的水量最终消耗于蒸发。植物冠层对下渗、地面径流及蒸发蒸腾影响显著，研究冠层截留过程和变化规律在发挥森林的水文效益、生态效益等方面也具有重要意义。

在降水初期，降水量几乎完全被植物枝叶截留，在没有达到最大截留量之前，冠层下的地面仅能获得少量降水。随着降水持续增加，冠层截留的水量超过植物枝叶表面对水分的截留容量时，多余的水量才会降落至地面。

一般采用经验公式计算冠层截留容量：

$$I_{max}=C_{int}LAI \tag{2.40}$$

式中：I_{max} 为冠层截留容量，mm；C_{int} 为截留系数，一般取 $C_{int}=0.2$（Zhou et al.，2006）；LAI 为植物叶面积指数。

此外，还可以采用式（2.41）计算逐日的冠层截留容量（Neitsch et al.，2011）：

$$can_{day}=can_{max}\frac{LAI}{LAI_{max}} \tag{2.41}$$

式中：can_{day} 为日冠层截留容量，mm；can_{max} 为冠层生长最茂盛时的截留容量，mm；LAI 为某天的植物叶面积指数；LAI_{max} 为植物最大叶面积指数。

冠层截留的潜在蒸发蒸腾量是指计算时段内可能的最大蒸发蒸腾量。当冠层截留的水量小于冠层截留潜在蒸发蒸腾量时，冠层截留量全部蒸发；反之，当冠层截留的水量大于冠层截留的潜在蒸发蒸腾量时，将按照潜在蒸发蒸腾量蒸发。

2.2.6 潜在蒸发蒸腾

潜在蒸发蒸腾量是流域（或区域）水资源评价、开发、利用与管理、农作物种植区划与布局等工作的基础资料，是各种水文模型、作物模型的必要输入变量，也是在点、小区、田间等尺度开展的与水量平衡有关的试验、实践工作关注的重要变量。由于缺乏潜在蒸发蒸腾量的实测值，因而通常采用计算的方法间接获取潜在蒸发蒸腾量，这些计算方法所需资料多为气象站提供的各种气象要素，或各种机构平台提供的气象数据集，不仅适用于点尺度的潜在蒸发蒸腾量计算，一般也适用于试验小区、田间、子流域、流域等空间尺度。

2.2.6.1 Penman－Monteith 公式

Monteith（1965）发展了 Penman 公式，其研究结果常被称作 Penman－Monteith 公式，该公式在农业、水文、气象等学科得到了广泛应用，具体如下（Allen et al.，1998）：

$$\lambda ET=\frac{\Delta(R_{n}-G)+\frac{\rho_{a}c_{p}}{r_{a}}(e_{s}-e_{a})}{\Delta+\gamma\left(1+\frac{r_{s}}{r_{a}}\right)} \tag{2.42}$$

式中：λET 为潜热通量，$MJ/(m^2 \cdot d)$；ET 为 Penman - Monteith 公式计算的蒸发蒸腾量，mm/d；λ 为汽化潜热，MJ/kg；Δ 为饱和水汽压-温度关系曲线的斜率，kPa/℃；R_n 为净辐射，$MJ/(m^2 \cdot d)$；G 为土壤热通量，$MJ/(m^2 \cdot d)$；ρ_a 为常压下的平均空气密度，kg/m^3；c_p 为定压比热，MJ/(kg·℃)；e_s 为饱和水汽压，kPa；e_a 为实际水汽压，kPa；r_a 为空气动力阻抗，s/m；r_s 为表面阻抗，s/m；γ 为湿度计常数，kPa/℃。

1. 汽化潜热 λ

可以采用式（2.43）计算汽化潜热（Harrison，1963）：

$$\lambda=2.501-0.002361T \tag{2.43}$$

式中：λ 为汽化潜热，MJ/kg，在正常温度范围内，λ 的变化不大，一般可取20℃时的数值 2.45MJ/kg；T 为空气温度,℃。

2. 饱和水汽压 e_s

气温为 T 时的饱和水汽压与气温具有如下的函数关系（Tetens，1930）：

$$e^{\circ}(T)=0.6108\exp\left(\frac{17.27T}{T+237.3}\right) \tag{2.44}$$

式中：$e^{\circ}(T)$ 为气温为 T 时的饱和水汽压，kPa；T 为气温,℃。

由于式（2.44）的非线性，当计算日、周、旬、月的饱和水汽压平均值时，应通过这些时段的日最低气温、日最高气温计算日饱和水汽压再取平均值，且应用平均气温计算饱和水汽压会导致估计值偏低。因此，饱和水汽压可以采用式（2.45）计算：

$$e_{s}=\frac{e^{\circ}(T_{max})+e^{\circ}(T_{min})}{2} \tag{2.45}$$

式中：e_s 为饱和水汽压，kPa；$e^{\circ}(T_{max})$ 为气温为 T_{max} 时的饱和水汽压，kPa；$e^{\circ}(T_{min})$ 为气温为 T_{min} 时的饱和水汽压，kPa。

3. 实际水汽压 e_a

实际水汽压可以利用露点温度、相对湿度、湿度计干湿球温度等数据计算。当气温接近露点温度时，实际水汽压接近饱和水汽压，可采用式（2.46）计算：

$$e_{a}=0.6108\exp\left(\frac{17.27T_{dew}}{T_{dew}+237.3}\right) \tag{2.46}$$

式中：e_a 为实际水汽压，kPa；T_{dew} 为露点温度,℃。

如能获取最大相对湿度和最小相对湿度数据，可应用式（2.47）计算实际水汽压：

$$e_a=\frac{e^\circ(T_{min})\dfrac{RH_{max}}{100}+e^\circ(T_{max})\dfrac{RH_{min}}{100}}{2} \tag{2.47}$$

式中：e_a 为实际水汽压，kPa；$e^\circ(T_{min})$ 为气温为 T_{min} 时的饱和水汽压，kPa；$e^\circ(T_{max})$ 为气温为 T_{max} 时的饱和水汽压，kPa；RH_{max} 为最大相对湿度，%；RH_{min} 为最小相对湿度，%。

如果最小相对湿度的误差较大，或者相对湿度数据的完整性不好，应该仅使用最大相对湿度计算实际水汽压：

$$e_a=e^\circ(T_{min})\frac{RH_{max}}{100} \tag{2.48}$$

式中：e_a 为实际水汽压，kPa；$e^\circ(T_{min})$ 为气温为 T_{min} 时的饱和水汽压，kPa；RH_{max} 为最大相对湿度，%。

如果仅获取了平均相对湿度数据，可以应用式（2.49）计算实际水汽压：

$$e_a=\frac{RH_{mean}}{100}\frac{e^\circ(T_{max})+e^\circ(T_{min})}{2} \tag{2.49}$$

式中：e_a 为实际水汽压，kPa；RH_{mean} 为平均相对湿度，%；$e^\circ(T_{max})$ 为气温为 T_{max} 时的饱和水汽压，kPa；$e^\circ(T_{min})$ 为气温为 T_{min} 时的饱和水汽压，kPa。

4. 饱和水汽压-温度关系曲线斜率 Δ

$$\Delta=\frac{4098e^\circ(T)}{(T+237.3)^2}=\frac{4098\left[0.6108\exp\left(\dfrac{17.27T}{T+237.3}\right)\right]}{(T+237.3)^2} \tag{2.50}$$

式中：Δ 为饱和水汽压-温度关系曲线的斜率，kPa/℃；T 为气温，℃。

5. 净辐射 R_n

日地相对距离倒数和赤纬角（太阳赤纬）计算公式为

$$d_r=1+0.033\cos\left(\frac{2\pi}{365}J\right) \tag{2.51}$$

$$\delta=0.409\sin\left(\frac{2\pi}{365}J-1.39\right) \tag{2.52}$$

上述两式中：d_r 为日地相对距离倒数；J 为日序数（1月1日为1，逐日增加）；δ 为赤纬角，rad。

日落时角和最大可能日照时数按下面两式计算：

$$\omega_s=\arccos(-\tan\varphi\tan\delta) \tag{2.53}$$

$$N=\frac{24}{\pi}\omega_s \tag{2.54}$$

上述两式中：ω_s 为日落时角，rad；φ 为地理纬度，rad；δ 为赤纬角，rad；N

为最大可能日照时数，h。

在地球大气层顶部水平表面接收到的太阳辐射称为地外（太阳）辐射（Allen et al.，1998），可以通过式（2.55）估计：

$$R_a=\frac{1440}{\pi}G_{sc}d_r(\omega_s\sin\varphi\sin\delta+\cos\varphi\cos\delta\sin\omega_s) \tag{2.55}$$

式中：R_a 为地外辐射，MJ/(m^2 · d)；G_{sc} 为太阳常数，$G_{sc}=0.0820$MJ/(m^2 · min)；d_r 为日地相对距离的倒数；ω_s 为日落时角，rad；φ 为地理纬度，rad；δ 为赤纬角，rad。

实际太阳辐射也称为太阳辐射、短波辐射（Allen et al.，1998）。如果没有实际太阳辐射数据，可以使用式（2.56）将实际太阳辐射与地外辐射和相对日照时间联系起来：

$$R_s=\left(a_s+b_s\frac{n}{N}\right)R_a \tag{2.56}$$

式中：R_s 为实际太阳辐射，MJ/(m^2 · d)；n 为实际日照时数，h；N 为最大可能日照时数，h；a_s 为回归常数，表示阴天到达地球的地外辐射比例（$n=0$）；（a_s+b_s）表示晴天到达地球的地外辐射的比例（$n=N$）；R_a 为地外辐射，MJ/(m^2 · d)。

a_s 和 b_s 会随大气条件（湿度、灰尘）和太阳赤纬（纬度和月份）不同而有所差异。在没有太阳辐射数据，或未对 a_s 和 b_s 进行校准的情况下，建议 $a_s=0.25$、$b_s=0.50$。

为了计算净长波辐射，需要计算晴空太阳辐射：

$$R_{so}=\left(0.75+\frac{2}{10^5}Z\right)R_a \tag{2.57}$$

式中：R_{so} 为晴空太阳辐射，MJ/(m^2 · d)；Z 为计算点海拔高程，m；R_a 为地外辐射，MJ/(m^2 · d)。

净短波辐射计算公式为

$$R_{ns}=(1-\alpha)R_s \tag{2.58}$$

式中：R_{ns} 为净短波辐射，MJ/(m^2 · d)；α 为反射率；R_s 为实际太阳辐射，MJ/(m^2 · d)。

净长波辐射计算公式为

$$R_{nl}=\sigma\left(\frac{T^4_{max,K}+T^4_{min,K}}{2}\right)(0.34-0.14\sqrt{e_a})\left(1.35\frac{R_s}{R_{so}}-0.35\right) \tag{2.59}$$

式中：R_{nl} 为净长波辐射，MJ/(m^2 · d)；σ 为斯蒂芬-玻尔兹曼（Stefan - Boltzmann）常数，$\sigma=4.903\times10^{-9}$MJ/(K^4 · m^2 · d)；$T_{max,K}$ 为 24h 内的最高绝对温度，K($T_{max,K}=T_{max}+273.16$，T_{max} 为 24h 内的最高气温，℃)；$T_{min,K}$ 为 24h 内的

最低绝对温度，K（$T_{min,K}=T_{min}+273.16$，T_{min} 为 24h 内的最低气温，℃）；e_a 为实际水汽压，kPa；R_s 为实际太阳辐射，MJ/(m^2 · d)；R_{so} 为晴空太阳辐射，MJ/(m^2 · d)。

净辐射是净短波辐射和净长波辐射之差：

$$R_n=R_{ns}-R_{nl} \tag{2.60}$$

式中：R_n 为净辐射，MJ/(m^2 · d)；R_{ns} 为净短波辐射，MJ/(m^2 · d)；R_{nl} 为净长波辐射，MJ/(m^2 · d)。

1998 年，联合国粮食农业组织（Food and Agriculture Organization of the United Nations，FAO）发布了《作物蒸发蒸腾量-作物需水量计算指南-FAO 灌溉与排水报告 56》（以下简称 FAO-56）。在计算小时或更短时段的净辐射时，与上述净辐射计算过程的最大差别在于地外辐射计算方面，具体可以参考 FAO-56 中的相关方法。

6. 土壤热通量 G

准确描述土壤热通量的方法很复杂。由于土壤热通量与净辐射相比较小，特别是地表被植被覆盖且计算时段长为 24h 或更长时段时，可以利用空气温度估算土壤热通量。

$$G=c_s\frac{T_i-T_{i-1}}{\Delta t}\Delta z \tag{2.61}$$

式中：G 为土壤热通量，MJ/(m^2 · d)；c_s 为土壤热容量，MJ/(m^3 · ℃)；T_i 为 i 时的气温，℃；T_{i-1} 为 $i-1$ 时的气温，℃；Δt 为时段长，d；Δz 为有效土壤深度，m。

由于土壤温度延迟于气温，因此在评估每日土壤热通量时应考虑一段时间的平均温度，即时段应超过一天。温度波的穿透深度由时段长短决定，在一天或几天的时段内，有效土壤深度仅为 0.1～0.2m，但在每个月期间可能为 2m 或更多。

对于日和旬的时段，土壤热通量相对较小，可以忽略不计，因此日和旬的土壤热通量可以近似为 0。对于月时段，假设土壤热容量恒定为 2.1MJ/(m^3 · ℃) 且土壤深度适当，可使用式（2.62）推导月土壤热通量：

$$G_{month,i}=0.07(T_{month,i+1}-T_{month,i-1}) \tag{2.62}$$

式中：$G_{month,i}$ 为第 i 月（当前月）的土壤热通量，MJ/(m^2 · d)；$T_{month,i+1}$ 为第 $i+1$（下月）的平均气温，℃；$T_{month,i-1}$ 为第 $i-1$（上月）的平均气温，℃。

如果下月平均气温未知：

$$G_{month,i}=0.14(T_{month,i}-T_{month,i-1}) \tag{2.63}$$

式中：$G_{month,i}$ 为第 i 月（当前月）的土壤热通量，MJ/(m^2 · d)；$T_{month,i}$ 为第

i（当前月）的平均气温，℃；$T_{month,i-1}$ 为第 $i-1$（上月）的平均气温，℃。

在计算小时或更短时段的土壤热通量时，可以参考 FAO-56 等文献中的相关方法。

7. 常压下的平均空气密度 ρ_a

依据理想气体定律，可以采用式（2.64）计算 ρ_a：

$$\rho_a=\frac{P}{T_{kv}R} \tag{2.64}$$

式中：ρ_a 为常压下的平均空气密度，kg/m^3；P 为大气压强，kPa；T_{kv} 为空气虚温度，$T_{kv}=1.01(T+273)$，K；R 为理想气体常数，$R=0.287$kJ/(kg·K)。

大气压强是常规气象观测项目，资料较易获取，也可以采用式（2.65）估算：

$$P=101.3\left(\frac{293-0.0065Z}{293}\right)^{5.26} \tag{2.65}$$

式中：P 为大气压强，kPa；Z 为计算点高程，m。

8. 湿度计常数 γ

湿度计常数 γ 计算公式为

$$\gamma=\frac{c_p P}{\varepsilon\lambda} \tag{2.66}$$

式中：γ 为湿度计常数，kPa/℃；c_p 为定压比热，一般可取 1.013×10^{-3}MJ/(kg·℃)；P 为大气压强，kPa；ε 为水汽与干空气的比率，一般可取 0.622；λ 为汽化潜热，MJ/kg，一般可取 2.45MJ/kg。

当 c_p 取 1.013×10^{-3}MJ/(kg·℃)，ε 取 0.622，λ 取 2.45MJ/kg 时，有

$$\gamma=0.665\times10^{-3}P \tag{2.67}$$

式中：γ 为湿度计常数，kPa/℃；P 为大气压强，kPa。

9. 定压比热 c_p

一般 c_p 可取 1.013×10^{-3}MJ/(kg·℃)，也可由下式计算：

$$c_p=\frac{\gamma\varepsilon\lambda}{P} \tag{2.68}$$

式中：c_p 为定压比热，MJ/(kg·℃)；γ 为湿度计常数，kPa/℃；ε 为水汽与干空气的比率，一般可取 0.622；λ 为汽化潜热，MJ/kg，一般可取 2.45MJ/kg；P 为大气压强，kPa。

10. 空气动力阻抗 r_a

空气动力阻抗决定了从蒸发蒸腾面向冠层上方空气中传递的热量和水汽量，该阻抗可采用式（2.69）计算：

$$r_a=\frac{\ln\left(\frac{z_m-d}{z_{0m}}\right)\ln\left(\frac{z_h-d}{z_{0h}}\right)}{k^2u_z} \tag{2.69}$$

式中：r_a 为空气动力阻抗，s/m；z_m 为风速测量高度，m；d 为零平面位移高度，m；z_{0m} 为控制动量传递的粗糙长度，m；z_h 为湿度测量高度，m；z_{0h} 为控制热和水汽传递的粗糙度长度，m；k 为 von Karman′s 常数，一般取值为 0.41；u_z 为 z 处高度的风速，m/s。

对于大范围内的植物，零平面位移高度和控制动量传递的粗糙长度可以依据植物高度估算：

$$d=\frac{2}{3}h \tag{2.70}$$

$$z_{0m}=0.123h \tag{2.71}$$

上述两式中：d 为零平面位移高度，m；z_{0m} 为控制动量传递的粗糙长度，m；h 为植物高度，m。

控制热和水汽传递的粗糙度长度可由式（2.72）近似估算：

$$z_{0h}=0.1z_{0m} \tag{2.72}$$

式中：z_{0h} 为控制热和水汽传递的粗糙度长度，m；z_{0m} 为控制动量传递的粗糙长度，m。

11. 表面阻抗 r_s

表面阻抗可根据式（2.73）计算：

$$r_s=\frac{r_l}{LAI_{active}} \tag{2.73}$$

式中：r_s 为表面阻抗，s/m；r_l 为良好光照下的叶片气孔阻抗，s/m；LAI_{active} 为活跃（阳光照射）叶面积指数，m^2/m^2。

一般情况下，LAI_{active} 可以利用式（2.74）估算：

$$LAI_{active}=0.5LAI \tag{2.74}$$

式中：LAI_{active} 为活跃（阳光照射）叶面积指数，m^2/m^2；LAI 为叶面积指数，m^2/m^2。

为了利用 Penman - Monteith 公式计算潜在蒸发蒸腾量，必须设定一种参考作物。例如：为了计算作物的潜在蒸发蒸腾量，FAO 设定高度为 0.12m、表面阻抗为 70s/m、反射率为 0.23 的作物作为参考作物（Allen et al.，1998）；为了计算水文响应单元的潜在蒸发蒸腾量，SWAT 将高度为 0.4cm、最小叶面阻抗为 100s/m 的苜蓿作为参考作物（Neitsch et al.，2011）。

2.2.6.2 FAO Penman - Monteith 公式

依据土地覆盖数据统计结果，农田（含田间设施）约占我国国土面积的

18%（石岳等，2022）。研究作物蒸发蒸腾量的估算方法，有助于理解植物（被）的蒸发蒸腾量以及研究各种土地覆盖类型的蒸发蒸腾量确定方法。FAO 推荐的 Penman - Monteith 公式计算参考作物蒸发蒸腾量的机理性较好，所需资料也容易获取。

1. 参考作物蒸发蒸腾量的定义

参考作物蒸发蒸腾量（Reference Crop Evapotranspiration，一般简写为 ET_0）的概念由潜在蒸发蒸腾量的概念演变而来。1998 年，FAO - 56 对参考作物重新定义为“一种高度为 0.12m、表面阻抗为 70s/m、反射率为 0.23 的假定作物”，见图 2.1（Allen et al.，1998）。这种假定作物非常类似于表面开阔、高度一致、生长旺盛、供水充足、完全覆盖地面的绿色草地。在我国，参考作物蒸发蒸腾量也常称为参考作物腾发量、参考作物蒸散量等。在 FAO - 56 中，与参考作物蒸发蒸腾量有关的概念是标准状况下的作物蒸发蒸腾量（crop evapotranspiration under standard conditions，ET_c）和非标准状况下的作物蒸发蒸腾量（crop evapotranspiration under non - standard conditions，$ET_{c\ adj}$），见图 2.2 和图 2.3（Allen et al.，1998）。

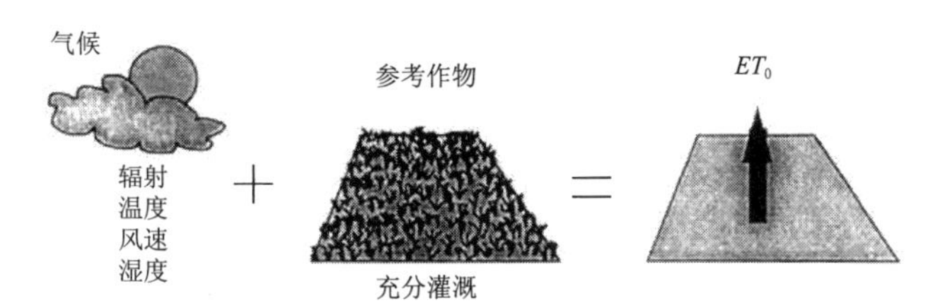

图 2.1 参考作物蒸发蒸腾量示意图

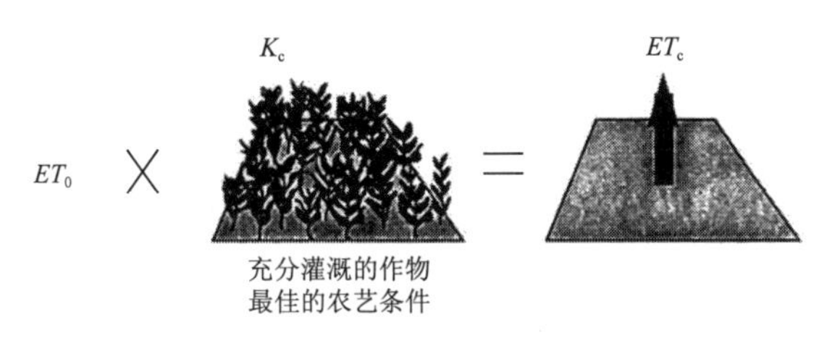

图 2.2 标准状况下的作物蒸发蒸腾量示意图

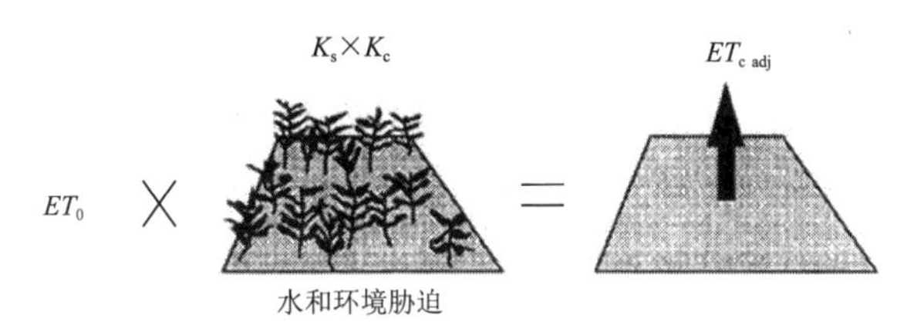

图 2.3 非标准状况下的作物蒸发蒸腾量示意图

在我国的水利工程规划与设计、水资源开发利用与保护管理、作物种植区划与布局、农业生产运筹等领域，参考作物蒸发蒸腾量常用于计算作物需水量以及作物耗水量。在理论上，作物需水量指大面积生长的无病虫害作物，当土壤水分和肥力适宜时，在给定的生长环境中能取得高产潜力的条件下为满足植株蒸腾和土壤蒸发，以及组成植株体所需的水量；作物耗水量指作物在正常或非正常生长条件下的植株蒸腾量与棵间蒸发量之和（康绍忠，2023）。

为了更清楚说明问题，同时引入中国主要农作物需水量等值线图协作组（1993）提出的作物需水量和作物耗水量定义，并稍做修改以使得这两个定义更加完善。作物需水量是指一种作物在土壤水分适宜、生长正常、产量水平较高条件下，维持植株棵间土壤（或水面）蒸发、植株蒸腾、植株光合作用等过程以及组成植物体等所需水量之和。由于组成植物体与维持光合作用所需水量很少（不到1%），故将此部分忽略，因而在数量上，作物需水量可简化为作物植株蒸腾量与棵间蒸发量之和；作物耗水量是指作物在任意土壤水分条件下（包括土壤水分过多、过少）消耗的农田水分数量。可见，在数量上，作物需水量接近于土壤水分适宜条件下的作物耗水量。

从以上定义可以看出，在数量上，FAO的“标准状况下的作物蒸发蒸腾量”与我国文献中的“作物需水量”“作物潜在蒸发蒸腾量”的概念相近，而“非标准状况下的作物蒸发蒸腾量”则与我国文献中的“作物耗水量”及“作物实际蒸发蒸腾量”的概念相近。

2. 参考作物蒸发蒸腾量的计算方法

在FAO两次发布的报告中，Penman－Monteith公式被发展和标准化，用于计算参考作物蒸发蒸腾量（Doorenbos et al.，1977；Allen et al.，1998），当前计算参考作物蒸发蒸腾量的方法是1998年FAO推荐的FAO Penman－Monteith公式（Allen et al.，1998），下面介绍由Penman－Monteith公式推导FAO Penman－Monteith公式的具体过程。

由式（2.42）可得

$$ET=\frac{\frac{\Delta(R_n-G)}{\lambda}+\frac{\rho_a c_p}{\lambda r_a}(e_s-e_a)}{\Delta+\gamma\left(1+\frac{r_s}{r_a}\right)} \tag{2.75}$$

式中：ET 为Penman－Monteith公式计算的蒸发蒸腾量，mm/d；λ 为汽化潜热，MJ/kg；Δ 为饱和水汽压-温度关系曲线的斜率，kPa/℃；R_n 为净辐射，$MJ/(m^2 \cdot d)$；G 为土壤热通量，$MJ/(m^2 \cdot d)$；ρ_a 为常压下的平均空气密度，kg/m^3；c_p 为定压比热，MJ/(kg·℃)；e_s 为饱和水汽压，kPa；e_a 为实际水汽压，kPa；r_a 为空气动力阻抗，s/m；r_s 为表面阻抗，s/m；γ 为湿度计常

数，kPa/℃。

（1）当 $\lambda=2.45\mathrm{MJ/kg}$，有

$$\frac{\Delta(R_n-G)}{\lambda}=\frac{\Delta(R_n-G)}{2.45}\approx 0.408\Delta(R_n-G) \tag{2.76}$$

（2）依据参考作物定义可知假定作物的高度为 0.12m，当测定风速、温度、湿度的高度均为 2m，且风速 u_z 取 2m 高处的数值 u_2 时，依据式（2.69）计算空气动力阻抗 r_a：

$$r_a=\frac{\ln\left(\frac{z_m-d}{z_{0m}}\right)\ln\left(\frac{z_h-d}{z_{0h}}\right)}{k^2u_z}=\frac{\ln\left(\frac{2-\frac{2}{3}\times 0.12}{0.123\times 0.12}\right)\ln\left(\frac{2-\frac{2}{3}\times 0.12}{0.1\times(0.123\times 0.12)}\right)}{0.41^2u_2}\approx\frac{208}{u_2} \tag{2.77}$$

（3）当 $\varepsilon=0.622$、$R=0.287\mathrm{kJ/(kg\cdot K)}$、空气虚温度 $T_{kv}=1.01(T+273)\mathrm{K}$、$r_a$ 取 $208/u_2$ 时，推求 $\frac{\rho_a c_p}{\lambda r_a}$ 得

$$\frac{\rho_a c_p}{\lambda r_a}=\frac{1}{\lambda r_a}\frac{P}{T_{kv}R}\frac{\gamma\varepsilon\lambda}{P}=\frac{0.622\gamma}{1.01(T+273)\times 0.287\times\left(\frac{208}{u_2}\right)}\approx\gamma\frac{900}{T+273}u_2 \tag{2.78}$$

（4）依据参考作物定义，当参考作物表面阻抗为 70s/m 时，有

$$\Delta+\gamma\left(1+\frac{r_s}{r_a}\right)=\Delta+\gamma\left(1+\frac{70}{\frac{208}{u_2}}\right)\approx\Delta+\gamma(1+0.34u_2) \tag{2.79}$$

（5）将式（2.76）、式（2.78）、式（2.79）代入式（2.75）Penman - Monteith 公式右侧可得

$$\frac{\frac{\Delta(R_n-G)}{\lambda}+\frac{\rho_a c_p}{\lambda r_a}(e_s-e_a)}{\Delta+\gamma\left(1+\frac{r_s}{r_a}\right)}=\frac{0.408(R_n-G)+\gamma\frac{900}{T+273}u_2(e_s-e_a)}{\Delta+\gamma(1+0.34u_2)} \tag{2.80}$$

从而可得 FAO Penman - Monteith 公式如下：

$$ET_0=\frac{0.408\Delta(R_n-G)+\gamma\frac{900}{T+273}u_2(e_s-e_a)}{\Delta+\gamma(1+0.34u_2)} \tag{2.81}$$

式中：ET_0 为 FAO Penman - Monteith 公式计算的参考作物蒸发蒸腾量，mm/d；Δ 为饱和水汽压-温度关系曲线的斜率，kPa/℃；R_n 为作物表面净辐射，$\mathrm{MJ/(m^2\cdot d)}$；G 为土壤热通量，$\mathrm{MJ/(m^2\cdot d)}$；T 为 2m 高处的平均气温，℃；γ 为湿度计常数，kPa/℃；u_2 为 2m 高处的风速，m/s；e_s 为饱和水汽压，

kPa；e_a 为实际水汽压，kPa。

式（2.81）的饱和水汽压-温度关系曲线的斜率 Δ、作物表面净辐射 R_n（计算净短波辐射时，反射率 α 取 0.23）、土壤热通量 G、湿度计常数 γ、饱和水汽压 e_s、实际水汽压 e_a 的计算方法与 Penman－Monteith 公式基本相同。下面重点介绍 2m 高度处的平均气温 T 和风速 u_2 的计算方法。

一般情况下，平均气温 T 可按式（2.82）计算：

$$T=\frac{T_{max}+T_{min}}{2} \tag{2.82}$$

式中：T 为平均气温，℃；T_{max} 为最高气温，℃；T_{min} 为最低气温，℃。

在土壤表面以上不同高度处测量的风速是不同的，表面摩擦往往会减慢风速，因而风速在地表最慢，随着高度增加而增加。因此，风速计应放置在标准高度处，例如：气象学中的 10m，农业气象学中 2m 或 3m 等（Allen et al.，1998）。为了计算参考作物蒸发蒸腾量，需要在地表以上 2m 处测量风速，当风速计放置的标准高度不为 2m 时，可以采用下面方法将风速换算为 2m 高度处的风速：

$$u_2=u_z\frac{4.87}{\ln(67.8z-5.42)} \tag{2.83}$$

式中：u_2 为地表以上 2m 高处的风速，m/s；u_z 为地表以上 z m 高处的实测风速，m/s；z 为地表以上风速测量高度，m。

利用 FAO Penman－Monteith 公式计算某个地点的参考作物蒸发蒸腾量时，所需气象数据包括当地的气温（最高气温、最低气温、平均气温中的至少 2 项）、相对湿度、风速、日照时数等，此外还需了解计算地点的纬度、高程以及气象台站风速测量高度。对于固定地点，参考作物蒸发蒸腾量仅随同步的气象要素变化而变化。

由上述 FAO Penman－Monteith 公式的推导过程及其计算 ET_0 的过程可以看出，FAO Penman－Monteith 公式是特定条件下的 Penman－Monteith 公式，这些特定条件包括参考作物的定义条件（高度为 0.12m，表面阻抗为 70s/m，反射率为 0.23），限定了风速、温度、湿度的观测高度为 2m，汽化潜热、水汽与干空气的比率、理想气体常数等参数均取固定值等。在这些特定条件下，Penman－Monteith 公式完全可以代替 FAO Penman－Monteith 公式使用。需要注意的是，Penman 公式、Penman－Monteith 公式、FAO Penman－Monteith 公式虽然同源，但是都有其各自的适用对象和应用范围，尽管在相同地点的同期计算结果很相近，但不能混用。

3. 作物蒸发蒸腾量的计算方法

某时段（如某月、某生育阶段或全生育期）的作物需水量（中国主要农作物需水量等值线图协作组，1993）、充分供水条件下的作物蒸发蒸腾量（陈亚新等，1995）、标准状况下的作物蒸发蒸腾量（Allen et al.，1998）可以采用式（2.84）计算：

$$ET_c = K_c ET_0 \tag{2.84}$$

式中：ET_c 为作物需水量、充分供水条件下的作物蒸发蒸腾量、标准状况下的作物蒸发蒸腾量，mm；K_c 为作物系数；ET_0 为某时段（如月份、某生育阶段或全生育期）的参考作物蒸发蒸腾量，mm。

某时段（如月份、某生育阶段或全生育期）水分不足条件下的作物实际蒸发蒸腾量（陈亚新等，1995）、非标准状况下的作物蒸发蒸腾量（Allen et al.，1998）可以采用式（2.85）计算：

$$ET_{c\,adj} = K_s K_c ET_0 \tag{2.85}$$

式中：$ET_{c\,adj}$ 为作物实际蒸发蒸腾量或非标准状况下的作物蒸发蒸腾量，mm；K_s 为土壤水分修正系数；K_c 为作物系数；ET_0 为参考作物蒸发蒸腾量，mm。

一般可用线性和对数两种公式计算土壤水分修正系数，其中线性函数公式是以从凋萎含水量到田间持水量范围内的土壤水分对作物是同等有效为基础的（陈亚新等，1995）：

$$K_s = \frac{\theta - \theta_{wp}}{\theta_f - \theta_{wp}} \tag{2.86}$$

$$K_s = \frac{\ln\left(1 + \dfrac{\theta - \theta_{wp}}{\theta_f - \theta_{wp}}\right)}{\ln(101)} \tag{2.87}$$

上述两式中：K_s 为土壤水分修正系数；θ 为计算时段内某一深度土层（常取1.0m）的土壤平均含水量；θ_f 为田间持水量；θ_{wp} 为凋萎含水量。

从20世纪80年代初开始，我国27个省（自治区、直辖市）的众多科研工作者，在经费十分紧缺的情况下，前后总历时10余年，开展了全国主要农作物需水量等值线图协作研究工作。在这项研究的标志性成果《中国主要农作物需水量等值线图研究》中，分区域给出了我国水稻、冬（春）小麦、夏（春）玉米、大豆、棉花等作物的全生育期或各月的作物系数，并绘制了中国主要农作物需水量、参考作物蒸发蒸腾量等值线图集。此外，FAO-56也提供了单作物系数（single crop coefficient）、双作物系数（dual crop coefficient）两种计算 K_c 的方法以及 K_s 计算方法（Allen et al.，1998），作物（crop）涵盖了豆科、纤维、油料、谷类、饲料、根茎与块茎等作物以及蔬菜、果树等。因此，在计算植物（被）、不同类型土地覆盖的蒸发蒸腾量时，可以参考我国主要农作物需水量等值线图协作组的研究成果以及FAO提供的作物蒸发蒸腾量计算方法。

2.2.6.3 Shuttleworth-Wallace 公式

在农业、水文、气象等学科广泛应用的Penman-Monteith公式将作物冠层视为单一覆盖，即“大叶（big - leaf）”覆盖模式，忽略了土壤蒸发。然而，在一个较大面积区域内常常是多种植被混生，在一定的时空范围内不一定是完全密闭的，“大叶”假设很少有效。因此，较好的蒸发蒸腾量计算方法应能尽量反映蒸发蒸腾量在整个区域的时空变化，Shuttleworth - Wallace 公式符合这个要求。

Shuttleworth 等（1985）认为，采用了单层结构的 Penman - Monteith 公式具有局限性，仅适用于计算均质稠密植被的蒸发蒸腾量，而不适用于稀疏植被，因此于 1985 年发展了 Penman - Monteith 方法，对于稀疏植被，在阻抗网络中考虑了两种耦合源，即冠层的蒸腾和冠层下的土壤蒸发，建立了 Shuttleworth - Wallace 模型（Shuttleworth et al.，1985；Shuttleworth et al.，1990），该模型主要公式如下：

$$\lambda ET = C_{c} PM_{c} + C_{s} PM_{s} \tag{2.88}$$

$$PM_{c} = \frac{\Delta A + \dfrac{\rho c_{p} D - \Delta r_{a}^{c} A_{s}}{r_{a}^{a} + r_{a}^{c}}}{\Delta + \gamma\left(1 + \dfrac{r_{s}^{c}}{r_{a}^{a} + r_{a}^{c}}\right)} \tag{2.89}$$

$$PM_{s} = \frac{\Delta A + \dfrac{\rho c_{p} D - \Delta r_{a}^{s}(A - A_{s})}{r_{a}^{a} + r_{a}^{s}}}{\Delta + \gamma\left(1 + \dfrac{r_{s}^{s}}{r_{a}^{a} + r_{a}^{s}}\right)} \tag{2.90}$$

上述三式中：λET 为作物总潜热通量，W/m^2；PM_c 和 PM_s 分别为与 Penman - Monteith 公式相似的密闭冠层蒸腾以及裸土蒸发，W/m^2；A 和 A_s 分别为作物的显热通量及潜热通量，W/m^2；Δ 为饱和水汽压-温度关系曲线的斜率，mb[1]/K；γ 为湿度计常数，mb/K；ρ 为空气密度，kg/m^3；c_p 为定压比热，J/(kg · K)；D 为参考高度处的水汽压差，mb；r_a^a 为冠层高度和参考高度之间的空气动力阻抗，m/s；r_a^c 为冠层的边界层阻抗，m/s；r_a^s 为土壤和冠层高度之间的空气动力阻抗，m/s；r_s^c 为冠层气孔阻抗，m/s；r_s^s 为土壤表面阻抗，m/s。

系数 C_c 和 C_s 由下面两式给出：

$$C_{c} = \frac{1}{1 + \dfrac{R_{c} R_{a}}{R_{s}(R_{c} + R_{a})}} \tag{2.91}$$

$$C_{s} = \frac{1}{1 + \dfrac{R_{s} R_{a}}{R_{c}(R_{s} + R_{a})}} \tag{2.92}$$

[1] 1mb=100Pa。

上述两式中：$R_a=(\Delta+\gamma)r_a^a$；$R_s=(\Delta+\gamma)r_a^s+\gamma r_s^s$；$R_c=(\Delta+\gamma)r_a^c+\gamma r_s^c$。

Zhou 等（2006）发展了 Shuttleworth - Wallace 模型，基于该发展模型，利用归一化植被指数（normalized differential vegetation index，NDVI）等数据和文献提供的多种参数即可估算流域潜在蒸发蒸腾量并驱动流域水文模型。Zhou 等（2006）发展的 Shuttleworth - Wallace 模型主要公式如下：

$$\lambda ET=C_cET_c+C_sET_s \tag{2.93}$$

$$ET_c=\frac{\Delta(R_n-G)+[(24\times3600)\rho c_p(e_s-e_a)-\Delta r_a^c(R_n^s-G)]/(r_a^a+r_a^c)}{\Delta+\gamma[1+r_s^c/(r_a^a+r_a^c)]} \tag{2.94}$$

$$ET_s=\frac{\Delta(R_n-G)+[(24\times3600)\rho c_p(e_s-e_a)-\Delta r_a^s(R_n-R_n^s)]/(r_a^a+r_a^s)}{\Delta+\gamma[1+r_s^s/(r_a^a+r_a^c)]} \tag{2.95}$$

上述三式中：ET 为蒸发蒸腾量，mm/d；λ 为汽化潜热，MJ/kg；ET_c 为植被密闭冠层蒸腾量，mm/d；ET_s 为裸露地表蒸发量，mm/d；Δ 为饱和水汽压-温度关系曲线的斜率，kPa/℃；R_n 为冠层表面净辐射，MJ/(m^2 · d)；R_n^s 为土壤表面净辐射，MJ/(m^2 · d)；G 为土壤热通量，MJ/(m^2 · d)；ρ 为空气密度，kg/m^3；c_p 为定压比热，MJ/(kg · ℃)；γ 为湿度计常数，kPa/℃；e_s 为饱和水汽压，kPa；e_a 为实际水汽压，kPa；r_a^a 为冠层高度和参考高度之间的空气动力阻抗，m/s；r_a^c 为冠层的边界层阻抗，m/s；r_a^s 为土壤和冠层高度之间的空气动力阻抗，m/s；r_s^c 为冠层气孔阻抗，m/s；r_s^s 为土壤表面阻抗，m/s。

C_c、C_s 分别为 ET_c 和 ET_s 的权重系数，由下面两式给出：

$$C_c=\frac{1}{1+(R_cR_a)/[R_s(R_c+R_a)]} \tag{2.96}$$

$$C_s=\frac{1}{1+(R_sR_a)/[R_c(R_s+R_a)]} \tag{2.97}$$

上述两式中：$R_a=(\Delta+\gamma)r_a^a$；$R_s=(\Delta+\gamma)r_a^s+\gamma r_s^s$；$R_c=(\Delta+\gamma)r_a^c+\gamma r_s^c$。

在利用 Zhou 等（2006）发展的 Shuttleworth - Wallace 模型时，涉及气象参数（λ、e_s、Δ、ρ、c_p、γ）、空气动力阻抗参数（r_a^a、r_a^s）、冠层气孔阻抗（r_s^c）、边界层阻抗（r_a^c）、土壤表面阻抗（r_s^s）、辐射和通量（冠层表面净辐射 R_n、土壤表面净辐射 R_n^s、土壤热通量 G）、植被参数（叶面积指数、植被高度、叶片宽度以及通过文献获取的参数）等。这些参数或者通过气象、NDVI、数字高程模型（Digital Elevation Model，DEM）、土地利用/覆盖等数据估计，或者依据文献确定，详细计算过程可以参考 Zhou 等（2006）发表的论文。

2.2.6.4 Hargreaves 公式

Hargreaves 公式如下（Hargreaves et al.，1985）：

$$\lambda PET_{H}=0.0023(T+17.8)(T_{max}-T_{min})^{0.5}R_{a} \tag{2.98}$$

式中：PET_{H} 为 Hargreaves 公式计算的潜在蒸发蒸腾量，mm/d；λ 为汽化潜热，MJ/kg；T 为平均气温，℃；T_{max} 为最高气温，℃；T_{min} 为最低气温，℃；R_{a} 为地外辐射，可根据日序数及站点的地理纬度计算，MJ/(m^2 · d)。

Hargreaves 公式的优点是仅利用气温资料即可计算潜在蒸发蒸腾量，因而特别适用于气候情景变化等气象资料不齐全条件下估算潜在蒸发蒸腾量，在 FAO-56 中被作为气象资料不齐全时计算参考作物蒸发蒸腾量的备用公式（但应进行必要的校准）。当平均气温低于−17.8℃时，Hargreaves 公式计算结果为负值，此时需要对 Hargreaves 公式进行适当改进（王斌等，2011b）。

2.2.6.5 Thornthwaite 公式

Thornthwaite 公式可以利用气温资料计算一年中各月的潜在蒸发蒸腾量，具体如下（Thornthwaite，1948）：

$$PET_{m}=1.6\left(\frac{10T}{I}\right)^{a} \tag{2.99}$$

$$a=0.000000675I^{3}-0.0000771I^{2}+0.01792I+0.49239 \tag{2.100}$$

$$I=\sum_{m=1}^{12}i_{m} \tag{2.101}$$

$$i=\left(\frac{T}{5}\right)^{1.514} \tag{2.102}$$

上述四式中：PET_{m} 为潜在蒸发蒸腾量，mm/month；T 为月平均气温，℃；I 为年热能指数；i 为月热能指数；a 为经验指数。

当月平均气温在 0℃以下时，由于月热能指数无法计算，Thornthwaite 公式也不再适用（王斌，2011）。

2.2.6.6 水面蒸发量换算法

潜在蒸发蒸腾与水面蒸发关系密切，水面蒸发量可以通过蒸发器测定，一般具有较密集的观测站点和较长时期的观测纪录。因此，通过修正蒸发器观测的水面蒸发量估算潜在蒸发蒸腾量是广泛采纳的一种方法。由于水面蒸发量一般是蒸发器观测值，实践中需要把这些观测值换算成大水体水面的数值；又由于植被与热条件差异，水面与陆面的蒸发蒸腾能力不同，需要换算水面与陆面的蒸发蒸腾能力之比；此外，如果蒸发器的位置不在流域中心（或研究地点），而流域中心（或研究地点）高程与蒸发器所在位置的高程相差较大，则需要对蒸发器的观测值作高程修正。因此，利用蒸发器观测的水面蒸发量估算潜在蒸发蒸腾量的一般公式如下（赵人俊，1984）：

$$PET=K_{1}K_{2}K_{3}E_{器} \tag{2.103}$$

式中：PET 为潜在蒸发蒸腾量；K_{1} 为蒸发器换算系数；K_{2} 为反映水面与陆面

蒸发蒸腾能力差异的系数；K_3 为反映蒸发站对全流域（或研究地点）代表性的系数，主要反映高程的差别；$E_{器}$ 为蒸发器观测的水面蒸发量。

2.2.7 实际蒸发蒸腾

一般情况下，点、小区、田间等尺度的实际蒸发蒸腾量可以依据水量平衡原理，采用式（2.37）、式（2.38）和式（2.39）等间接估算。在流域尺度，虽然水面蒸发量可以采用 Penman 公式等方法估算，但陆面可干可湿，对蒸发蒸腾的供水不一定充分，尤其植被类型和地表覆盖情况复杂，对蒸发蒸腾的影响很大。常用的计算流域实际蒸发蒸腾量的方法有水量平衡法和模型计算法两种，后者在水文模型中应用普遍。

2.2.7.1 水量平衡法

对闭合流域，给定时段的水量平衡方程为

$$ET = P - Q - \Delta S \tag{2.104}$$

式中：ET 为时段实际蒸发蒸腾量；P 为时段降水量；Q 为时段径流量；ΔS 为时段蓄水量的变化量。

多年平均情况为

$$\overline{ET} = \overline{P} - \overline{Q} \tag{2.105}$$

式中：$\overline{ET}$ 为多年平均年实际蒸发蒸腾量；$\overline{P}$ 为多年平均年降水量；$\overline{Q}$ 为多年平均年径流量。

利用以上两式，已知降水量、径流量、流域蓄水量即可估算流域蒸发蒸腾量。然而，在推求月、年等时段的实际蒸发蒸腾量时，由于缺乏蓄水量资料，利用常规方法确定流域的蓄水量变化量是较难的。

2.2.7.2 模型计算法

流域蒸发蒸腾量与土壤蓄水量密切相关，在不考虑蒸发蒸腾量在流域范围内分布不均匀的前提下，可以依据土层蓄水情况计算流域蒸发蒸腾量。因此，可以把蒸发蒸腾量计算模型分为一层、二层和三层模型，新安江（Xi'anjiang，XAJ）模型就是采取三层模型计算实际蒸发蒸腾量（赵人俊，1984）。

1. 一层模型

将土层作为整体考虑，假定蒸发蒸腾量同该层的土壤蓄水量及潜在蒸发蒸腾量成正比，则计算实际蒸发蒸腾量的公式为

$$ET = PET\,\frac{WC}{WM} \tag{2.106}$$

式中：ET 为实际蒸发蒸腾量，mm/d；PET 为潜在蒸发蒸腾量（蒸发蒸腾能力），mm/d；WC 为土壤蓄水量，mm；WM 为土壤蓄水容量，mm。

一层模型简洁明了，但并不适用于任何情况。当久旱之后，土壤蓄水量很低，此时降水实际上只分布在土壤表层，很容易蒸发蒸腾。但由于土壤蓄水量

小，根据一层模型计算的实际蒸发蒸腾量偏小，与实际情况不符。

2. 二层模型

二层模型将土层分为上、下两层，降水补给土壤的水分和蒸发蒸腾消耗的水分均自上而下进行。降水时先补给上层，再补给下层；在上层土壤水蒸发蒸腾耗尽以后，下层土壤水才开始蒸发蒸腾。上、下两层土壤在蒸发蒸腾过程中遵循各自的规律，上层土壤蒸发蒸腾以潜在蒸发蒸腾量进行，下层土壤蒸发蒸腾与一层模型相似，即与潜在蒸发蒸腾量和土壤蓄水量成正比，但此时的潜在蒸发蒸腾量为流域潜在蒸发蒸腾量与上层土壤实际蒸发蒸腾量之差。

当上层土壤蓄水量大于潜在蒸发蒸腾量时，上层土壤按潜在蒸发蒸腾量计算：

$$ET_1 = PET \quad (WC_1 > PET) \tag{2.107}$$

当上层土壤蓄水量小于等于潜在蒸发蒸腾量时，上层土壤水完全蒸发蒸腾，下层土壤实际蒸发蒸腾量与下层土壤蓄水量和剩余的潜在蒸发蒸腾量成正比：

$$ET_1 = WC_1 \quad (WC_1 \leqslant PET) \tag{2.108}$$

$$ET_2 = (PET - ET_1)\frac{WC_2}{WM_2} \tag{2.109}$$

上述三式中：ET_1 为上层土壤实际蒸发蒸腾量，mm/d；ET_2 为下层土壤实际蒸发蒸腾量，mm/d；PET 为潜在蒸发蒸腾量，mm/d；WC_1 为上层土壤蓄水量，mm；WC_2 为下层土壤蓄水量，mm；WM_2 为下层土壤蓄水容量，mm。

二层模式克服了一层模型的缺陷，使计算结果更合理一些，但此模式没有考虑深层土壤水对蒸发蒸腾的水分供给。

3. 三层模型

将土层分为上、下、深三层考虑，是对二层模型的进一步完善。三层模型土壤水的蒸发蒸腾消耗是逐层进行的，即先上层、后下层、最后深层。在计算蒸发蒸腾量时，上、下两层一般按二层模型进行，但第二层的实际蒸发蒸腾量需依据其土壤蓄水情况有所调整：

$$ET_2 = C \times PET \quad (WC_2 < C \times WM_2) \tag{2.110}$$

$$ET_2 = WC_2 \quad (WC_2 < C \times PET) \tag{2.111}$$

深层土壤蒸发蒸腾量计算公式为

$$ET_3 = C \times (PET - ET_1) - ET_2 \tag{2.112}$$

上述三式中：ET_2 为下层土壤实际蒸发蒸腾量，mm/d；ET_3 为深层土壤实际蒸发蒸腾量，mm/d；PET 为潜在蒸发蒸腾量，mm/d；WC_2 为下层土壤蓄水量，mm；WM_2 为下层土壤蓄水容量，mm；C 为深层土壤蒸发蒸腾系数，江南湿润地区为 0.15～0.20，而在华北半湿润地区为 0.09～0.12。

当采用三层模型时，实际蒸发蒸腾量为三层模型得到的各层土壤蒸发蒸腾量之和，一般可以满足精度要求。

2.3 土壤水与下渗

陆地水体有地表水、土壤水和地下水三种基本存在形式。一般而言，地面与地下潜水面之间的土层为包气带，是由固体颗粒、水（或水溶液）和空气组成的三相系统；地下潜水面以下的土层为饱和带，是由固体颗粒和水（或水溶液）组成的二相系统。土壤水通常指包气带中的水分，即吸附于包气带土壤颗粒和存在于包气带土壤孔隙中的水分，而地下水是指埋藏在地表以下饱和岩土孔隙、裂隙及溶洞中的水（魏永霞等，2005）。

2.3.1 土壤水

通常情况下，降落到地表的水，一部分以地面径流的形式汇入河流，另一部分渗入到土层中。渗入到土层的水，一部分被土壤吸收成为土壤水，以蒸发蒸腾形式返回大气，或以壤中流等形式汇入河流；另一部分渗入地下补给地下水，以地下径流的形式补给河流。可见，土壤水是联系地表水和地下水的纽带，影响着径流形成过程。

2.3.1.1 土壤水形态

土壤水有固、液、气三种物理形态。固态水仅在土壤冻结时存在；气态水存在于未被水分占据的土壤孔隙中，含量很少；液态水是土壤水分的主要存在形态（汪志农，2013）。在分子力、毛管力或重力的作用下，液态土壤水按其运动特性又可以细分为吸着水（包括吸湿水、薄膜水两种）、毛管水、重力水三类（郭元裕，1997；魏永霞等，2005；汪志农，2013）。

1. 吸湿水

由土粒表面的分子吸力所吸附的水分称为吸湿水，它被紧束在土粒表面，不能在重力和毛管力的作用下自由移动，也不能被植物利用。

2. 薄膜水

由土粒剩余分子力所吸附在吸湿水外部的水膜称为薄膜水。薄膜水受分子吸力作用，不受重力的影响，但能从水膜厚的土粒（分子引力小）向水膜薄的土粒（分子引力大）缓慢移动。

3. 毛管水

土壤孔隙中由毛管力所保持的水分称为毛管水，又可细分为上升毛管水和悬着毛管水两种。上升毛管水是指地下水沿土壤毛细管上升，并由土壤毛管力所保持而存在于土壤孔隙中的水分。悬着毛管水是指上层土壤依靠土壤毛管力而保持的、悬吊于土壤孔隙中而不与地下水面接触的水分。

依据包气带的水分分布特征，可以将包气带由地表向下分为悬着毛管水带、中间带、上升毛管水带三部分。

包气带上部靠近地表的土壤层称为悬着毛管水带，该层能够直接或间接与外界进行水分交换，水文上通常称为影响土层。在降水和入渗过程中，土壤在分子力作用下首先吸附水分产生吸湿水和薄膜水，然后形成悬着毛管水。当土壤水分饱和时，过剩的水分在重力作用下沿孔隙向下渗漏，在渗漏过程中形成壤中流、潜水或承压水。

中间带是处于悬着毛管水带和上升毛管水带之间的水分过渡带，本身不直接与外界进行水分交换，而是水分蓄存及输送带。

在地下潜水面以上，由于土壤毛管力作用，一部分水分沿土壤孔隙侵入地下潜水面以上的土壤中，形成的水分带称为上升毛管水带。一般在上升毛管水带最大活动范围内，土壤含水量自上而下逐渐增大，由与中间带下端相衔接的含水量增至饱和含水量。由于上升毛管水带下端与地下潜水面相接，有充分的水分来源，故其分布较稳定，但它的位置随地下水位的升降而变化，从而决定了包气带的厚度和变化。

4. 重力水

土壤中超过毛管含水量的水分，在重力作用下沿着土壤孔隙自由移动的水分称为重力水。渗入土壤中的重力水到达不透水层时，由于聚集可使得一定厚度的土层形成饱和带。当重力水到达地下水面时，可以补充地下水使得地下水面升高。

2.3.1.2 土壤含水量

土壤含水量也称土壤含水率、土壤湿度，表示一定量的土体中所含的水分数量，常用质量含水量和体积含水量表示。土壤含水量是动态且不断变化的，其不仅与土壤特性密切相关，同时也受降水、入渗、蒸发蒸腾等水循环过程的影响，通常增长于降水（农田还有灌溉水）的入渗，而消退于土壤蒸发和植物蒸腾。

1. 质量含水量

土体中水的质量与固体颗粒质量的比值称为土体的质量含水量，计算公式为

$$\theta_w=\frac{W_w}{W_s}\times 100\% \tag{2.113}$$

式中：θ_w 为土体质量含水量，%；W_w 为土体中水的质量；W_s 为土体中固体颗粒的质量。

土壤质量含水量一般采用人工取土烘干法测定，该方法通常作为校核其他方法的标准。依据《土壤墒情监测规范》（SL 364—2015），先在已测得质量的铝盒中装入待测土样（湿土状态）并称重，然后揭开盒盖放入烘箱中，将烘箱

温度设置在105℃±2℃，一般持续恒温烘干6～8h，待土壤烘干后取出铝盒，盖好盒盖放入干燥器中冷却至常温时称重，再依据式（2.114）测定土壤质量含水量：

$$\theta_{w}=\frac{m_{盒+湿土}-m_{盒+干土}}{m_{盒+干土}-m_{盒}}\times 100\% \tag{2.114}$$

式中：θ_{w} 为土壤质量含水量，%；$m_{盒+湿土}$ 为铝盒加湿土质量，g；$m_{盒+干土}$ 为铝盒加干土质量，g；$m_{盒}$ 为铝盒质量，g。

2. 体积含水量

土体中水的体积与土体总体积的比值称为土体的体积含水量，计算公式为

$$\theta_{v}=\frac{V_{w}}{V}\times 100\% \tag{2.115}$$

式中：θ_{v} 为土体的体积含水量，%；V_{w} 为土体中水的体积；V 为土体的总体积。

由于土壤的质量含水量与土壤容重（单位体积的土壤质量）有关，不同类型的土壤，即使质量含水量相同，但容重不同时，其体积含水量也会不同，采用质量含水量指标很难量化不同类型土壤的含水量差异。根据土壤体积含水量易于计算土壤中所含水量的体积，便于比较不同种类土壤的蓄水情况，因此体积含水量是水文分析计算中最常采用的土壤含水量指标。

我国已经布设了土壤墒情监测站网，在站网布设、监测站查勘与调查、监测点位与采集点深度设定、监测时间与频次、自动测报、资料整编等方面已日趋完善，可以为区域范围研究和实践提供大量的长系列土壤含水量资料。

2.3.1.3 土壤水分特性

土壤水分特性是反映土壤水分形态和性质的特征值，有时也称为土壤水分常数。土壤水分特性包括最大吸湿量、最大分子持水量、凋萎含水量、毛管断裂含水量、田间持水量、饱和含水量等，在水文学中常用的土壤水分特性是凋萎含水量、田间持水量、饱和含水量。

（1）最大吸湿量。也称吸湿系数，是吸湿水达到最大时的土壤含水量。

（2）最大分子持水量。薄膜水达到最大时的土壤含水量。

（3）凋萎含水量。当植物根系吸收土壤水分的作用力小于土壤水分与土壤颗粒之间的作用力时，植物根系无法从土壤中吸收水分，以致植物开始凋萎枯死时的土壤含水量，称为凋萎含水量，也称凋萎点、凋萎系数。

（4）毛管断裂含水量。悬着毛管水的连续状态开始断裂时的含水量称为毛管断裂含水量。土壤含水量高于此值时，悬着毛管水就能向土壤水分的消失点或消失面运行；土壤含水量低于此值时，悬着毛管水的连续状态遭到破坏，此时水分交换将以薄膜水和水汽形式进行，土壤水分只有吸湿水和薄膜水。

（5）田间持水量。土壤中所能保持的最大悬着毛管水时的土壤含水量称为

田间持水量。当土壤含水量超过这一限度时，多余的水分不能被土壤所保持，以自由重力水的形式向下渗漏。

(6) 饱和含水量。土壤中所有孔隙都被水充满时的土壤含水量称为饱和含水量，它取决于土壤孔隙的大小。介于田间持水量到饱和含水量之间的水量，就是在重力作用下向下运动的重力水分。

从以上概念可以看出，土壤水分特性是反映土壤水分的形态和性质发生明显变化时的含水量特征值，这些特征值的大小主要取决于土壤质地和土壤结构，随土壤的质地、有机质含量等情况而有所不同，通常可采用试验方法确定。土壤水分特性与土壤水分运动和水文现象的关系十分密切，对径流的形成有很大影响。例如：在XAJ模型中，田间持水量是评判包气带是否蓄满的重要标志（赵人俊，1984）；饱和含水量、田间持水量与凋萎含水量，可以用于估计萨克拉门托（Sacramento，SAC）模型部分参数（Koren et al.，2000；Koren et al.，2003）；在SWAT中，田间持水量也是判断土层中的水分是否下渗以及计算土层中下渗水量的依据（Neitsch et al.，2011）。

2.3.2 入渗与下渗

黄锡荃等（1993）等认为入渗和下渗的概念相同，指水从地表渗入土壤和地下的运动过程。入渗和下渗将地表水、土壤水、地下水紧密联系起来，不仅影响土壤水和地下水的动态，也直接决定壤中流和地下径流的生成，是径流形成过程以及水循环过程的重要环节。为论述方便，参考Neitsch等（2011）研究结果，暂对概化后的、垂向的入渗和下渗做如下区分：入渗（infiltration）是指水从土壤表面渗入土壤剖面的过程。在这一过程中，随着水分的增加，土壤入渗率逐渐减小，直到达到一个稳定值。下渗（percolation）是指水在土壤剖面中的运动过程，尤其指水在土壤剖面各土层中的运动过程。在这一过程中，当某土层的含水量超过其田间持水量且其下层土壤未饱和时，水分将会下渗。

2.3.2.1 计算入渗率的经验公式

入渗率是指单位时间内渗入单位面积土壤中的水量，也称入渗强度。充分供水条件下的入渗率称为入渗能力。入渗能力随时间的变化过程线，称为入渗能力曲线，简称入渗曲线。入渗曲线不仅可以定量描述入渗过程，也是入渗物理规律的重要体现。因此，了解入渗理论的关键就是推求入渗曲线。目前，推求入渗曲线主要有理论和经验两种途径。虽然理论公式对于认识入渗的物理机制和规律具有重要意义，但这些公式均对方程进行了一定程度的简化，适用性不强。在实际应用中，经常采用经验公式计算入渗率（魏永霞等，2005；缪韧，2007；沈冰等，2008）。

1. Horton公式

Horton公式既适用于单点入渗，也适用于流域面上的入渗，其表达式为

$$f_t = f_c + (f_0 - f_c)e^{-\beta t} \tag{2.116}$$

式中：f_t 为实际入渗率；f_c 为稳定入渗率；f_0 为初始入渗率；β 为经验参数，反映入渗率由 f_0 减小到 f_c 过程的快慢程度；t 为入渗时间。

2. Philip 公式

Philip 依据理论推导和经验估计，得到了半理论、半经验的公式：

$$f_t = f_c + At^{-1/2} \tag{2.117}$$

式中：f_t 为实际入渗率；f_c 为稳定入渗率；A 为经验参数；t 为入渗时间。

3. Holtan 公式

Holtan 提出一种入渗公式：

$$f_t = f_c + \alpha(S - W)^n \tag{2.118}$$

式中：f_t 为实际入渗率；f_c 为稳定入渗率；α 为随季节变化的系数，取值为 0.2～0.8；S 为表土可能的最大含水量，mm；W 为累积入渗量或初始含水量，mm；n 为经验指数，某一特定土壤为常数，常取 1.4。

上述各经验公式中的 f_c、f_0、β、A、α、n 等通常与土壤性质有关，需依据实测资料或试验资料分析确定。实践中也可通过直接测定和间接分析等方法确定天然条件下的入渗率，其中：直接测定法是在流域内选定若干具有代表性的场地，采用双环入渗仪等仪器设备测定入渗过程；分析法是利用径流试验场或小流域的实测降水径流资料分析入渗过程。前一种方法可以获得流域内某些点位的入渗特性及其定量规律，后一种方法可以综合反映流域的平均入渗特性及定量规律。

2.3.2.2 水文模型中的下渗量计算

在 XAJ 模型中，包气带土壤含水量达到田间持水量以后，所有降水（减去同期的实际蒸发蒸腾量）都产流，此时按稳定入渗率下渗的部分成为地下径流，超渗的部分形成地面径流，稳定入渗率可以概化为一个常数（赵人俊，1984）。这里仅总结 SAC 模型和 SWAT 模型中的下渗量计算方法。

1. SAC 模型下渗量计算

在 SAC 模型中，上层向下层的下渗率与稳定下渗率、下层的缺水程度、上层自由水的供水能力等因素有关，具体如下（Peck，1976；长办水文局，1981；Koren et al.，2003）：

$$PERC = PBASE \times (1 + ZPERC \times DEFR^{REXP}) \times \frac{UZFWC}{UZFWM} \tag{2.119}$$

$$PBASE = LZFSM \times LZSK + LZFPM \times LZPK \tag{2.120}$$

$$ZPERC = \frac{LZTWM + LZFSM(1 - LZSK) + LZFPM(1 - LZPK)}{LZFSM \times LZSK + LZFPM \times LZPK} \tag{2.121}$$

$$DEFR=1-\frac{LZTWC+LZFSC+LZFPC}{LZTWM+LZFSM+LZFPM} \tag{2.122}$$

上述四式中：$PERC$ 为上层向下层的下渗率，mm/d；$PBASE$ 为稳定下渗率，mm/d；$ZPERC$ 为最大下渗率与稳定下渗率的比值；$DEFR$ 为下层的缺水率；$REXP$ 为下渗曲线指数；$UZFWC$ 为上层自由水蓄量，mm；$UZFWM$ 为上层自由水容量，mm；$LZTWC$ 为下层张力水蓄量，mm；$LZTWM$ 为下层张力水容量，mm；$LZFSC$ 为下层浅层自由水蓄量，mm；$LZFSM$ 为下层浅层自由水容量，mm；$LZSK$ 为下层浅层自由水日出流系数；$LZFPC$ 为下层深层自由水蓄量，mm；$LZFPM$ 为下层深层自由水容量，mm；$LZPK$ 为下层深层自由水日出流系数。

2. SWAT 下渗量计算

某土层中可下渗的水量可以通过式（2.123）计算（Neitsch et al.，2011）：

$$SW_{\text{excess}}=\begin{cases}SW-FC & (SW>FC)\\ 0 & (SW\leqslant FC)\end{cases} \tag{2.123}$$

式中：SW_{excess} 为某天土层的可下渗水量，mm；SW 为某天土层的含水量，mm；FC 为土层的田间持水量，mm。

从某土层下渗到其下土层的水量可用存储演算方法计算，公式为

$$w_{\text{perc}}=SW_{\text{excess}}\left[1-\exp\left(-\frac{\Delta t}{T_{\text{perc}}}\right)\right] \tag{2.124}$$

式中：w_{perc} 为某天下渗到下层的水量，mm；SW_{excess} 为某天土层的可下渗水量，mm；Δt 为时段长，h；T_{perc} 为下渗时间，h。

各土层的下渗时间不同，计算公式为

$$T_{\text{perc}}=\frac{SAT-FC}{K_{\text{sat}}} \tag{2.125}$$

式中：T_{perc} 为下渗时间，h；SAT 为土层的饱和含水量，mm；FC 为土层的田间持水量，mm；K_{sat} 为土层的饱和导水率，mm/h。

2.3.3 地下水

如果以地面为界进行划分，地下水包括包气带水、潜水和承压水 3 个基本类型。但通常包气带水是指土壤水，而地下水多指潜水和承压水。

1. 潜水

埋藏于第一个不透水层之上具有自由水面的地下水称为潜水，水文中称为浅层地下水。潜水面与地面之间的距离称为潜水埋藏深度，潜水面与第一个不透水层层顶之间的距离称为潜水含水层厚度。潜水具有以下特征：

（1）潜水通过包气带与大气连通，所以不承受静水压力。大气降水、凝结水、地表水渗入包气带补给潜水，潜水也通过包气带或植物吸收而蒸发、蒸腾，

在一般情况下，潜水的分布区与补给区是一致的。

（2）潜水在重力作用下由水位较高处向水位较低处流动，流速大小取决于水力坡度和含水层的渗透性能。潜水向排泄处流动时，其水位逐渐下降，形成曲线形表面。

（3）潜水埋藏深度与贮量取决于地质、地貌、土壤、气候等条件，一般山区潜水埋深较大，平原区埋深较小。

2. 承压水

埋藏于两个不透水层之间，具有压力水头的地下水称为承压水，水文中称为深层地下水。承压水一般不直接受气象、水文因素的影响，具有较稳定的特点。承压水的水质不易遭受污染，水量较稳定，是河川枯水期的主要水量来源。

2.4 径流

2.4.1 径流形成过程

降落到流域表面上的水，由地面和地下汇入河川、湖泊等形成的水流称为径流。自降水开始至水流汇集到流域出口断面的整个物理过程，称为径流形成过程，一般将该过程概括为产流过程和汇流过程（魏永霞等，2005）。

2.4.1.1 产流过程

降落到流域表面的雨水，除去各种损失后的剩余部分称为净雨。通常把降水扣除各种损失成为净雨的过程称为产流过程，净雨量称为产流量，降水不能形成径流的部分雨量称为损失量。

降水开始后，除少量降落到河流水面的水量直接形成径流外，部分被植物冠层截留，并耗于蒸发。降落到地面上的雨水，部分渗入土壤。当降水强度小于入渗强度时，雨水全部下渗。若降水强度大于入渗强度时，雨水按入渗能力下渗，超出入渗能力的雨水称为超渗雨。超渗雨会形成地面积水，先填满地面的坑洼，称为填洼。填洼的雨量最终耗于入渗和蒸发蒸腾。随着降水的持续，满足了填洼的地方开始产生地面径流。

下渗到土壤中的雨水，除了补充土壤含水量外，逐步向下层渗透。当土壤含水量达到田间持水量后，下渗趋于稳定，继续下渗的雨水，一部分从坡侧土壤孔隙流出，注入河槽，形成壤中流。另一部分继续向深层下渗，到达地下水面后，以地下水的形式汇入河流，称为地下径流。

2.4.1.2 汇流过程

净雨沿坡面汇入河网，后经河网汇集到流域出口断面，这一过程称为流域汇流过程。为了便于分析，通常将汇流过程分为坡地汇流和河网汇流两个阶段。

1. 坡地汇流

地面净雨沿坡面流至附近的河网称坡面漫流。坡面漫流由无数股彼此时分时合的细小水流组成，通常无明显的固定沟槽，降水强度很大时可形成片流。坡面漫流的流程一般不长，约为数米至数百米。地面净雨经坡面漫流注入河网为地面径流汇流，壤中流净雨注入河网为壤中流汇流。地下净雨下渗到潜水或深层地下水体后，沿水力坡降最大方向汇入河网，称为地下径流汇流。深层地下水流动缓慢，降水后地下水流可以维持很长时间，较大河流终年不断流，是河川的基本径流，常称为基流。降水结束后，坡地汇流将持续一定的时间。

2. 河网汇流

进入河网的水流，从支流向干流、从上游向下游汇集，最后全部流出流域出口断面的过程称为河网汇流过程。在河网汇流过程中，沿途不断有地面径流、壤中流及地下径流汇入，使得河槽水量增加，水位升高，为河流涨水阶段；随降水、地面径流、壤中流及地下径流的逐渐减少直至完全停止，河槽水量减少，水位降低，为河流退水阶段。在河流涨退水阶段，由于河槽能够存蓄一部分水量，因而对河槽内的水体具有调蓄作用。一次降水过程中，经过植物冠层截留、填洼、入渗和蒸发蒸腾等损失后，进入河网的水量比降水总量小，且经过坡地汇流及河网汇流两次再分配作用，使得出口断面的径流过程比降水过程变化缓慢、历时增长、时间延迟。

2.4.2 径流表示方法

(1) 流量。流量一般指单位时间内通过河流某一横断面的水量，单位为 m^3/s。流量随时间的变化过程，可用流量过程线表示，该过程线的流量为各时刻的瞬时流量。此外，常用日平均流量、月平均流量、年平均流量等表示时段的平均流量。

(2) 径流总量。径流总量指时段内通过河流某一横断面的水量，常用单位为 mm、m^3、万 m^3、亿 m^3 等，当采用单位为“mm”时，即用径流深度表示径流总量。

(3) 径流深。径流深是指将时段径流总量平铺在整个流域面积上所得的水层深度，常以 mm 计。计算径流深的公式如下：

$$R=\frac{W}{1000F}=\frac{QT}{1000F} \tag{2.126}$$

式中：R 为径流深，mm；W 为时段径流总量，m^3；Q 为时段平均流量，m^3/s；F 为流域面积，km^2；T 为时段长，s。

(4) 径流模数。径流模数是指流域出口断面流量与流域面积的比值，常用单位为 $L/(s \cdot km^2)$ 和 $m^3/(s \cdot km^2)$。流量的意义不同，相应的径流模数具有不同的含义。例如：当流量为洪峰流量时，相应的径流模数为洪峰流量模数；

当流量为多年平均流量时，相应的径流模数为多年平均流量模数。计算径流模数的一般公式为

$$M=\frac{1000Q}{F} \tag{2.127}$$

式中：M 为径流模数，L/(s·km^2)；Q 为流量，m^3/s；F 为流域面积为，km^2。

（5）径流系数。径流系数是时段径流深度与相应的时段降水深度的比值，即

$$\alpha=\frac{R}{P} \tag{2.128}$$

式中：α 为径流系数；R 为时段径流量，mm；P 为时段降水量，mm。

2.4.3 径流资料

2.4.3.1 流量监测

流量是反映江河、湖泊、水库等水体水量变化的基本资料，也是河流最重要的水文特征值。逐日的流量资料、洪水水文要素摘录资料（包括流量、水位等摘录数据），一般可查阅水文部门发布的水文年鉴。当收集的流量资料不足以满足科研和实践需求时，就要采取适宜的方法观测流量。

观测江河等水体流量的方法有很多，按工作原理可分为水力学法、化学法、物理法、面积流速法等。其中：水力学法通过测量水工建筑物或专门量水建筑物的水力要素，代入相应的水力学公式计算流量。化学法将已知浓度和剂量的指示剂注入河水中，通过测量水中指示剂的浓度估算流量。物理法利用超声波、电磁感应等物理量或物理现象在水中的变化来测定流速并推求流量。面积流速法通过测量过水断面面积和断面上各点流速估算流量，该方法应用最广泛，具体包括测量过水断面面积、测量流速两部分工作。

采用流速仪法测流时，断面测量通常与流速测验同时进行，即先利用垂线将测流断面划分为若干部分，再测算出各部分断面的面积以及各部分面积上的平均流速，两者的乘积称为部分流量，全断面的流量为各部分流量之和，即

$$Q=\sum_{i=1}^{n}q_i=\sum_{i=1}^{n}V_iA_i \tag{2.129}$$

式中：Q 为流速仪法测得的断面流量，m^3/s；q_i 为第 i 部分断面的流量，m^3/s；V_i 为第 i 部分断面的平均流速，m/s；A_i 为第 i 部分断面的面积，m^2。

需要注意的是：实际测流时不可能将测流断面分成无限多的部分面积，部分断面的面积及流量的加和只能逼近测流断面的真实值；由于河道测流时间较长，不能在瞬时完成，因而测得的断面流量是测流时段的平均值，而非瞬时值。流速仪法测流的具体过程和要求可参考相关水文教材及相关规范。

流量的测算工作较复杂，实践中不可能也没有必要通过连续观测来直接点

绘流量过程线，而水位的观测比较容易，且水位随时间的变化过程较易获得。因此，水文站一般通过一定次数的流量测验，根据实测的水位和流量的对应资料建立水位与流量的关系曲线。通过水位-流量关系曲线，就可以把水位变化过程转换成相应的流量变化过程，并计算出日、月、年平均流量及各种统计特征值。

当采用水文年鉴提供的站点水位、流量等资料时，应注重对这些资料的复核评价。对于研究流域的主要特征（如流域面积、地理位置等）以及水文测验、整编、调查的资料应进行必要检查，特别重要的资料应进行重点复核。

水位、潮水位等资料，应查明高程系统、水尺零点、水尺位置的变动情况，并复核观测精度较差、断面冲淤变化较大、漫溃和受人类活动影响显著的资料。可以采用上下游水位相关、水位过程对照以及本站水位过程的连续性分析等方法进行复核，必要时应进行现场调查。

流量资料应着重复核精度较差的资料，主要检查浮标系数、水面流速系数、水位-流量关系曲线等的合理性。可以采用历年水位-流量关系曲线比较、流量与水位过程线对照、上下游水量平衡分析等方法进行检查，必要时应进行对比测验。

2.4.3.2 径流系列一致性处理

人类活动和下垫面变化会破坏径流形成的一致性条件，使得径流量及其过程发生明显变化，因此应进行径流系列的一致性处理。可以采用我国《水利水电工程水文计算规范》(SL/T 278—2020) 推荐的分项调查法，对实测径流量系列进行还原计算，将实测径流量还原为天然径流量。径流的一致性处理应逐年、逐月（旬）进行，逐年处理所需资料不足时，可以按人类活动措施的不同发展时期，采用丰水、平水、枯水典型年进行估算。逐月（旬）处理所需资料不足时，可以分主要用水期和非主要用水期进行估算。

径流系列的一致性处理，应分析主要影响因素。当径流受多种因素综合影响时，径流还原可以采用分项调查法计算，公式如下：

$$R = \sum_{i=1}^{12} R_i \tag{2.130}$$

式中：R 为还原后的天然径流量，mm；R_1 为实测径流量，mm；R_2 为农业灌溉净耗水量，mm；R_3 为工业净耗水量，mm；R_4 为生活净耗水量，mm；R_5 为蓄水工程的蓄水变量，增加为“+”，减少为“－”，mm；R_6 为水土保持措施对径流的影响水量，mm；R_7 为水面蒸发增加的损失量，mm；R_8 为跨流域引（调）水量，引出为“+”，引入为“－”，mm；R_9 为河道分洪水量，分出为“+”，分入为“－”，mm；R_{10} 为水库渗漏水量（水文站在水库坝的下游时不还原该项目），mm；R_{11} 为城镇化、地下水开发等对径流的影响水量，mm；

R_{12} 为河道外生态环境耗水量，mm。

依据《水利水电工程水文计算规范》（SL/T 278—2020），当受多种因素综合影响时，还原径流也可以采用降水径流模式法、蒸发差值法等。当集水面积较大时，可以根据人类活动影响的地区差异分区调查计算。水库径流还原资料，应从水位-库容曲线、各种建筑物过水能力曲线等方面检查其合理性。其他蓄水、引水、提水工程，堤防、分洪、蓄滞洪工程，水土保持工程以及决口、溃坝等资料，应从资料来源、水量平衡等方面检查其合理性。采用分项调查法计算的分项水量，宜从万元国内生产总值用水量、万元工业增加值用水量、灌溉定额、灌溉水利用系数、人均生活用水量、供水管网漏损率等指标及定额检查其合理性。

2.4.3.3 径流资料插补延长

我国的《水利水电工程水文计算规范》（SL/T 278—2020）等规定，设计依据站的实测径流系列不足30年，或虽有30年但系列的代表性不足时，应进行插补延长。插补延长年数应根据参证站资料条件、插补延长精度和设计依据站系列代表性要求确定。

当本站水位资料系列较长，且有一定长度流量资料时，可以通过本站的水位-流量关系曲线插补延长。如果上下游或邻近相似流域参证站资料系列较长，且与设计依据站有一定长度同步系列时，可以通过水位或径流相关关系插补延长。当设计依据站径流资料系列较短，而流域内有较长系列雨量资料时，可以通过降水-径流关系插补延长。

特别要指出的是，当采用相关关系插补延长时应明确成因概念，相关点据散乱时可增加参变量，个别点据明显偏离时应分析原因。相关线外延的幅度不宜超过实测变幅的50%。此外，对插补延长的径流资料，应从上下游水量平衡、径流模数等方面进行分析，检查其合理性。

第3章

研究流域概况

本书中的研究流域均为我国东北地区松花江流域不同级别的子流域，在这些研究流域模拟降水径流、积雪融雪、融雪径流、蒸发蒸腾、输沙等过程时，将用到地形、土地利用/覆盖、土壤、气象、水文等各种数据。本章首先介绍松花江流域的地理范围与江源，其次在说明各种数据的来源与预处理方法的同时，阐明松花江流域的地形、土地覆盖与土壤分布情况以及气象水文特征。

3.1 松花江流域范围与江源

3.1.1 地理范围

松花江是我国七大江河之一，也是黑龙江在我国境内的最大支流，流域介于东经119°42′～132°31′、北纬41°42′～51°39′之间，总面积为55.8万km^2（胡本荣等，1996a；胡本荣等，1996b；谢永刚，1998；梁贞堂等，2000）。松花江支流主要有松花江吉林省段、拉林河、呼兰河、汤旺河、牡丹江、倭肯河等，流域范围涵盖我国东北的黑龙江省、吉林省、辽宁省以及内蒙古自治区，其中在黑龙江省、吉林省、内蒙古自治区的分布面积较大，而在辽宁省的分布面积较小。利用DEM数据提取的松花江流域水系示意见图3.1。如果按第1章统计的东北地区124.78万km^2总面积计算，松花江流域面积占我国东北地区总面积的44.72%。

3.1.2 江源

多年以来，松花江江源有“南源”“北源”及“南北两源”几种观点，其中的“南北两源”观点占主导地位（胡本荣等，1996a；胡本荣等，1996b；谢永刚，1998；梁贞堂等，2000）：南源为松花江吉林省段，发源于长白山天池，长度为958km，流域面积为9.01万km^2；北源为嫩江，发源于黑龙江省大兴安岭地区的伊勒呼里山中段南侧，源头为南瓮河，长度为1370km，流域面积为

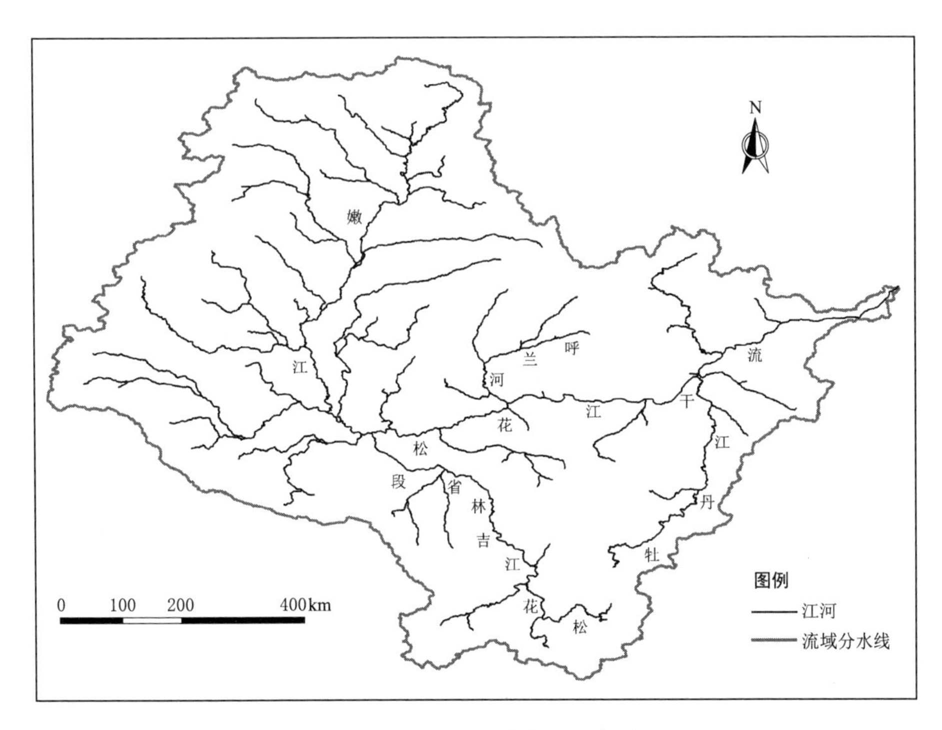

图 3.1 松花江流域水系示意图

28.27 万 km^2；嫩江和松花江吉林省段在黑龙江省西南部的肇源县三岔河汇合后称松花江干流，长度为 939km，流域面积为 18.50 万 km^2。由于松花江江源不明确，给流域的研究、规划、开发、利用及管理等工作带来了很多问题和不便。

首先，“两源”容易引起对松花江江源的误解。如果不明确指出松花江江源，而是称“松花江发源于长白山天池”或“松花江发源于大兴安岭的伊勒呼里山”，易引起对松花江主源的误解。由于“松花江吉林省段”与“松花江”名称相近，易使得人们在心理上倾向于南源说，从而误认为“松花江吉林省段就是松花江”，或把松花江吉林省段和松花江混为一谈，从而人为缩短 412km 的河流长度（胡本荣等，1996a；胡本荣等，1996b；谢永刚，1998）。

其次，上游、中游、下游是描述河流各河段地形、地理位置和河势的参数，一条河流通常仅有上游、中游、下游，但嫩江、松花江吉林省段、松花江干流均根据各自的地理特征划分了上游、中游、下游，使得松花江无论按哪个支流做主源均有多个河段，既违背了河流理论，也不能反映松花江江段的真正特征（胡本荣等，1996a；胡本荣等，1996b；谢永刚，1998）。

第三，“两源”使得松花江长度存在差异，不利于确定我国七大江河的排位。例如：依据水利部官方网站数据，珠江全长 2214km，流域面积 45.37 万

km^2（其中 44.21 万 km^2 在我国境内）[1]。虽然松花江流域面积大于珠江流域面积，但是如果以嫩江为松花江主源，则松花江长度为 2309km，大于珠江长度；反之，如果以松花江吉林省段为源头计算，则松花江长度为 1897km，小于珠江长度。可见，当以江河长度为指标对我国的七大江河排位时，如果不明确松花江的江源问题，将会影响松花江乃至珠江在我国七大江河中的地位。

综上，参考胡本荣等（1996a，1996b）、谢永刚（1998）和梁贞堂等（2000）等的研究成果，依据“河源唯远”“河流唯长”等通用准则，加之嫩江流域面积和多年平均径流量均大于松花江吉林省段，与松花江吉林省段相比，嫩江与松花江干流过渡更加平稳、松花江吉林省段属于逆向入干流等原因，本书认同嫩江为松花江干流，嫩江源头为松花江江源，即：松花江是我国第三大河，发源于黑龙江省大兴安岭地区伊勒呼里山中段南侧的南瓮河，河长为 2309km，流域面积为 55.8 万 km^2。

3.2 松花江流域自然地理特征

3.2.1 地形

DEM 自提出以来，由于适合计算机处理，不仅适用于描述复杂的地表形态，也可以为地形地貌参数计算、流域水系生成等提供数字化的处理方法，从而为描绘植被、土壤、土地利用/覆盖情况等专题信息的空间分布提供数字化载体。在利用 DEM 数据确定网格水流的流向并给定集水面积以后，采用搜索程序可以快速识别流域的分水线，继而勾画流域边界并计算流域面积，从而构建数字流域水系。因此，在构建各种水文模型和开展水文过程模拟工作中，DEM 已成为一种必备的重要输入资料。

本书利用的 DEM 数据来源于中国地理空间数据云和全球 1km 基础高程数据（Global Land One-kilometer Base Elevation，GLOBE）Version 1.0（Hastings et al.，1999），主要用于确定水流方向、提取流域和河网、为部分模型提供计算地点的高程等。

3.2.1.1 DEM 处理工具

目前，应用 DEM 提取流域水系信息，从而构建数字流域的水文分析软件已有很多，美国环境系统研究所（Environmental Systems Research Institute，ESRI）开发的 ArcHydro Tools 在水文研究领域应用广泛，该软件可以作为 ArcGIS 的一个插件使用，与 ArcGIS 各版本对应的 ArcHydro Tools 均可免费下载。此外，ArcGIS 的空间分析工具（Spatial Analyst Tools）下的（Hydrology）

[1] 数据来源于中华人民共和国水利部官方网站。

模块也可以实现 DEM 数据预处理、确定水流流向、生成河网、划分流域边界等基本功能。

3.2.1.2 DEM 处理方法

1. 填洼

为了保证从 DEM 数据中提取的流域自然水系是连续的，首先需要对原始的 DEM 数据进行预处理，即洼地填平（Fairfield et al.，1991）。从 DEM 中自动提取流域自然水系的地形都必须由斜坡构成，否则所提取的水系可能出现不连续的现象，因此需将从地形图上数字化得到的栅格 DEM 包含的小平原、小洼地改造成斜坡的延伸部分（陈永良等，2002）。填洼处理可以采用 ArcHydro Tools 中 Terrain Preprocessing 模块下的 Fill Sinks 命令，也可以采用 ArcGIS 空间分析工具中的水文模块的 Fill 命令，通过扫描 DEM 找到洼地，然后将洼地点的高程值设为与其相邻点的最小高程值，并迭代直到填平所有的洼地。需要指出的是，DEM 预处理过程不是必需的，该过程的取舍由 DEM 数据精度高低所决定，如果 DEM 精度较高，原则上也可以不进行填洼操作。

2. 确定水流流向

目前，已经提出了多种栅格水流流向算法，这些算法一般可分为两类，即单流向算法和多流向算法，ArcHydro Tools 中 Terrain Preprocessing 模块下的 Flow Direction 命令或 ArcGIS 空间分析工具中的水文模块的 Flow Direction 命令均可以自动计算栅格水流流向。在自行构建水文模型过程中，了解水流流向的计算原理，对于深入理解栅格坡度计算方法，明确坡地栅格产流的水量汇流路径，确定集水区边界以及流域面积等具有重要意义，因此，下面给出常见的计算水流流向算法公式。

D8（eight-direction）算法是最常用的单流向算法，该算法首先计算 DEM 各栅格与其相邻 8 个栅格之间的坡度，然后按照坡度最陡原则设定该栅格的水流方向（Jenson et al.，1988）。如果单个栅格中的水流有 8 种可能流向，那么该栅格的水只能流入与之相邻的 8 个栅格中，则可以采用 8 个代码对不同方向进行编码，如：1（正东）、2（东南）、4（正南）、8（西南）、16（正西）、32（西北）、64（正北）、128（东北），则任意一个栅格的水流流向由与其相邻的 8 个栅格中坡度最陡的栅格流向确定。栅格水流流向编码示意图如图 3.2 所示。

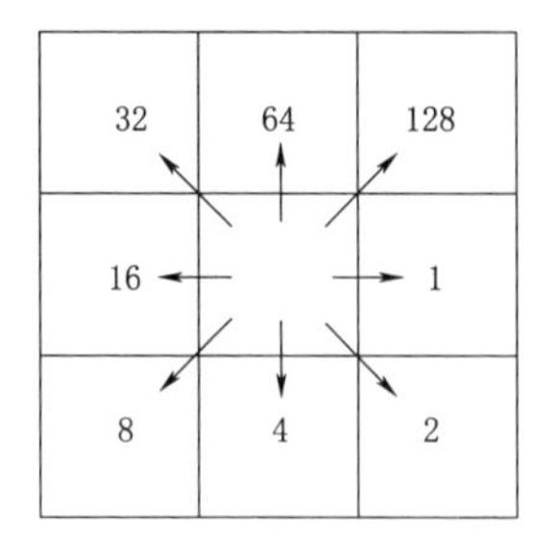

图 3.2 栅格水流流向编码示意图

两个栅格之间的坡度按式（3.1）计算：

$$\theta_{i,j}=\arctan\left|\frac{h_i-h_j}{D}\right| \tag{3.1}$$

式中：$\theta_{i,j}$ 为第 i 个栅格与第 j 个栅格之间坡度；h_i 为

第 i 个栅格的高程；h_j 为与第 i 个栅格相邻的第 j 个栅格的高程；D 为第 i 个栅格与第 j 个栅格中心点之间的距离，如果两栅格为水平或垂直方向相邻，则 D 等于栅格长度；如果两栅格为对角线方向相邻，则 D 等于 $\sqrt{2}$ 倍栅格长度。

单流向算法规定水流向坡度最陡的邻近栅格流动，有时与实际水流方向并不相符，因此一些学者提出了多流向算法，即允许各栅格水流流向多个邻近低高程的栅格。Freeman 等（1991）提出了按照梯度比分配栅格流量的算法：

$$F_{i,j}=\frac{\max(0,s_{i,j}^{p})}{\sum_{j=1}^{8}\max(0,s_{i,j}^{p})} \tag{3.2}$$

式中：$F_{i,j}$ 为第 i 个栅格分配给第 j 个栅格的流量与总流量的比例；$s_{i,j}$ 为第 i 个栅格与第 j 个栅格之间的坡度；p 为无量纲经验常数，约为 1.1。

在模拟耗散流时，多流向算法比单流向算法更切合实际，但在确定大流域的栅格流向时更加耗时。尽管多流量算法能够很好地模拟河流源区的河道，但是对河道发育完好的辐合状水流区域，单流向算法往往能够给出更好的结果（Martz et al.，1992）。

3. 确定河网水系与流域分水线

在确定每个栅格水流流向的基础上，通过识别直接或间接汇聚到每个栅格的上游水流，就可以识别该栅格上游的所有栅格，亦即识别了处于该栅格上游集水区中的所有栅格（Srinivasan et al.，1994），ArcHydro Tools 中 Terrain Preprocessing 模块下的 Flow Accumulation 命令、ArcGIS 空间分析工具中的水文模块的 Flow Accumulation 命令都可以完成这一过程，从而获得每个栅格的集水区（以栅格数计）。

DEM 中某一栅格若能够形成水系，则必须存在一定规模的上游集水区，可以通过给定一个适当的最小河道集水面积阈值，将上游汇水面积等于最小河道集水面积阈值的栅格定义为河道的起始点，上游汇水面积大于最小河道集水面积阈值的栅格定义为河道。最小河道集水面积阈值的大小直接决定了河网形态，该集水面积阈值越小，提取的河网就越详细，河流分级也会越多；集水面积阈值越大，提取的河网就越稀疏，河流分级也会越粗糙。ArcHydro Tools 和 ArcGIS 空间分析工具中的水文模块正是按照这样的规则定义河网，并把汇流栅格中所有大于或等于最小水道集水面积阈值的栅格提取出来，从而得到流域河网。

4. 计算栅格水系汇流演算次序

构建栅格型水文模型时，推求栅格水系的汇流演算次序可按如下步骤（袁飞，2006）：

（1）对流域内各栅格编码。在流域边界数值列阵中从左至右逐行搜索各栅格，对流域内栅格按搜索次序从 1 开始依次编码。

(2) 搜寻流域内各栅格的上下游节点。按栅格编码顺序在栅格流向数值列阵中搜寻上下游节点，并与流域内栅格编码数值列阵对照，找出对应的上下游节点编码。

(3) 计算栅格汇流演算次序。将流域内各栅格分为 N 个等级，流域出口断面所在的栅格为第 1 级栅格，第 1 级栅格的上游节点为第 2 级栅格，第 2 级栅格的上游节点为第 3 级栅格，依此类推，直至第 N 级栅格。假设各级栅格分别具有 k_i ($i=1, 2, \cdots, N$) 个栅格，则第 N 级的 k_N 个栅格最先演算，其汇流演算次序分别为 1，2，…，k_N；第 $N-1$ 级的 k_{N-1} 个栅格在第 N 级栅格后演算，其汇流演算次序分别为 k_{N+1}，k_{N+2}，…，k_N+k_{N-1}；依此类推，第 $I-1$ 级的 k_{I-1} 个栅格在第 I 级栅格后演算，其汇流演算次序分别为 $k_N+k_{N-1}+\cdots+k_I+1$，$k_N+k_{N-1}+\cdots+k_I+2$，…，$k_N+k_{N-1}+\cdots+k_I+k_{I-1}$，出口断面所在的栅格最后演算，其汇流演算次序为 $k_N+k_{N-1}+\cdots+k_I+\cdots+k_1$。

5. 其他

在利用 DEM 数据时还需要说明两点：①利用不同机构提供的 DEM，甚至利用同一机构提供的不同空间分辨率的 DEM 提取流域时，通常会得到相近的流域分水线，流域的空间形状、面积大小、高程等特征会存在差别。②利用 DEM 时一般会预先采用填洼等方法处理原始数据，但即便如此，部分 DEM 产品也会存在不能顺利提取流域、提取的流域与现实存在差别、流域内部出现“孔洞”等现象，因此需要对不同机构、不同分辨率的产品进行对比分析，选用质量相对可靠、分辨率满足要求的 DEM 产品。土地利用/覆盖及土壤产品也存在类似问题。

3.2.1.3 松花江流域地形

松花江流域三面环山，整个地形沿松花江干流自西向东倾斜，西部以大兴安岭与额尔古纳河分界，北部以小兴安岭与黑龙江分界，东部和东南部以长白山、张广才岭、完达山等与乌苏里江、绥芬河、图们江、鸭绿江分界，西南部以丘陵与辽河分界（胡本荣等，1996a；胡本荣等，1996b；谢永刚，1998）。松花江流域内地形以平原为主，主要有中部的松嫩平原和东北部的三江平原（部分），是流域内的主要农业区。利用中国地理空间数据云提供的 DEM 数据绘制的松花江流域地形示意见图 3.3。

从图 3.3 可以看出，嫩江流域的地势是西高东低、东北高西南低，松花江吉林省段流域的地势东南高西北低，三岔河汇流后至入黑龙江的集水区域是西高东低。

3.2.2 土地利用/覆盖

土地利用（land use）与土地覆盖（land cover）含义相近，但侧重点不同。土地利用侧重于土地的社会属性，是指直接利用土地资源的人类活动，这种人类活动干预了土地覆盖功能的生态物理过程。土地覆盖侧重于土地的自然属性，

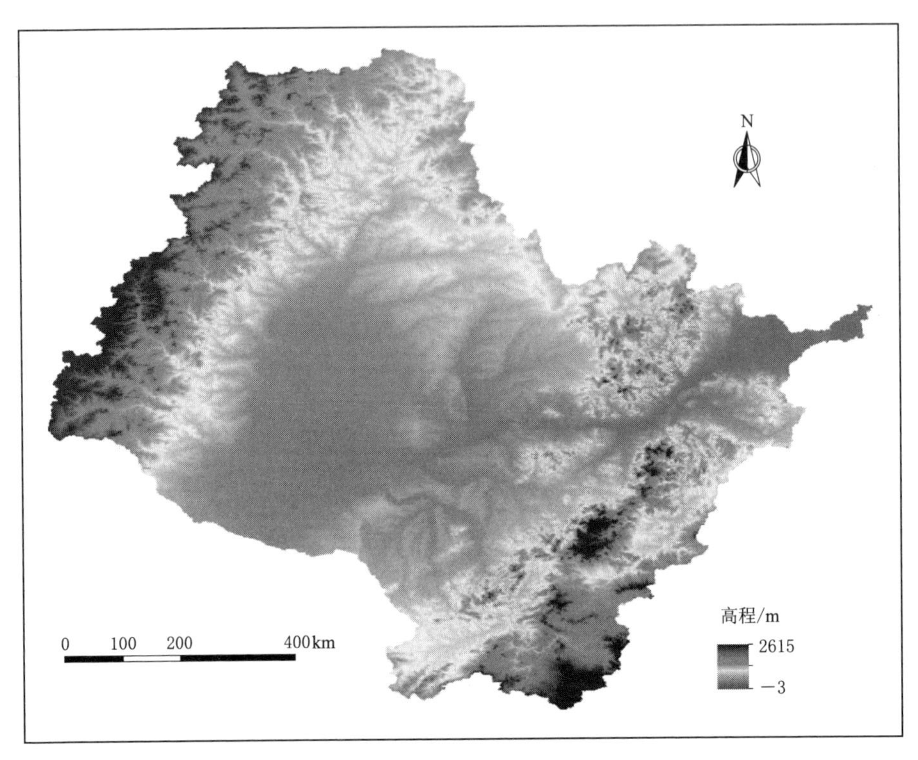

图 3.3 松花江流域地形示意图（参见文后彩图）

是指能直接或通过遥感等手段观测到的自然和人工植被及建筑物等地表覆盖物，这些地表覆盖物受土地利用方式、耕作方式和季节性特征等影响，可以在一定程度上反映土地利用情况。本书应用土地覆盖数据描述流域内的土地覆盖空间分布情况。

3.2.2.1 几种常见的土地覆盖分类系统

目前，在常见的土地覆盖分类系统中，国际地圈-生物圈计划（International Geosphere - Biosphere Programme，IGBP）的 17 种土地覆盖分类系统应用较广泛，具体见表 3.1（Loveland et al.，2000；Hong et al.，2008；Zeng et al.，2017）。全球 1km 空间分辨率的 IGBP 土地覆盖数据，可以从美国地质勘探局网站检索下载。

表 3.1 IGBP 土地覆盖分类系统

代码	分类名称（英文）	分类名称（中文）
1	evergreen needleleaf forest	常绿针叶林
2	evergreen broadleaf forest	常绿阔叶林
3	deciduous needleleaf forest	落叶针叶林

续表

代码	分类名称（英文）	分类名称（中文）
4	deciduous broadleaf forest	落叶阔叶林
5	mixed forests	混交林
6	closed shrublands	郁闭灌木林
7	open shrublands	稀疏灌木林
8	woody savannas	有林草地
9	savannas	稀树草地
10	grasslands	草地
11	persistent wetlands	永久湿地
12	croplands	农田
13	urban and built - up	城镇与建成区
14	cropland/other vegetation mosaic	耕地/其他植被镶嵌体
15	snow and ice	冰雪
16	barren or sparsely vegetated	贫瘠地或稀疏植被
17	water	水体

除了 IGBP 土地覆盖分类系统外，美国马里兰大学（University of Maryland）的 UMD 土地覆盖分类系统也具有较好的代表性，见表 3.2（Hansen et al.，2000）。全球 1km 空间分辨率的 UMD 土地覆盖数据，可以从马里兰大学网站检索下载。

表 3.2　　UMD 土地覆盖分类系统

代码	分类名称（英文）	分类名称（中文）
0	water/goode′s interrupted space	水体
1	evergreen needleleaf forest	常绿针叶林
2	evergreen broadleaf forest	常绿阔叶林
3	deciduous needleleaf forest	落叶针叶林
4	deciduous broadleaf forest	落叶阔叶林
5	mixed cover	混交林
6	woodland	林地
7	wooded grassland	有林草地
8	closed shrubland	郁闭灌木林
9	open shrubland	稀疏灌木林
10	grassland	草地
11	cropland	农田
12	bare ground	裸地
13	urban and built - up	城镇与建成区

近些年来，随着遥感数据获取能力的增强以及计算机存储与计算能力的提升，不同空间分辨率地表覆盖产品逐渐被生产出来，如基于 AVHRR NDVI 数据的 IGBP_DISCover 全球 1km 地表覆盖产品、基于 SPOT_VEGA 数据集的 1km 的 GLC2000、基于 ENVISAT＋MERIS_FRS 数据集的 300m 的 GlobCover2005 和 GlobCover2009、基于 MODIS 数据集生产的 500m 的 MCD12Q1 和 1km 的 GLCNMO 数据集等。尽管这些土地覆盖数据集能够满足全球尺度的应用，但是对于区域尺度而言，其空间分辨率仍然较粗。

中国科学院空天信息创新研究院的研究团队于 2019 年 9 月生产和发布了 2015 年全球 30m 精细地表覆盖产品（Global Land Cover with Fine Classification System at 30m，GLC_FCS30—2015），该产品包含了 30 个地表覆盖类型（见表 3.3），可为全球精细化地表覆盖应用提供有效的数据支撑。在 GLC_FCS30—2015 基础上，研究团队结合多源辅助数据集和专家先验知识对产品做了进一步优化，生产了 2020 年全球 30m 精细地表覆盖产品 GLC_FCS30—2020（Zhang et al.，2019；Zhang et al.，2020；Zhang et al.，2021；Liu et al.，2021）。与 GLC_FCS30—2015 相比，GLC_FCS30—2020 改进包括：①结合定量遥感模型，在全球尺度对 5 种林地类型进行了全面的区分；②改善了对高纬度地区不透水面的高估问题；③进一步提升了水体的制图精度；④改善了对非洲地区农田的高估问题；⑤优化处理了少量空间过渡不连续问题。GLC_FCS30—2020 产品，可从中国科学院数据共享服务系统申请下载。

表 3.3　GLC_FCS30 土地覆盖分类系统

代码	分类名称（英文）	分类名称（中文）
10	rainfed cropland	雨养农田
11	herbaceous cover	草本覆盖
12	tree or shrub cover（orchard）	乔木或灌木覆盖（果园）
20	irrigated cropland	灌溉农田
51	open evergreen broadleaved forest	稀疏常绿阔叶林
52	closed evergreen broadleaved forest	郁闭常绿阔叶林
61	open deciduous broadleaved forest（$0.15<f_c<0.4$）	稀疏落叶阔叶林（$0.15<f_c<0.4$）
62	closed deciduous broadleaved forest（$f_c>0.4$）	郁闭落叶阔叶林（$f_c>0.4$）
71	open evergreen needle-leaved forest（$0.15<f_c<0.4$）	稀疏常绿针叶林（$0.15<f_c<0.4$）
72	closed evergreen needle-leaved forest（$f_c>0.4$）	郁闭常绿针叶林（$f_c>0.4$）
81	open deciduous needle-leaved forest（$0.15<f_c<0.4$）	稀疏落叶针叶林（$0.15<f_c<0.4$）
82	closed deciduous needle-leaved forest（$f_c>0.4$）	郁闭落叶针叶林（$f_c>0.4$）
91	open mixed leaf forest（broadleaved and needle-leaved）	稀疏混交林（阔叶和针叶）

续表

代码	分类名称（英文）	分类名称（中文）
92	closed mixed leaf forest（broadleaved and needle - leaved）	郁闭混交林（阔叶和针叶）
120	shrubland	灌木林
121	evergreen shrubland	常绿灌木林
122	deciduous shrubland	落叶灌木林
130	grassland	草地
140	lichens and mosses	地衣和苔藓
150	sparse vegetation（f_c<0.15）	稀疏植被（f_c<0.15）
152	sparse shrubland（f_c<0.15）	稀疏灌木林（f_c<0.15）
153	sparse herbaceous（f_c<0.15）	稀疏草本（f_c<0.15）
180	wetlands	湿地
190	impervious surfaces	不透水面
200	bare areas	裸地
201	consolidated bare areas	合并裸地
202	unconsolidated bare areas	未合并裸地
210	water body	水体
220	permanent ice and snow	永久冰雪
250	filled value	填充值

3.2.2.2 松花江流域土地覆盖分布

根据流域的地理位置信息，即包含流域的矩形区域经纬度，可以从 IGBP、UMD 等全球土地覆盖数据集中将流域所在矩形区域的土地覆盖信息提取出来，如果将流域的数字水系图作为掩膜（mask），还可以进一步将流域内的土地覆盖数据单独提取出来。后续主要采用了 IGBP 和 GLC_FCS30 土地覆盖分类系统，利用 IGBP 土地覆盖分类系统绘制的松花江流域土地覆盖分布情况及其面积统计见图 3.4 和表 3.4。

结合图 3.4 和表 3.4 可见，松花江流域两大土地覆盖类型是农田和混交林，分别占流域面积的 37.26%和 35.54%。如果将各种林地、草地分别统计为林地与草地两大类，则林地占 41.27%，草地占 15.22%，其他类型土地覆盖占 6.25%。可见，松花江流域的林地覆盖率较高，农田占比较大，林地主要分布在西北部的大兴安岭、东北部的小兴安岭、东部的长白山区等地，农田主要分布在流域的中部平原以及流域内的三江平原部分。

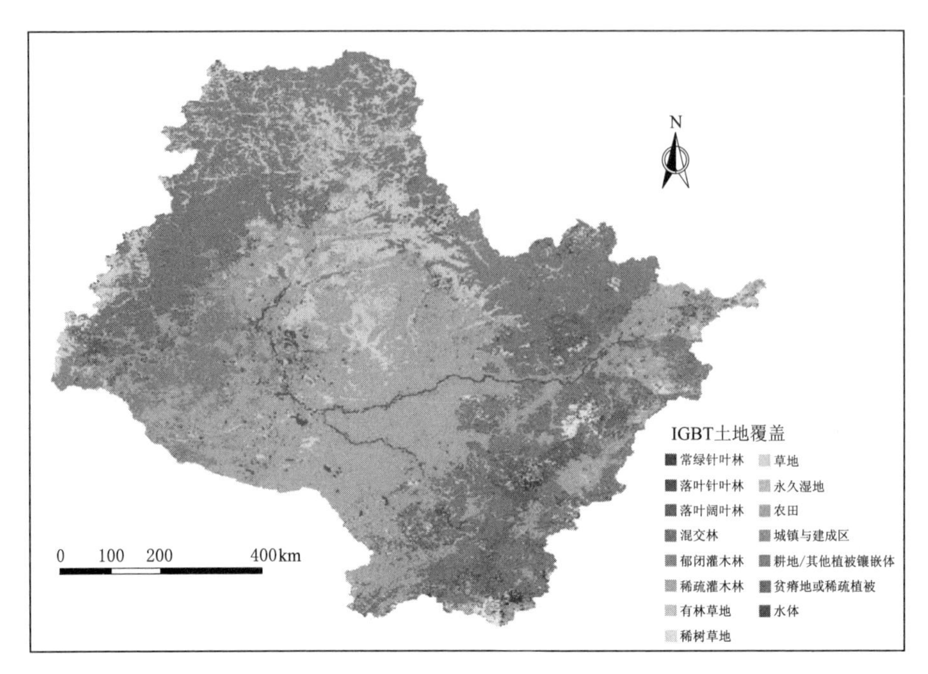

图 3.4 松花江流域 IGBP 土地覆盖分布示意图（参见文后彩图）

表 3.4 松花江流域 IGBP 土地覆盖分布情况面积统计

分类名称	占流域面积比例/%	分类名称	占流域面积比例/%
常绿针叶林	0.58	草地	2.05
落叶针叶林	0.55	永久湿地	0.01
落叶阔叶林	4.53	农田	37.26
混交林	35.54	城镇与建成区	0.17
郁闭灌木林	0.01	耕地/其他植被镶嵌体	4.88
稀疏灌木林	0.06	贫瘠地或稀疏植被	0.03
有林草地	11.77	水体	1.16
稀树草地	1.40		

3.2.3 土壤

3.2.3.1 世界和谐土壤数据库

世界和谐土壤数据库（Harmonized World Soil Database，HWSD）是一个30弧秒的栅格土壤数据库，耦合了全球多个国家和地区的土壤信息，包括世界土壤图、各种区域土壤和地形数据库、欧洲土壤数据库、1∶1000000中国土壤地图、世界土壤排放潜力清单数据库等（FAO et al.，2012年）。HWSD由21600行43200列组成，覆盖了全球陆面，可以提供全球陆面T层表土（0～

30cm）和 S 层底土（30～100cm）的 17 种土壤理化性质。

3.2.3.2 松花江流域土壤分布

由第 1 章的广义东北黑土区和松花江流域的范围可知，松花江流域整体处于广义的东北黑土区范围内。松花江流域的土壤类型主要有黑钙土、栗钙土、暗棕壤、寒棕壤、草甸土、草甸白浆土、盐渍土及沼泽土等，其中：黑钙土主要分布在大兴安岭中南段山地东西两侧、流域平原的中部、松花江与辽河的分水岭地区，栗钙土分布在内蒙古高原东部和中部的辽阔草原地区，暗棕壤森分布在长白山、大兴安岭东坡、小兴安岭等地区，寒棕壤分布在大兴安岭北段山地的上部，草甸土和草甸白浆土主要分布在松花江干流，草甸土、棕色森林土或沼泽土过渡的地带；盐渍土和沼泽土主要分布在松嫩平原、三江平原的低洼地带（李峰平，2015）。

依据 HWSD 土壤数据库 SU_SYM90 属性（FAO－90 的土壤分类），可以获取松花江流域的 45 种 HWSD 土壤（见表 3.5）。但需注意的是，在 SU_SYM90 的土壤单元分类中，DS、UR、WR 等单元名称并非指土壤单元。从表 3.5 可以看出，在松花江流域内，有滞水黑土（PHj）、简育黑土（PHh）、潜育黑土（PHg）、石灰性黑土（PHc）四种 HWSD 土壤类型，将这些黑土类型统计为一类，其他土壤类型合并为一类，所得的松花江流域土壤类型分布情况见图 3.5。

表 3.5 松花江流域 HWSD 土壤类型

序号	SU_SYM90 土壤符号	SU_SYM90 土壤名称（英文）	SU_SYM90 土壤名称（中文）
1	WR	water bodies	水体
2	UR	urban，mining，etc.	城镇、矿地等
3	SNg	gleyic solonetz	潜育碱土
4	SCn	sodic solonchaks	含钠的盐土
5	SCm	mollic solonchaks	松软盐土
6	SCh	haplic solonchaks	简育盐土
7	SCg	gleyic solonchaks	潜育盐土
8	RGe	eutric regosols	饱和粗骨土
9	PHj	stagnic phaeozems	滞水黑土
10	PHh	haplic phaeozems	简育黑土
11	PHg	gleyic phaeozems	潜育黑土
12	PHc	calcaric phaeozems	石灰性黑土
13	PDd	dystric podzoluvisols	不饱和灰化土
14	LVj	stagnic luvisols	滞水淋溶土

续表

序号	SU_SYM90 土壤符号	SU_SYM90 土壤名称（英文）	SU_SYM90 土壤名称（中文）
15	LVh	haplic luvisols	简育淋溶土
16	LVg	gleyic luvisols	潜育淋溶土
17	LVa	albic luvisols	漂白淋溶土
18	LPe	eutric leptosols	饱和 Leptosols
19	KSl	luvic kastanozems	淋溶栗钙土
20	KSk	calcic kastanozems	钙积栗钙土
21	KSh	haplic kastanozems	简育栗钙土
22	HSs	terric histosols	有机土
23	HSf	fibric histosols	纤维有机土
24	GRh	haplic greyzems	简育灰森林土
25	GLm	mollic gleysols	松软潜育土
26	GLk	calcic gleysols	钙积潜育土
27	GLe	eutric gleysols	饱和潜育土
28	FLs	salic fluviosls	盐化冲击土
29	Flm	mollic fluvisols	松软冲击土
30	FLc	calcaric fluvisols	石灰性冲积土
31	DS	dunes & shift sands	沙丘和流沙
32	CMu	humic cambisols	腐殖质始成土
33	CMe	eutric cambisols	饱和始成土
34	CMc	calcaric cambisols	石灰性始成土
35	CHl	luvic chernozems	淋溶黑钙土
36	CHk	calcic chernozems	钙积黑钙土
37	CHh	haplic chernozems	简育黑钙土
38	CHg	gleyic chernozems	潜育黑钙土
39	CH	chernozems	黑钙土
40	ATc	cumulic anthrosols	人为堆积土
41	ARh	haplic arenosols	简育红砂土
42	ARc	calcaric arenosols	石灰红砂土
43	ARb	cambic arenosols	过渡性红砂土
44	ANu	umbric andosols	暗色暗色土
45	ANh	haplic andosols	简育暗色土

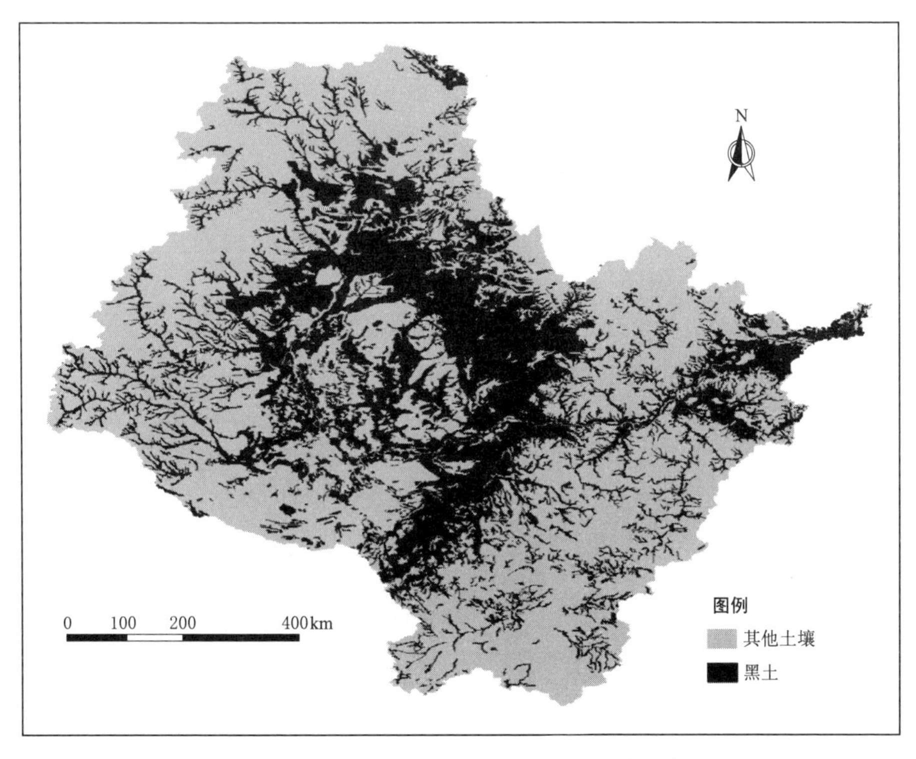

图 3.5 松花江流域 HWSD 黑土类型分布示意图

3.2.4 气象

3.2.4.1 气象数据来源与处理

气象数据主要来源于国家气象科学数据中心中国气象数据网的中国地面气候资料日值数据集（V3.0），具体包括降水、气温（平均气温、最高气温、最低气温）、相对湿度、风速、日照（时数）、（水面）蒸发量等要素。当前，V3.0 数据集可为松花江流域及周边提供约 70 个气象站的逐日气象资料。除了利用 V3.0 的气象要素数据外，部分研究流域也采用了我国水文年鉴发布的雨量站、蒸发站监测的降水量及水面蒸发量数据。

利用 V3.0 数据集中的某项气象要素数据时，需要将该要素数据从 V3.0 数据集中提取出来。V3.0 数据集存在要素缺测或无观测任务现象（代码为 32766），多数监测要素的单位需要转换。数据的提取、检验、单位转换、插值等预处理工作量很大，编程处理能够大大提升这些工作的效率。当利用泰森多边形法插值时，各站控制的泰森多边形范围见图 3.6，可以看出流域周边的部分站点插值权重很小，甚至为 0。但当采用其他方法插值时，流域周边距离流域分水线较近、在泰森多边形范围之外的站点也能够提供必要的数据信息。

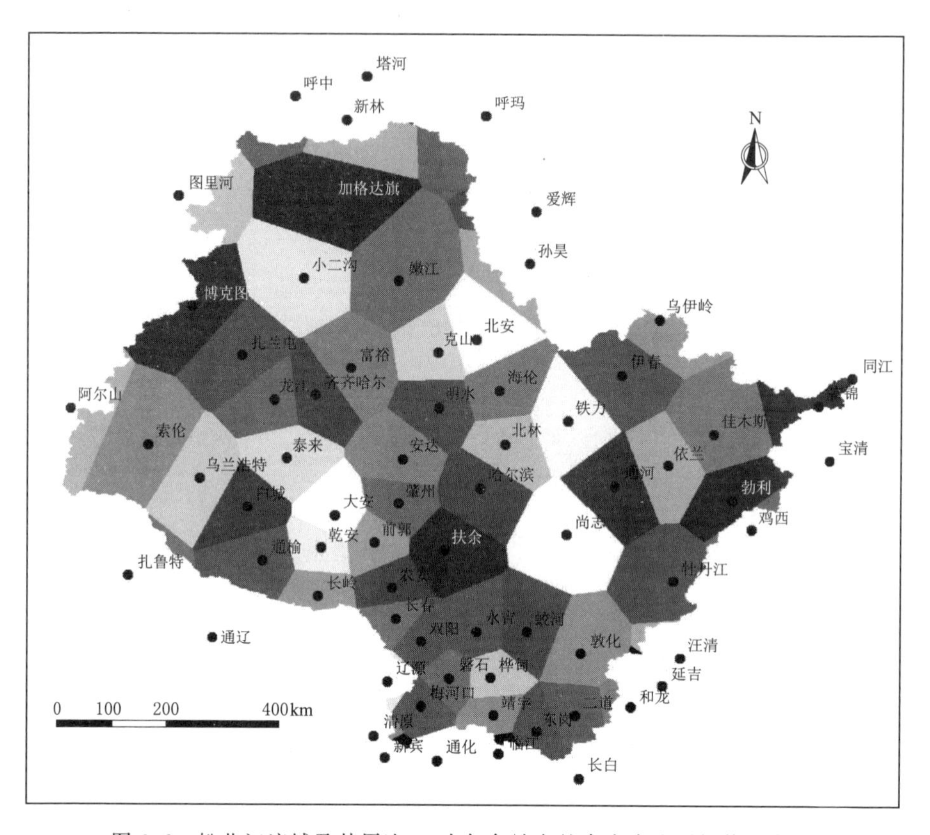

图 3.6 松花江流域及其周边 70 个气象站点的泰森多边形插值示意图

3.2.4.2 松花江流域气象要素变化特征

松花江流域地处中温带季风气候区，四季分明，春季干燥多风，夏季炎热多雨，秋季短暂凉爽，冬季寒冷干燥。依据松花江流域内及周边的 70 个气象站点，统计了松花江流域多年平均的气温和降水量情况。其中，多年平均气温为 2.6℃，11 月至次年 3 月气温在 0℃以下，其他月份气温在 0℃以上，1 月为气温最低月（−19.7℃），7 月为气温最高月份（21.6℃）；年内各月的降水量相差较大，1 月降水量最小（3.7mm），7 月降水量最大（147.0mm），多年平均降水量为 535.6mm。11 月至次年 3 月降水量仅占全年降水量的 6.3%，4—10 月降水量占全年降水量的 93.7%。松花江流域也是我国主要降雪区，流域多年（1960—1979 年）平均降雪量介于 28.1～79.2mm 之间，多年平均降雪量为 52.1mm（钟科元，2018）。

为更细致阐明松花江流域气象要素的长期变化特征，将松花江流域划分为嫩江流域区、松花江吉林省段流域区、干流区三部分，在每个分区内单独统计气象要素的变化情况。由于各站点气象数据监测的起始年份不同，每年各分区具有监测数据的站点数量也不一致，通常早年同步期的站点较少，近年同步期的站点较多。考虑到收集的 V3.0 数据集年限情况，以及下文的径流量数据统计时段，将气象资料的统计时段确定为 1956—2020 年，并采用泰森多边形法，依据每年具备数据的站点逐年计算泰森多边形的面积权重，从而统计各分区的气象要素指标。

1. 降水量

1956—2020 年，按 1956—1979 年、1979—2001 年、2001—2020 年三个时段统计分析松花江流域各分区的年降水量趋势，见图 3.7～图 3.9。

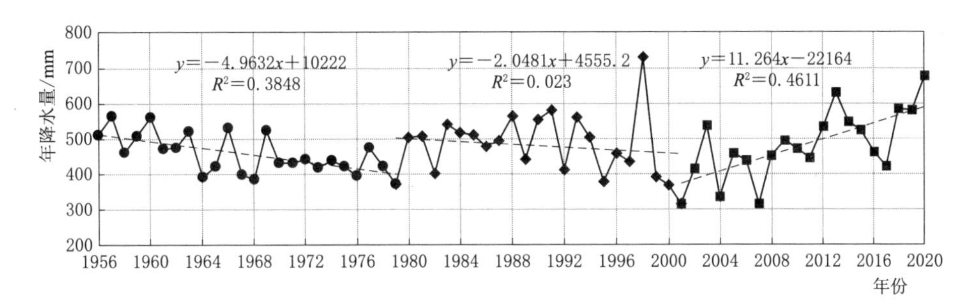

图 3.7 松花江流域嫩江区 1956—2020 年的年降水量动态变化图

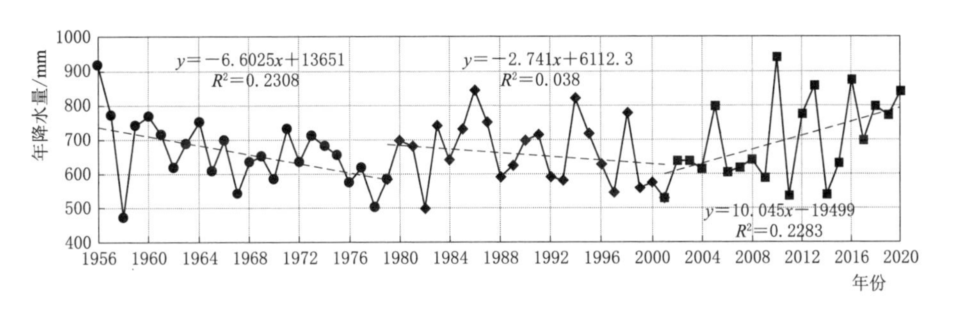

图 3.8 松花江流域松花江吉林省段区 1956—2020 年的年降水量动态变化图

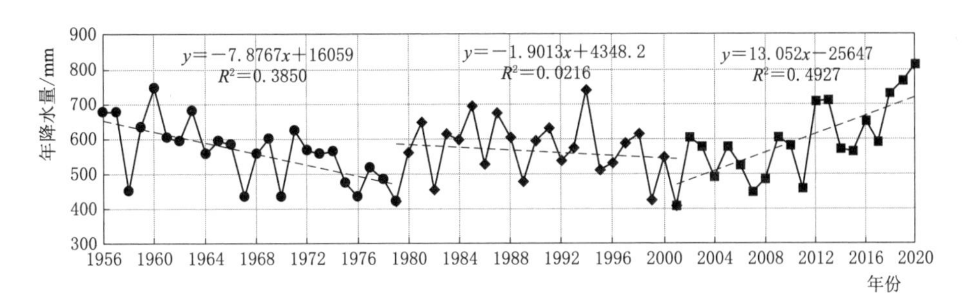

图 3.9 松花江流域干流区 1956—2020 年的年降水量动态变化图

从图3.7～图3.9可以看出，1956—2020年，松花江流域各分区的年降水量变化趋势基本一致：1956—1979年呈明显下降趋势，1979—2001年呈微弱下降趋势，而在2001—2020年呈明显上升趋势。嫩江区与干流区的年降水量变化趋势同步性更好，变化趋势十分接近，1956—1979年的下降趋势和2001—2020年的上升趋势明显强于同期的松花江吉林省段区。统计1956—2020年的降水量数据可以发现，嫩江区、松花江吉林省段区、干流区的多年平均降水量分别为476.1mm、673.6mm、577.1mm，即嫩江区、干流区、松花江吉林省段区的多年平均降水量约以100mm的数量递增。

2. 相对湿度

由于三个分区在1956—2020年的相对湿度总体均呈下降趋势，因此不再细分统计时段，各分区的相对湿度变化情况见图3.10～图3.12。

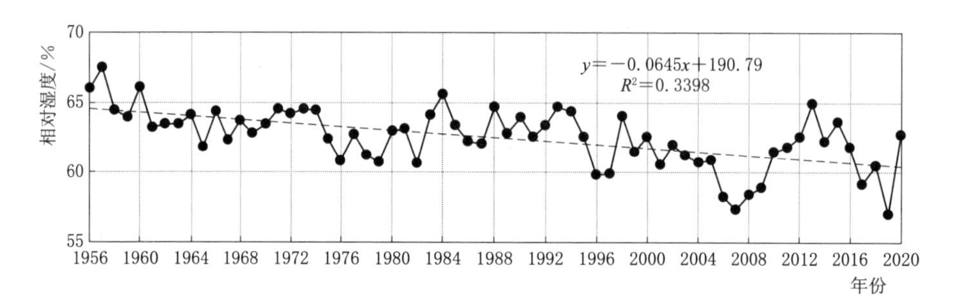

图3.10 松花江流域嫩江区1956—2020年的相对湿度动态变化图

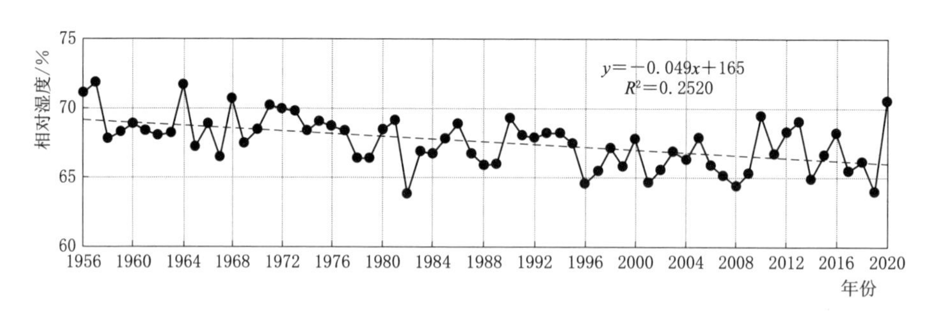

图3.11 松花江流域松花江吉林省段区1956—2020年的相对湿度动态变化图

从图3.10～图3.12可以看出，松花江流域3个分区的相对湿度多年下降趋势十分相似，其中以嫩江区最为明显，其次是松花江吉林省段区，干流区的相对湿度下降趋势最弱。松花江吉林省段区与干流区相对湿度的波动范围接近，而嫩江区相对湿度的波动范围数值相对较小，多年平均结果表明，松花江吉林省段区与干流区的相对湿度更大，均为67.6％，而嫩江区多年平均的相对湿度较小，为62.5％。

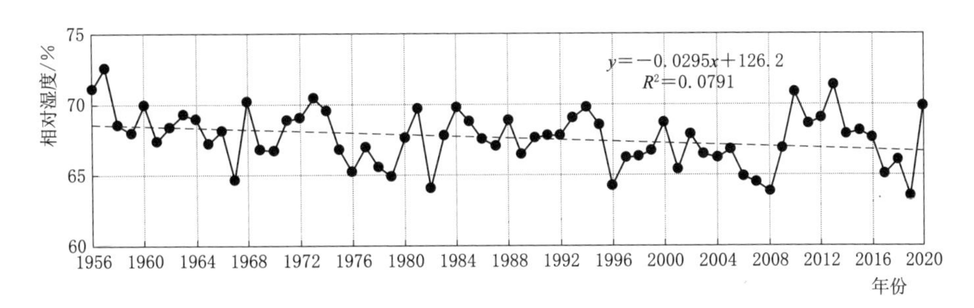

图 3.12 松花江流域干流区 1956—2020 年的相对湿度动态变化图

3. 气温

松花江流域三个分区在 1956—2020 年的平均气温变化情况见图 3.13～图 3.15，各分区的年平均气温均呈明显上升趋势，上升幅度（趋势线斜率）十分接近，统计的嫩江区、干流区、松花江吉林省段区的多年平均气温分别为 1.9℃、3.3℃、4.6℃，随地理位置由北向南递增。

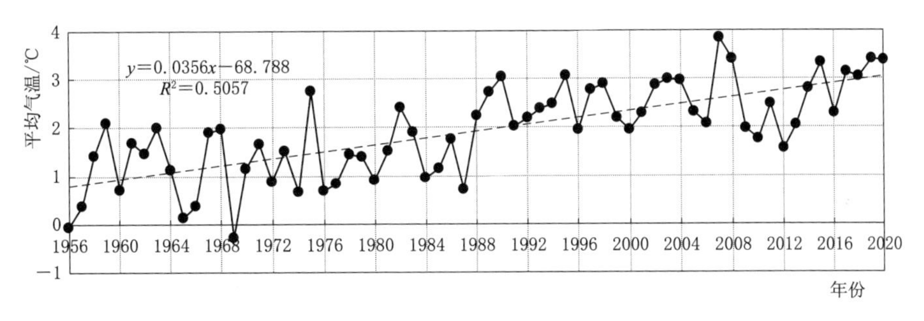

图 3.13 松花江流域嫩江区 1956—2020 年的平均气温动态变化图

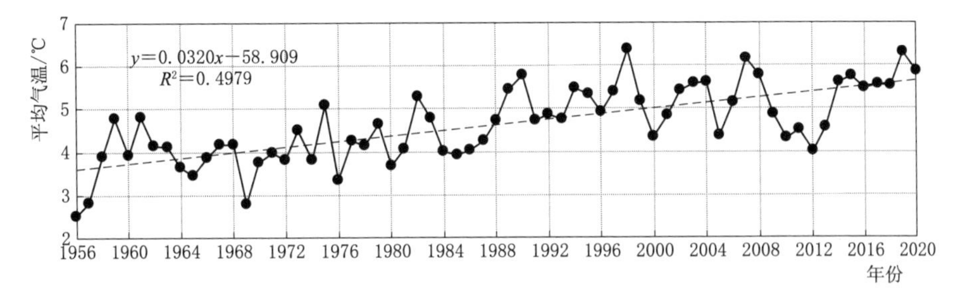

图 3.14 松花江流域松花江吉林省段区 1956—2020 年的平均气温动态变化图

综合上述几项气象要素的多年变化趋势可见，从 20 世纪 50 年代中期开始至 20 世纪末，松花江流域整体上呈变暖、变干趋势，尤其是 20 世纪 50 年代中期至 20 世纪 70 年代末，松花江流域变暖、变干趋势尤为明显。进入新世纪后，虽

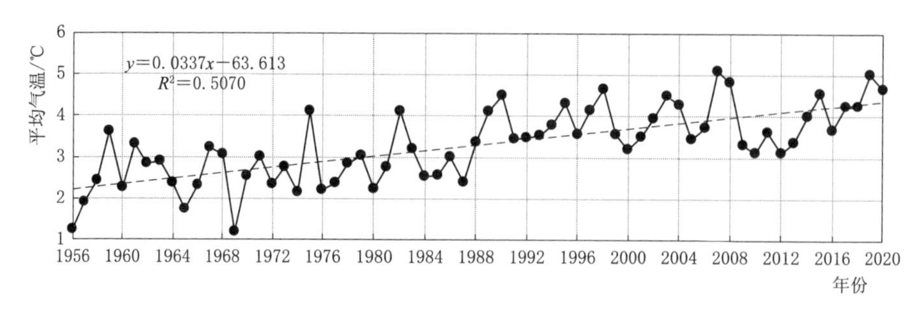

图 3.15 松花江流域干流区 1956—2020 年的平均气温动态变化图

然前 20 年的降水量呈明显上升趋势，但相对湿度的递减趋势以及平均气温的上升趋势仍可能会长期伴随。

3.2.5 水文

3.2.5.1 水文数据来源

《中华人民共和国水文年鉴》提供的水文资料包括考证、水位、流量、输沙率、水温、冰凌、水化学、降水量、蒸发量以及测站的位置与分布信息等，本书利用的流量、输沙率、蒸发量以及部分降水量数据主要来源于《中华人民共和国水文年鉴》第 1 卷第 2～4 册。在确定水文站的迁址、撤销、增设以及流域面积等信息时，以年鉴为准，并辅以查阅文献、利用不同分辨率 DEM 数据提取流域、现场调研等方法综合确定。在对水位、流量、输沙量、水面蒸发量、部分降水数据校准的基础上，以月为时段对部分流域的月径流量进行了还原计算。同时，也参考了《黑龙江年鉴》《黑龙江统计年鉴》《黑龙江省水资源公报》《松辽流域水资源公报》《中国水资源公报》《中国水土保持公报》《中国河流泥沙公报》等相关文献。

我国水文年鉴提供的流量资料包括实测流量成果、堰闸流量率定成果、实测大断面成果、逐日平均流量、洪水水文要素摘录数据、水库水文要素摘录数据等，其中最常用的为逐日平均流量数据（单位为 m^3/s），在逐日平均流量页面的表格旁，会注明河流与测站的名称、流量单位以及测站断面以上的集水区面积（单位为 km^2）等。输沙资料包括实测悬移质输沙率、逐日平均悬移质输沙率（单位为 kg/s）、逐日平均含沙量（单位为 g/m^3）三种，实测悬移质输沙率资料是在河道施测断面测得的输沙率指标值，又可以细分为断面输沙率（单位为 kg/s）、断面平均含沙量（单位为 g/m）、单位含沙量（单位为 g/m^3）三种。蒸发量资料为蒸发器观测的逐日水量蒸发量（单位为 mm），在利用这些蒸发量资料时，应注意蒸发器的型式、口径以及冰期等信息。

分析松花江流域水文年鉴资料的连续性可以发现，在寒冷季节的 11 月至次年 4 月，受河流冰封、封冻、开河等影响，部分水文站的流量、输沙量等资料缺测情况严重，部分小流域的数据缺测可达半年甚至更久，给科研与实践带来了一些困难。在利用数据缺测站点的资料时，可以采用相关分析等方法插补缺测时段的资料。

3.2.5.2 松花江流域径流变化特征

松花江流域的径流量年际变化大，年内季节分配不均，部分子流域年际间的峰值流量以及年内丰水期与枯水期的径流量可相差几倍甚至几十倍。由于松花江流域主要以大气降水补给为主、融水补给为辅，来水量主要集中在畅流期，冬季径流量最小。每年的4—5月，受春季季节性融水补给，松花江流域各河流会形成程度不等的春汛，径流量占全年的15%～30%；夏汛多集中在7—8月，洪水历时约60d（李峰平，2015）。

为进一步阐明松花江流域径流的长期变化特征，采用大赉、扶余、佳木斯3个水文站1956—2000年的年径流量进行分析，其中：大赉站位于嫩江干流，是嫩江下游最后一个水文站，该站断面以上集水区面积为22.17万km^2（盛长滨等，2007；杨国威，2017）；扶余站位于松花江吉林省段干流，是松花江吉林省段的总控制站，站点断面以上集水区面积为7.74万km^2（孙立宇，1998；金铁鑫等，1999）；佳木斯站位于松花江干流，该站断面以上集水区面积为52.83万km^2（郭姚生等，1997；朱桂玲等，2000），包含嫩江流域全部、松花江吉林省段流域全部以及三岔河以下的干流区大部分。由于各水文站控制的集水区面积差异大，为了便于对比分析，采用径流深数据描绘径流量的年际变化。

从图3.16～图3.18可以看出，1956—2000年，大赉站和佳木斯站的年径流量最低值出现在1979年，而扶余站的年径流量最低值出现在1978年，以1978年或1979年为界，各站的年径流量均呈现先明显降低、后小幅上升趋势，其中大赉站的年径流量降低趋势最明显，其次是佳木斯站和扶余站。从20世纪50年代中期至70年代末，各站的年径流量与年降水量变化趋势一致；80年代初至20世纪末，年径流量与年降水量的变化趋势相反。以1956—2000年为统计时段，所得的嫩江大赉站、松花江吉林省段扶余站、松花江佳木斯站的多年平均径流深分别为107.9mm、207.6mm、138.3mm。

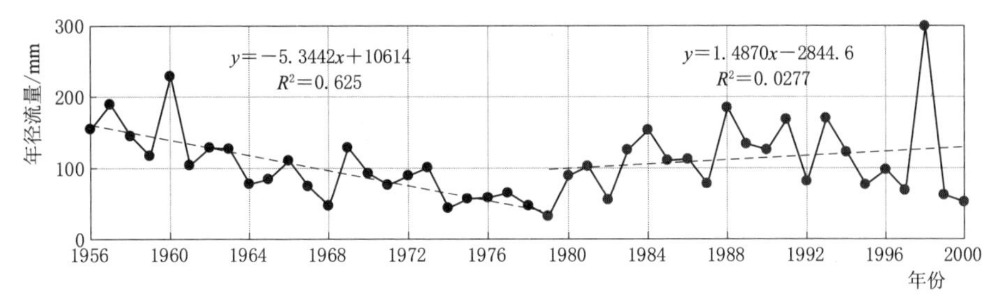

图3.16 嫩江大赉站1956—2000年的年径流量动态变化图

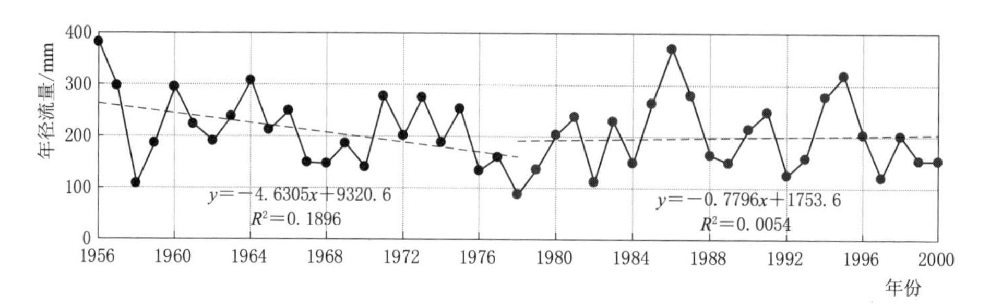

图 3.17 松花江吉林省段扶余站 1956—2000 年的年径流量动态变化图

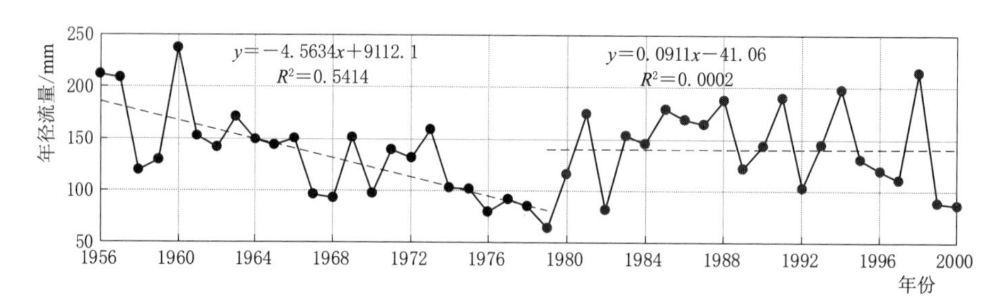

图 3.18 松花江佳木斯站 1956—2000 年的年径流量动态变化图

第4章

降水径流过程模拟

虽然国内外研发的水文模型众多，但是在水文学科领域研究时间最长、影响最大、发展最快、实用性更强的仍是概念性水文模型（包为民，2009）。在国内自主研发的概念性流域水文模型中，XAJ 模型最具代表性，已在我国湿润、半湿润地区得到了广泛应用（赵人俊，1984），然而从模拟机制方面看，基于蓄满产流机制的 XAJ 模型在地处寒区旱区冻区的松花江流域并不完全适用。

为开展河流预报业务，美国国家气象局（National Weather Service，NWS）河流预报中心于 1972 年开发了一个河流预报系统（River Forecast System，NWSRFS）。该系统包含了一个用于土壤水分计算子系统的流域模型。SAC 模型是美国加利福尼亚州萨克拉门托河流预报中心研发的一个概念性流域水文模型，1974 年被 NWSRFS 采纳替换了先前的土壤水分计算子系统（Armstrong，1978），从而成为美国用于河流预报的主要流域水文模型，有的文献也称 SAC 模型为萨克拉门托土壤水分计算模型（Sacramento Soil Moisture Accounting Model，SAC - SMA）。

SAC 模型从研发至今在美国得到了很好的发展和应用（Armstrong，1978；Koren et al.，2000；Koren et al.，2003；Ajami et al.，2004；Anderson et al.，2006；Zhang et al.，2012），一般认为适用于湿润与干旱地区（赵人俊，1984；赵人俊，1989）。以往学者研究表明，SAC 模型及其改进模型在我国松花江部分流域具有适用性（关志成，2002；关志成等，2002；温树生等，2002；关志成等，2003；冷雪等，2003）。王斌等（2013，2016，2017，2018）和白雪峰等（2017）也在东北地区的三江平原、松嫩平原等多个流域验证了 SAC 模型的适用性，并尝试对 SAC 模型进行了改进和发展。

本章在总结 SAC 模型结构和参数的基础上，首先介绍 SAC 模型参数的率定算法以及推导方法，继而基于 DEM 栅格提出一种栅格型 SAC 模型，以期为模拟地处寒区旱区冻区的松花江流域提供一种水文过程模拟工具。

4.1 SAC模型结构与参数

SAC模型设计了上、下2个土层的结构，每个土层的土壤水分包括张力水（tension water）和自由水（free water）2种，下层的自由水又被细分为补给自由水（supplemental free water，我国常译为浅层/快速自由水）和主要自由水（primary free water，我国常译为深层/慢速自由水）2部分，利用张力水和自由水蓄量表达土壤水分状态，并产生5种径流及5种蒸发蒸腾（Peck，1976；Armstrong，1978；长办水文局，1981；翟家瑞，1995；关志成，2002）。SAC模型特色是通过下渗曲线沟通上、下2个土层，不仅考虑了土壤水的垂直交换，也考虑了土壤水分的水平交换。

4.1.1 产流计算

SAC模型的产流量包括直接径流、地面径流、壤中流、补给基流（supplemental baseflow，我国常译为浅层基流/地下径流）、主要基流（primary baseflow，我国常译为深层基流/地下径流）。

4.1.1.1 直接径流

在SAC模型中，流域的不透水面包括永久不透水面和可变不透水面，后者又细分为透水、不透水两部分。直接径流量是指降落在永久不透水面或可变不透水面中不透水部分的降水形成的径流量，这种径流直接汇入河道。

计算永久不透水面的直接径流量公式如下：

$$ROIMP = PX \times PCTIM \tag{4.1}$$

式中：$ROIMP$ 为永久不透水面的直接径流量，mm；PX 为时段降水量，mm；$PCTIM$ 为永久不透水面积占流域面积的比例。

上层张力水饱和会促使不透水面面积增加，增加的这部分不透水面面积称为可变不透水面积。SAC模型在可变不透水面上设置两层张力水，不设置自由水，并且假定不透水部分的面积比例与上、下两层张力水相对蓄水量的平方成正比。因此，可变不透水面不透水部分的直接径流量计算公式如下：

$$ROADD = PAV \times \left(\frac{ADIMC - UZTWC}{LZTWM}\right)^2 \times ADIMP \tag{4.2}$$

$$PAV = PX - (UZTWM - UZTWC) \tag{4.3}$$

上述两式中：$ROADD$ 为可变不透水面不透水部分的直接径流量，mm；PAV 为时段有效降水量，mm；$ADIMC$ 为由于张力水饱和而增加的不透水面的张力水蓄量，mm；$UZTWC$ 为上层张力水蓄量，mm；$LZTWM$ 为下层张力水容量，mm；$ADIMP$ 为由于张力水饱和而增加的不透水面积占流域面积的比例；PX 为时段降水量，mm；$UZTWM$ 为上层张力水容量，mm；$UZTWC$ 为上层张力水蓄量，mm。

4.1.1.2 地面径流

地面径流量包括两部分，一部分来自透水面，另一部分来自可变不透水面的透水部分。当上层的张力水和自由水完全饱和时，时段净雨在透水面产生的地面径流为

$$PAVE = PAV + UZFWC - UZFWM \tag{4.4}$$

$$SUR = PAVE \times (1 - PCTIM - ADIMP) \tag{4.5}$$

式中：$PAVE$ 为时段净水量，mm；PAV 为时段有效降水量，mm；$UZFWC$ 为上层自由水蓄量，mm；$UZFWM$ 为上层自由水容量，mm；SUR 为透水面产生的地面径流量，mm；$PCTIM$ 为永久不透水面积占流域面积的比例；$ADIMP$ 为由于张力水饱和而增加的不透水面积占流域面积的比例。

可变不透水面透水部分产生的地面径流量为

$$ADSUR = PAVE \times \left[1 - \left(\frac{ADIMC - UZTWC}{LZTWM}\right)^2\right] \times ADIMP \tag{4.6}$$

式中：$ADSUR$ 为可变不透水面透水部分产生的地面径流量，mm；$PAVE$ 为时段净水量，mm；$ADIMC$ 为由于张力水饱和而增加的不透水面的张力水蓄量，mm；$UZTWC$ 为上层张力水蓄量，mm；$LZTWM$ 为下层张力水容量，mm；$ADIMP$ 为由于张力水饱和而增加的不透水面积占流域面积的比例。

4.1.1.3 壤中流

当透水面上层土壤的自由水蓄量大于 0 时将产生壤中流：

$$INF = UZFWC \times UZK \times (1 - PCTIM - ADIMP) \tag{4.7}$$

式中：INF 为壤中流，mm；$UZFWC$ 为上层自由水蓄量，mm；UZK 为上层自由水日出流系数；$PCTIM$ 为永久不透水面积占流域面积的比例；$ADIMP$ 为由于张力水饱和而增加的不透水面积占流域面积的比例。

4.1.1.4 地下径流

上层自由水不仅可以产生壤中流，并且能够渗透到更深的土层中，形成下层的张力水、浅层自由水、深层自由水。由下层自由水形成的地下径流量为

$$SBF = LZFSC \times LZSK \times (1 - PCTIM - ADIMP) \tag{4.8}$$

$$PBF = LZFPC \times LZPK \times (1 - PCTIM - ADIMP) \tag{4.9}$$

上述两式中：SBF 为浅层地下径流量，mm；PBF 为深层地下径流量，mm；$LZFSC$ 为下层浅层自由水蓄量，mm；$LZFPC$ 为下层深层自由水蓄量，mm；$LZSK$ 为下层浅层自由水日出流系数；$LZPK$ 为下层深层自由水日出流系数；$PCTIM$ 为永久不透水面积占流域面积的比例；$ADIMP$ 为由于张力水饱和而增加的不透水面积占流域面积的比例。

4.1.2 蒸发蒸腾量计算

SAC模型的实际蒸发蒸腾量包括上层张力水蒸发蒸腾量、上层自由水蒸发蒸腾量、下层张力水蒸发蒸腾量、河道表面和河岸植被带蒸发蒸腾量、可变不透水面蒸发蒸腾量5部分。

4.1.2.1 上层张力水蒸发蒸腾量

上层张力水蒸发蒸腾量由蒸发蒸腾能力和上层张力水蓄量确定，计算公式为

$$E_1=\begin{cases}EDMND\times\dfrac{UZTWC}{UZTWM} & \left(UZTWC\geqslant EDMND\times\dfrac{UZTWC}{UZTWM}\right)\\ UZTWC & \left(UZTWC< EDMND\times\dfrac{UZTWC}{UZTWM}\right)\end{cases}\tag{4.10}$$

式中：E_1为上层张力水蒸发蒸腾量，mm；$EDMND$为蒸发蒸腾能力，mm；$UZTWC$为上层张力水蓄量，mm；$UZTWM$为上层张力水容量，mm。

蒸发蒸腾能力按式（4.11）更新：

$$RED=EDMND-E_1\tag{4.11}$$

式中：RED为上层张力水蒸发蒸腾后剩余的蒸发蒸腾能力，mm；$EDMND$为蒸发蒸腾能力，mm；E_1为上层张力水蒸发蒸腾量，mm。

4.1.2.2 上层自由水蒸发蒸腾量

当上层张力水耗尽后，上层自由水开始蒸发蒸腾，其蒸发蒸腾量由上层自由水蓄量、上层张力水蒸发蒸腾后剩余的蒸发蒸腾能力确定，计算公式为

$$E_2=\begin{cases}RED & (UZTWC=0,\text{且}\ UZFWC\geqslant RED)\\ UZFWC & (UZTWC=0,\text{且}\ UZFWC< RED)\end{cases}\tag{4.12}$$

式中：E_2为上层自由水蒸发蒸腾量，mm；RED为上层张力水蒸发蒸腾后剩余的蒸发蒸腾能力，mm；$UZTWC$为上层张力水蓄量，mm；$UZFWC$为上层自由水蓄量，mm。

4.1.2.3 下层张力水蒸发蒸腾量

下层张力水蒸发蒸腾量计算公式为

$$E_3=\begin{cases}(RED-E_2)\dfrac{LZTWC}{UZTWM+LZTWM} & \left(LZTWC\geqslant(RED-E_2)\dfrac{LZTWC}{UZTWM+LZTWM}\right)\\ LZTWC & \left(LZTWC<(RED-E_2)\dfrac{LZTWC}{UZTWM+LZTWM}\right)\end{cases}\tag{4.13}$$

式中：E_3为下层张力水蒸发蒸腾量，mm；RED为上层张力水蒸发蒸腾后剩余的蒸发蒸腾能力，mm；E_2为上层自由水蒸发蒸腾量，mm；$LZTWC$为下层张力水蓄量，mm；$UZTWM$为上层张力水容量，mm；$LZTWM$为下层张力水容

量，mm。

以上的三种蒸发蒸腾量都是流域透水面的蒸发蒸腾量，是流域总蒸发蒸腾量的主要部分，三者均需要乘以透水面积比重（$1-PCTIM-ADIMP$）进行修正。

4.1.2.4 河道表面和河岸植被带蒸发蒸腾量

计算河道表面和河岸植被带蒸发蒸腾量的公式为

$$E_4=\begin{cases}EDMND\times SARVA & (SARVA\leqslant PCTIM)\\ EDMND\times SARVA-(E_1+E_2+E_3)\times SARRA & (SARVA>PCTIM)\end{cases} \tag{4.14}$$

式中：E_4 为河道表面和河岸植被带蒸发蒸腾量，mm；$EDMND$ 为蒸发蒸腾能力，mm；$SARVA$ 为河道表面和河岸植被带占流域面积的比例；$PCTIM$ 为永久不透水面积占流域面积的比例；E_1 为上层张力水蒸发蒸腾量，mm；E_2 为上层自由水蒸发蒸腾量，mm；E_3 为下层张力水蒸发蒸腾量，mm；$SARRA$ 为 $SARVA$ 与 $PCTIM$ 的差值。

4.1.2.5 可变不透水面蒸发蒸腾量

可变不透水面的蒸发蒸腾量为

$$E_5=\left[E_1+(EDMND-E_1)\times\frac{ADIMC-E_1-UZTWC}{UZTWM+LZTWM}\right]\times ADIMP \tag{4.15}$$

式中：E_5 为可变不透水面的蒸发蒸腾量，mm；E_1 为上层张力水蒸发蒸腾量，mm；$EDMND$ 为蒸发蒸腾能力，mm；$ADIMC$ 为由于张力水饱和而增加的不透水面的张力水蓄量，mm；$UZTWC$ 为上层张力水蓄量，mm；$UZTWM$ 为上层张力水容量，mm；$LZTWM$ 为下层张力水容量，mm；$ADIMP$ 为由于张力水饱和而增加的不透水面积占流域面积的比例。

4.1.3 水分交换计算

4.1.3.1 上层土壤水分交换

在上层的张力水蒸发蒸腾量 E_1 和自由水蒸发蒸腾量 E_2 发生后，如果 $\frac{UZFWC}{UZFWM}>\frac{UZTWC}{UZTWM}$，则上层自由水补给上层张力水，计算两者水分交换的公式如下：

$$UZAF=\frac{UZTWC+UZFWC}{UZTWM+UZFWM} \tag{4.16}$$

$$UZTWC=UZAF\times UZTWM \tag{4.17}$$

$$UZFWC=UZAF\times UZFWM \tag{4.18}$$

上述三式中：$UZAF$ 为调整上层张力水量和自由水量的因子；$UZTWC$ 为上层

张力水蓄量，mm；$UZTWM$ 为上层张力水容量，mm；$UZFWC$ 为上层自由水蓄量，mm；$UZFWM$ 为上层自由水容量，mm。

4.1.3.2 下层土壤水分交换

在下层张力水蒸发蒸腾后，如果$\frac{LZTWC}{LZTWM}>\frac{LZTWC+LZFSC+LZFPC-SAVED}{LZTWM+LZFSM+LZFPM-SAVED}$，则下层自由水补给下层张力水：

$$LZTWC=LZTWC+DEL \tag{4.19}$$

$$LZFSC=LZFSC-DEL \tag{4.20}$$

$$DEL=\left(\frac{LZTWC+LZFSC+LZFPC-SAVED}{LZTWM+LZFSM+LZFPM-SAVED}-\frac{LZTWC}{LZTWM}\right)\times LZTWM \tag{4.21}$$

$$SAVED=(LZFSM+LZFPM)\times RSERV \tag{4.22}$$

上述四式中：$LZTWC$ 为下层张力水蓄量，mm；$LZTWM$ 为下层张力水容量，mm；$LZFSC$ 为下层浅层自由水蓄量，mm；$LZFSM$ 为下层浅层自由水容量，mm；$LZFPC$ 为下层深层自由水蓄量，mm；$LZFPM$ 为下层深层自由水容量，mm；DEL 为下层浅层自由水补给下层张力水的水量，mm；$SAVED$ 为不能转换为下层张力水的下层自由水量，mm；$RSERV$ 为不能转换为下层张力水的下层自由水比例。

4.1.4 下渗计算

4.1.4.1 下渗率计算

SAC模型上层向下层的下渗率与稳定下渗能力、下层土壤的缺水程度以及上层自由水的供水能力有关，计算公式为

$$PERC=PBASE\times(1+ZPERC\times DEFR^{REXP})\times\frac{UZFWC}{UZFWM} \tag{4.23}$$

$$PBASE=LZFSM\times LZSK+LZFPM\times LZPK \tag{4.24}$$

$$ZPERC=\frac{LZTWM+LZFSM(1-LZSK)+LZFPM(1-LZPK)}{LZFSM\times LZSK+LZFPM\times LZPK} \tag{4.25}$$

$$DEFR=1-\frac{LZTWC+LZFSC+LZFPC}{LZTWM+LZFSM+LZFPM} \tag{4.26}$$

上述四式中：$PERC$ 为上层向下层的下渗率，mm/d；$PBASE$ 为稳定下渗率，mm/d；$ZPERC$ 为最大下渗率与稳定下渗率的比值；$DEFR$ 为下层的缺水率；$REXP$ 为下渗曲线指数；$UZFWC$ 为上层自由水蓄量，mm；$UZFWM$ 为上层自由水容量，mm；$LZTWC$ 为下层张力水蓄量，mm；$LZTWM$ 为下层张力水容量，mm；$LZFSC$ 为下层浅层自由水蓄量，mm；$LZFSM$ 为下层浅层自由水容量，mm；$LZSK$ 为下层浅层自由水日出流系数；$LZFPC$ 为下层深层自由水蓄量，mm；$LZFPM$ 为下层深层自由水容量，mm；$LZPK$ 为下层深层自由水

日出流系数。

4.1.4.2 下渗水量分配计算

下渗的水量分别按 $PFREE$ 和 $1-PFREE$ 的比例补给下层的自由水与张力水，如果下层张力水蓄量超过其容量，则超过的水量仍补给下层自由水。

补给下层自由水的水量计算公式为

$$PERCP=(PERC\times PFREE)\times\frac{LZFPM}{LZFSM+LZFPM}\times\frac{2\times\left(1-\dfrac{LZFPC}{LZFPM}\right)}{\left(1-\dfrac{LZFSC}{LZFSM}\right)+\left(1-\dfrac{LZFPC}{LZFPM}\right)} \tag{4.27}$$

$$PERCS=(PERC\times PFREE)-PERCP \tag{4.28}$$

上述两式中：$PERCP$ 为下渗水量中补给深层自由水的量，mm/d；$PERCS$ 为下渗水量中补给浅层自由水的量，mm/d；$PERC$ 为上层向下层的下渗率，mm/d；$PFREE$ 为上层向下层下渗水量中补给下层自由水的比例；$LZFSC$ 为下层浅层自由水蓄量，mm；$LZFSM$ 为下层浅层自由水容量，mm；$LZFPC$ 为下层深层自由水蓄量，mm；$LZFPM$ 为下层深层自由水容量，mm。

如果下层浅层自由水蓄量由于被补给而超过其容量，则超过的水量再补给下层深层自由水。当下渗的水量超过下层的缺水总量时，超过的水量反补到上层自由水中，反补水量为

$$CHECK=(PERC+LZTWC+LZFSC+LZFPC)-(LZTWM+LZFSM+LZFPM) \tag{4.29}$$

式中：$CHECK$ 为下渗水量中超过了下层缺水量的水量，mm；$PERC$ 为上层向下层的下渗率，mm/d；$LZTWC$ 为下层张力水蓄量，mm；$LZFSC$ 为下层浅层自由水蓄量，mm；$LZFPC$ 为下层深层自由水蓄量，mm；$LZTWM$ 为下层张力水容量，mm；$LZFSM$ 为下层浅层自由水容量，mm；$LZFPM$ 为下层深层自由水容量，mm。

4.1.5 出流系数转换

SAC 模型采用时段初的土壤含水量来计算各种输出，不能很好反映下渗量随时间变化的实际情况。为减少因时段取得过长所导致的误差，而又不增加过多的计算量，SAC 模型以 5mm 为一个水量级，采用时段有效降水量和上层自由水蓄量将时段划分为若干个较短的时段来模拟产流和下渗等过程（Peck，1976；Armstrong，1978；长办水文局，1981；翟家瑞，1995；关志成，2002），将出流系数转换为较短的时间步长，具体如下：

$$NINC=\mathrm{fix}\left(1+\frac{PAV+UZFWC}{5}\right) \tag{4.30}$$

$$DINC=\frac{1}{NINC}\times\frac{\Delta T}{24} \tag{4.31}$$

$$DUZ=1-(1-UZK)^{DINC} \tag{4.32}$$

$$DLZS=1-(1-LZSK)^{DINC} \tag{4.33}$$

$$DLZP=1-(1-LZPK)^{DINC} \tag{4.34}$$

上述五式中：$NINC$ 为时段内的时间步长数；fix(·) 为取整函数，表示取小于括号内数值的最大整数；PAV 为时段有效降水量，mm；$UZFWC$ 为上层自由水蓄量，mm；$DINC$ 为时间步长的时段长度，h；ΔT 为计算时段长，h；DUZ 为上层自由水时间步长出流系数；$DLZS$ 为下层浅层自由水时间步长出流系数；$DLZP$ 为下层深层自由水时间步长出流系数；UZK 为上层自由水日出流系数；$LZSK$ 为下层浅层自由水日出流系数；$LZPK$ 为下层深层自由水日出流系数。

则时段 ΔT 的出流量为

$$INF=\sum_{1}^{NINC}UZFWC\times DUZ\times(1-PCTIM-ADIMP) \tag{4.35}$$

$$SBF=\sum_{1}^{NINC}LZFSC\times DLZS\times(1-PCTIM-ADIMP) \tag{4.36}$$

$$PBF=\sum_{1}^{NINC}LZFPC\times DLZP\times(1-PCTIM-ADIMP) \tag{4.37}$$

上述三式中：INF 为壤中流，mm；SBF 为浅层地下径流量，mm；PBF 为深层地下径流量，mm；$NINC$ 为时段内的时间步长数；$UZFWC$ 为上层自由水蓄量，mm；DUZ 为上层自由水时间步长出流系数；$DLZS$ 为下层浅层自由水时间步长出流系数；$DLZP$ 为下层深层自由水时间步长出流系数；$PCTIM$ 为永久不透水面积占流域面积的比例；$ADIMP$ 为由于张力水饱和而增加的不透水面积占流域面积的比例；$LZFSC$ 为下层浅层自由水蓄量；$LZFPC$ 为下层深层自由水蓄量。

4.1.6 汇流计算

SAC 模型的汇流计算分坡地汇流和河网汇流两个阶段。在坡地汇流阶段，将直接径流和地面径流直接注入河网；各种自由水经过相应的出流系数调蓄后以壤中流、浅层地下径流、深层地下径流注入河网，其总和扣除时段内的河道表面以及河岸植被带蒸发蒸腾量后，再加上直接径流与地面径流即得河网总入流（关志成，2002）。在河网汇流阶段，可以采用无因次单位线、马斯京根法等作进一步调蓄计算，也可应用其他的河道汇流方法。

在 SAC 模型运行过程中，各层土壤水蓄量、蒸发蒸腾能力等状态变量是不断更新的，因此仅依靠上述公式还不能描绘 SAC 模型结构与参数的全貌。学习和运用水文模型，应在理解模型结构、参数、计算原理前提下，进一步阅读和理解模型的程序源代码。在学习 SAC 模型方面，推荐对比阅读 Peck（1976）、长办水文局（1981）、翟家瑞（1995）、关志成（2002）等学者或机构的论著。

4.2 利用自由搜索算法率定 SAC 模型参数

尽管 SAC 模型的大多数参数具有物理意义，但在实践中通常不能根据参数的物理意义直接确定这些参数，而是要根据参数的概念利用实测或试验资料，采用试错方法或优选方法确定这些参数的合理值（包为民，2009）。多年以来，优选参数已成为水文模型研究的一个重要方面，各种优化算法已经取代传统方法被应用于水文模型的参数率定工作中，经常被采用的有 SCE－UA 算法（Duan et al.，1994；李致家等，2004）、遗传算法（陆桂华等，2004；武新宇等，2004）、粒子群算法（江燕等，2007；刘苏宁等，2010）等。然而，在求解同一个优化问题时，不同算法的寻优结果往往不同（Penev et al.，2005；王斌等，2008a；王斌等，2008b；王亚辉等，2015；朱大林等，2015），这表明不同算法的寻优能力存在差别。自由搜索（Free Search，FS）算法是 Penev 等（2005）提出的一种基于动物群体的优化算法，与遗传算法、粒子群算法相比，FS 算法具有更好的寻优能力（Penev et al.，2005；王斌等，2008a；王斌等，2008b）。本章将 FS 算法引入到 SAC 模型的参数率定工作中，并采用模型对比研究方法，以 XAJ 模型为参考，验证 FS 算法率定的 SAC 模型在松花江部分流域的适用性，为在寒区旱区冻区流域直接率定 SAC 模型参数提供借鉴。

4.2.1 FS 算法率定水文模型参数原理

FS 算法源于动物迁移行为，在 FS 算法的概念模型中，动物群体凭借多次离散运动通过搜索空间。在搜索过程中，动物个体采取探查方式，其目的是发现自己偏好的一个位置，在实际寻优问题中这个偏好位置即对应着目标函数的一个潜在解。在探查过程中，每个动物都会找到一些潜在的解（位置），并参照这些解的质量散发出相应的信息素，动物群体再依据这些信息素更新自己的位置。不同动物对信息素的敏感性不同，它们会选择适合自己的位置开始下一次探查，直至搜索行为结束（Penev et al.，2005）。FS 算法通过初始化、探查和终止 3 个步骤实现寻优目的，如果满足设定的终止条件，则搜索行为结束。

采用 FS 算法率定水文模型参数时，设动物群体数量为 m，则动物个体每步探查的位置向量对应参数的一组潜在解。第 j 个动物通过 T 步探查得到的位置矩阵可以表示为：

$$\boldsymbol{P}_j=\begin{bmatrix}\boldsymbol{p}_{1j}\\\boldsymbol{p}_{2j}\\\vdots\\\boldsymbol{p}_{tj}\\\vdots\\\boldsymbol{p}_{Tj}\end{bmatrix}=\begin{bmatrix}p_{11j} & p_{12j} & \cdots & p_{1nj}\\p_{21j} & p_{22j} & \cdots & p_{2nj}\\\vdots & \vdots & \cdots & \vdots\\p_{t1j} & p_{t2j} & \cdots & p_{tnj}\\\vdots & \vdots & & \vdots\\p_{T1j} & p_{T2j} & \cdots & p_{Tnj}\end{bmatrix} \tag{4.38}$$

式中：i 为搜索空间维数，即水文模型参数个数，$i=1,2,\cdots,n$；j 为动物群体数量，$j=1,2,\cdots,m$；t 为探查步伐数，$t=1,2,\cdots,T$；$\boldsymbol{P}_j$ 为第 j 个动物 T 步探查得到的位置矩阵；$\boldsymbol{p}_{tj}$ 为第 j 个动物第 t 步探查时的位置向量；p_{tnj} 为第 j 个动物第 t 步探查时的第 n 维位置分量，即水文模型的第 i 个参数。

如果采用随机化的初始策略，则：

$$p_{0ij}=p_{i\min}+(p_{i\max}-p_{i\min})\text{rand}(0,1) \tag{4.39}$$

式中：p_{0ij} 为第 i 维位置变量的初始值，即水文模型第 i 个参数的初始值；$p_{i\min}$、$p_{i\max}$ 为第 i 维搜索空间的边界，即水文模型的第 i 个参数区间端点；rand (0，1) 为介于 [0，1] 区间的随机数。

通过探查，更新动物个体位置：

$$p_{tij}=p_{0ij}-\Delta p_{tij}+2\Delta p_{tij}\text{rand}(0,1) \tag{4.40}$$

Δp_{tij} 通过下式计算：

$$\Delta p_{tij}=R_{ij}(p_{i\max}-p_{i\min})\text{rand}(0,1) \tag{4.41}$$

式中：R_{ij} 为搜索邻域半径。

在探查行走过程中，动物个体的行为可以表示为

$$f_j=\max(f_{tj}) \tag{4.42}$$

$$f_{tj}=f(p_{tij}) \tag{4.43}$$

上述两式中：f_{tj} 为第 j 个动物第 t 步探查所得的目标函数值；f_j 为第 j 个动物 t 步探查过程中的最优值。

信息素 I_j 更新公式为

$$I_j=\frac{f_j}{\max(f_j)} \tag{4.44}$$

敏感性和信息素更新公式为

$$S_j=S_{\min}+\Delta S_j \tag{4.45}$$

$$\Delta S_j=(S_{\max}-S_{\min})\text{rand}(0,1) \tag{4.46}$$

$$I_{\max}=S_{\max} \tag{4.47}$$

$$I_{\min}=S_{\min} \tag{4.48}$$

上述四式中：$S_{\max}$ 为敏感性最大值；$S_{\min}$ 为敏感性最小值；$I_{\max}$ 为信息素最大值；$I_{\min}$ 为信息素最小值。

最后，选择和决策下一次探查行走的开始位置：

$$p'_{0ij}=p_{ij} \quad (I_l \geqslant S_j, l=1,2,\cdots,m) \tag{4.49}$$

式中：I_l 为第 l 个动物散发的信息素。

算法判断是否满足设定的终止条件，如果满足终止条件，说明已经搜索到可以接受的最优解，不满足则继续探查搜索。

4.2.2 SAC模型与XAJ模型参数

SAC模型参数包括：

(1) 上层参数：上层张力水容量 *UZTWM*、上层自由水容量 *UZFWM*、上层自由水日出流系数 *UZK*。

(2) 下层参数：下层张力水容量 *LZTWM*、下层浅层自由水容量 *LZFSM*、下层深层自由水容量 *LZFPM*、下层浅层自由水日出流系数 *LZSK*、下层深层自由水日出流系数 *LZPK*、上层向下层下渗水量中补给下层自由水的比例 *PFREE*。

(3) 渗透参数：最大下渗率与稳定下渗率的比值 *ZPERC*、下渗曲线指数 *REXP*。

(4) 控制不透水面积上产流和蒸发蒸腾的次要参数：永久不透水面积占流域面积的比例 *PCTIM*、由于张力水饱和而增加的不透水面积占流域面积的比例 *ADIMP*、不闭合的地下水出流量比例 *SIDE*、不能转换为下层张力水的下层自由水比例 *RSERV*、河道表面和河岸植被带占流域面积的比例 *SARVA*。

通常认为 *SARVA* 为 *PCTIM* 的 40%～100%，*SIDE* 的值为 0 或接近 0，但在地下排水流失量极大的地区，*SIDE* 可以达到 5（长办水文局，1981）。SAC模型参数的一般取值范围见表 4.1（长办水文局，1981；Koren et al.，2003；Koren et al.，2004；Koren et al.，2008；包为民，2009）。

表 4.1 SAC 模型参数

序号	参数	参数说明	参数变化范围或默认值
1	*UZTWM*	上层张力水容量/mm	10～300
2	*UZFWM*	上层自由水容量/mm	5～150
3	*UZK*	上层自由水日出流系数	0.10～1.00
4	*LZTWM*	下层张力水容量/mm	10～635
5	*LZFSM*	下层浅层自由水容量/mm	5～400
6	*LZFPM*	下层深层自由水容量/mm	10～1000
7	*LZSK*	下层浅层自由水日出流系数	0.01～0.35
8	*LZPK*	下层深层自由水日出流系数	0.001～0.050
9	*PFREE*	上层向下层下渗水量中补给下层自由水的比例	0.0～0.8

续表

序号	参数	参数说明	参数变化范围或默认值
10	*ZPERC*	最大下渗率与稳定下渗率的比值	5～350
11	*REXP*	下渗曲线指数	1～5
12	*PCTIM*	永久不透水面积占流域面积的比例	0.001
13	*ADIMP*	由于张力水饱和而增加的不透水面积占流域面积的比例	0
14	*SIDE*	不闭合的地下水出流量比例	0
15	*RSERV*	不能转换为下层张力水的下层自由水比例	0～0.4
16	*SARVA*	河道表面和河岸植被带占流域面积的比例	0.001

XAJ模型采用蓄满产流结构和3层蒸发蒸腾量计算模式，自1973年提出以来获得很大发展，最初的XAJ模型仅划分2种水源，后来改进为3种水源。3水源XAJ模型一般包括4大类15个参数（赵人俊等，1988）：

（1）蒸发蒸腾参数：蒸发蒸腾能力折算系数*K*、上层张力水容量*WUM*、下层张力水容量*WLM*、深层土壤水蒸发蒸腾系数*C*。

（2）产流参数：张力水容量*WM*、张力水蓄水容量曲线方次*B*、不透水面积比例*IMP*。

（3）水源划分参数：表层土自由水蓄水容量*SM*、表层土自由水蓄水容量曲线方次*EX*、壤中流出流系数*KSS*、地下水出流系数*KG*。

（4）汇流计算参数：壤中流日退水系数*KKSS*、地下水日退水系数*KKG*、马斯京根法参数*KE*与*XE*。

当采用E-601型蒸发器时，*K*一般小于1（包为民，2009）；对于1000km^{2}左右的流域，当退水历时为3d左右时，*KSS*与*KG*之和约为0.7，*KE*和*XE*一般可采用经验方法或根据河道的水力学特性推求（赵人俊等，1988）；*KE*一般等于计算时段长，而*XE*小于0.5（包为民，2009）。表4.2为根据多篇文献整理的XAJ模型主要参数的一般取值范围或默认值（赵人俊等，1984，赵人俊等，1988；包为民，2009）。

表4.2　XAJ 模 型 参 数

序号	参数	参数说明	参数变化范围或默认值
1	*K*	蒸发蒸腾能力折算系数	1.0
2	*WUM*	上层张力水容量/mm	5～20
3	*WLM*	下层张力水容量/mm	60～90
4	*C*	深层土壤水蒸发蒸腾系数	0.08～0.20
5	*WM*	张力水容量/mm	100～200

续表

序号	参数	参 数 说 明	参数变化范围或默认值
6	*B*	张力水蓄水容量曲线的方次	0.1～0.4
7	*IMP*	不透水面积的比例	0.01～0.04
8	*SM*	表层土自由水蓄水容量/mm	10～50
9	*EX*	表层土自由水蓄水容量曲线的方次	1.0～1.5
10	*KSS*	壤中流出流系数	0.0～0.7
11	*KG*	地下水出流系数	0.0～0.7
12	*KKSS*	壤中流日退水系数	0.0～0.9
13	*KKG*	地下水日退水系数	0.950～0.998
14	*KE*	马斯京根法参数	24
15	*XE*	马斯京根法参数	0.45

4.2.3 FS算法率定SAC模型和XAJ模型

在松花江支流呼兰河上游选取欧根河发展站、呼兰河铁力站以上的2处集水区作为实证流域，具体如下（王斌等，2016）：欧根河为呼兰河上游支流，其发展站地理坐标为东经127°34′、北纬47°06′，该站以上集水区面积为1704km^2，采用1974—1981年间的4个雨量站和1个蒸发站数据；铁力站为呼兰河上游水文站，地理坐标为东经128°01′、北纬46°58′，该站以上集水区面积为1838km^2，采用1991—1998年间的8个雨量站和1个蒸发站数据。这2个流域面积接近，输入数据系列长度相等，每个流域内设有1个蒸发站，且均采用20cm蒸发器观测的水面蒸发量。由于冬季河道冰封、河水断流等原因，发展站每年11月初至次年4月前存在流量数据缺测现象，缺测的数据按0值处理。

本节主要验证FS算法率定参数的SAC模型在松花江子流域的适用性，为进一步利用和发展SAC模型提供依据，因此，对2个模型不做任何修正或改进，暂不考虑积雪融雪等寒区水文现象对模型模拟结果的影响。2个模型输入相同的日降水量与日水面蒸发量数据，采取相同的汇流方案计算输出流域出口断面的日流量，参数均利用FS算法率定。

采用Matlab语言编制FS算法和2个水文模型的源程序，将2个水文模型程序编写为能够与FS算法程序传递参数的函数文件，并利用Nash-Sutcliffe效率系数（Nash-Sutcliffe efficiency coefficient，NS）（Nash et al.，1970）作为指标评价模型的模拟效果，NS指标计算公式为

$$NS = 1 - \frac{\sum_{k=1}^{D}(Q_{k,\mathrm{obs}} - Q_{k,\mathrm{sim}})^2}{\sum_{k=1}^{D}(Q_{k,\mathrm{obs}} - \overline{Q}_{\mathrm{obs}})^2} \tag{4.50}$$

式中：D 为流量系列长度；$Q_{k,\mathrm{obs}}$ 为第 k 日的实测流量，$\mathrm{m^3/s}$；$Q_{k,\mathrm{sim}}$ 为第 k 日的模拟流量，$\mathrm{m^3/s}$；$\overline{Q}_{\mathrm{obs}}$ 为实测流量系列的均值，$\mathrm{m^3/s}$。

对于发展和铁力 2 个水文站，采用 FS 算法率定水文模型时，均取数据收集年限的前 4 年作为率定期，后 4 年作为验证期。设定 FS 算法动物个数 $m=20$，探查步数 $T=5$，迭代 1000 次，算法程序启动后可以自动完成模型参数率定过程，避免了人为因素对参数的影响。FS 算法率定 2 个水文模型的过程见图 4.1 和图 4.2，参数率定结果见表 4.3 和表 4.4。

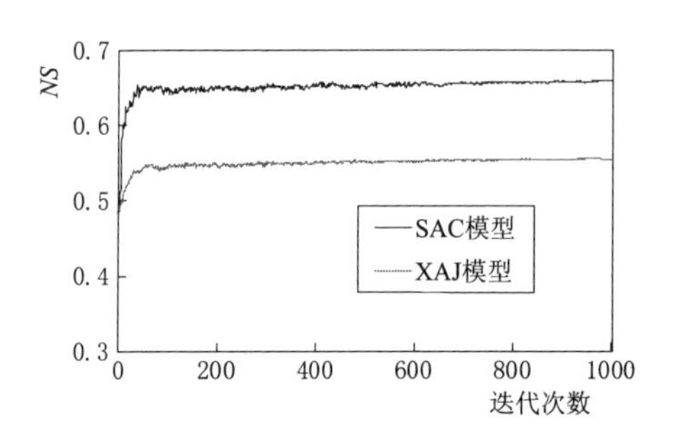

图 4.1 发展站 FS 算法率定水文模型过程

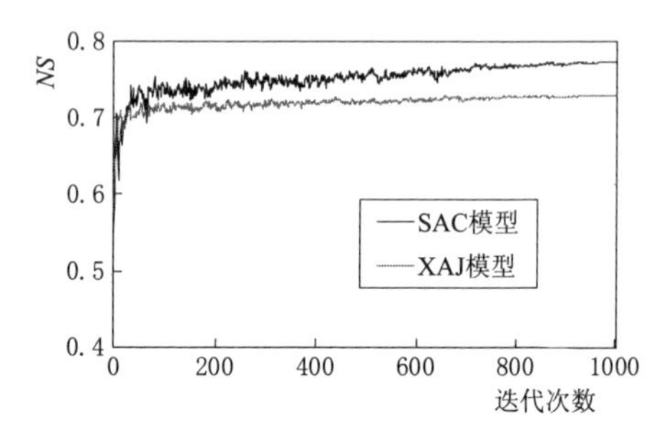

图 4.2 铁力站 FS 算法率定水文模型过程

表 4.3　　FS 算法率定的 SAC 模型主要参数

水文站	*UZTWM* /mm	*UZFWM* /mm	*UZK*	*LZTWM* /mm	*LZFSM* /mm	*LZFPM* /mm	*LZSK*	*LZPK*	*PFREE*	*ZPERC*	*REXP*
发展站	10.15	74.82	0.58	484.09	160.19	210.83	0.33	0.05	0.37	97.30	2.59
铁力站	32.28	121.65	1.00	620.68	301.47	406.82	0.07	0.04	0.56	63.00	3.70

表 4.4　　FS 算法率定的 XAJ 模型主要参数

水文站	*WUM* /mm	*WLM* /mm	*C*	*WM* /mm	*B*	*IMP*	*SM* /mm	*EX*	*KSS*	*KG*	*KKSS*	*KKG*
发展站	14.32	62.22	0.08	199.99	0.40	0.01	33.80	1.12	0.53	0.17	0.71	0.95
铁力站	9.62	68.47	0.14	199.20	0.40	0.01	10.02	1.22	0.04	0.66	0.62	0.95

由图 4.1 和图 4.2 可见，FS 算法在率定 2 个水文模型时表现良好，其迭代过程近似一种振荡的“渐近线”，相对而言，FS 算法率定的 SAC 模型对流量的模拟效果更佳，表现为 2 个流域的 SAC 模型 *NS* 寻优曲线均高于 XAJ 模型。由于 SAC 模型结构比 XAJ 模型复杂，程序代码的语句更多，在相同条件下，FS 算法率定 SAC 模型的耗时约为 XAJ 模型的 1.6 倍，但在当前的计算条件下，这种耗时差别可以忽略不计。

采用表 4.3、表 4.4 参数的 SAC 模型和 XAJ 模型对 2 个流域流量的模拟结果见图 4.3 和图 4.4，统计的模拟结果见表 4.5 和表 4.6。

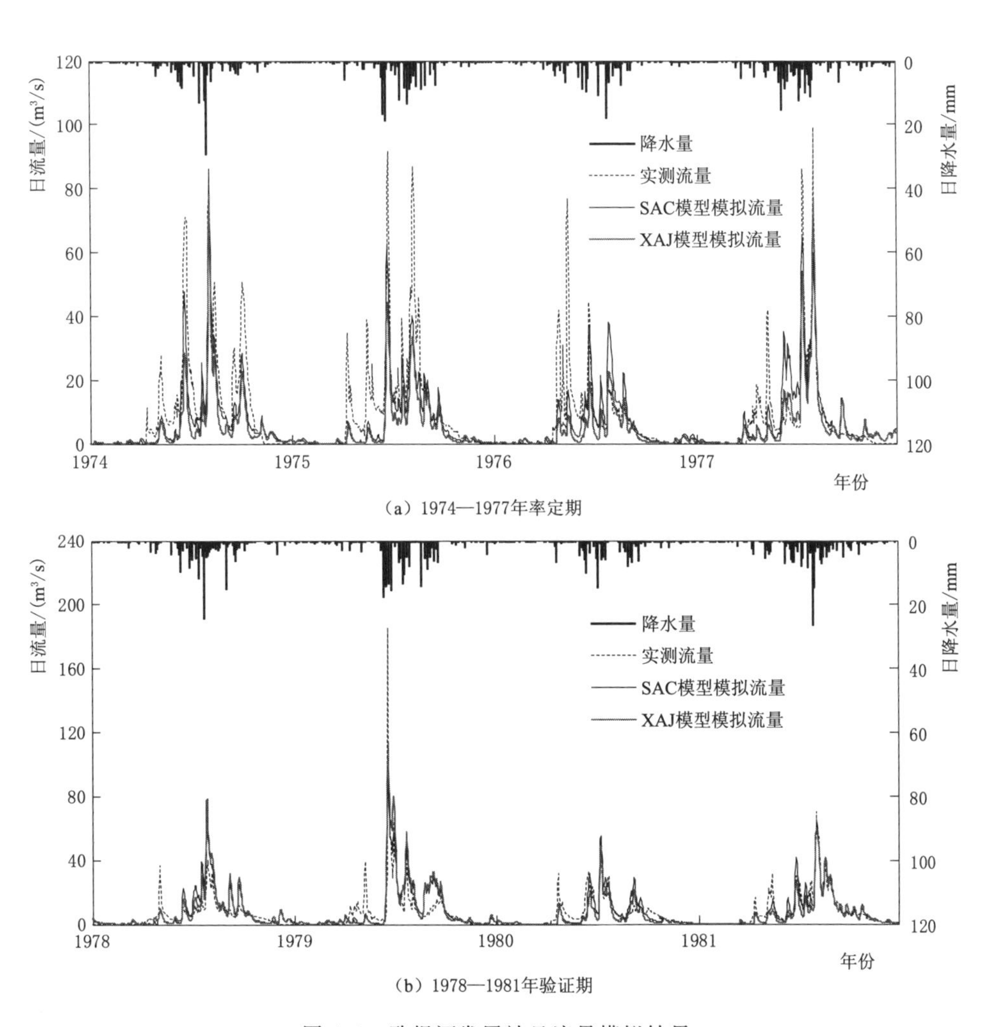

图 4.3 欧根河发展站日流量模拟结果

表 4.5 FS 算法率定的 SAC 模型模拟结果

模拟期	水文站	NS	R_{vol}	Q_{obs}/P	Q_{sim}/P	ET_a/P
率定期	发展站	0.659	0.772	0.286	0.221	0.727
	铁力站	0.774	0.994	0.437	0.434	0.494
验证期	发展站	0.689	1.086	0.213	0.231	0.707
	铁力站	0.564	1.058	0.368	0.389	0.596

注 R_{vol} 为模型模拟流量（Q_{sim}）与实测流量（Q_{obs}）的比值，P 为降水量，ET_a 为模型模拟的实际蒸发蒸腾量。

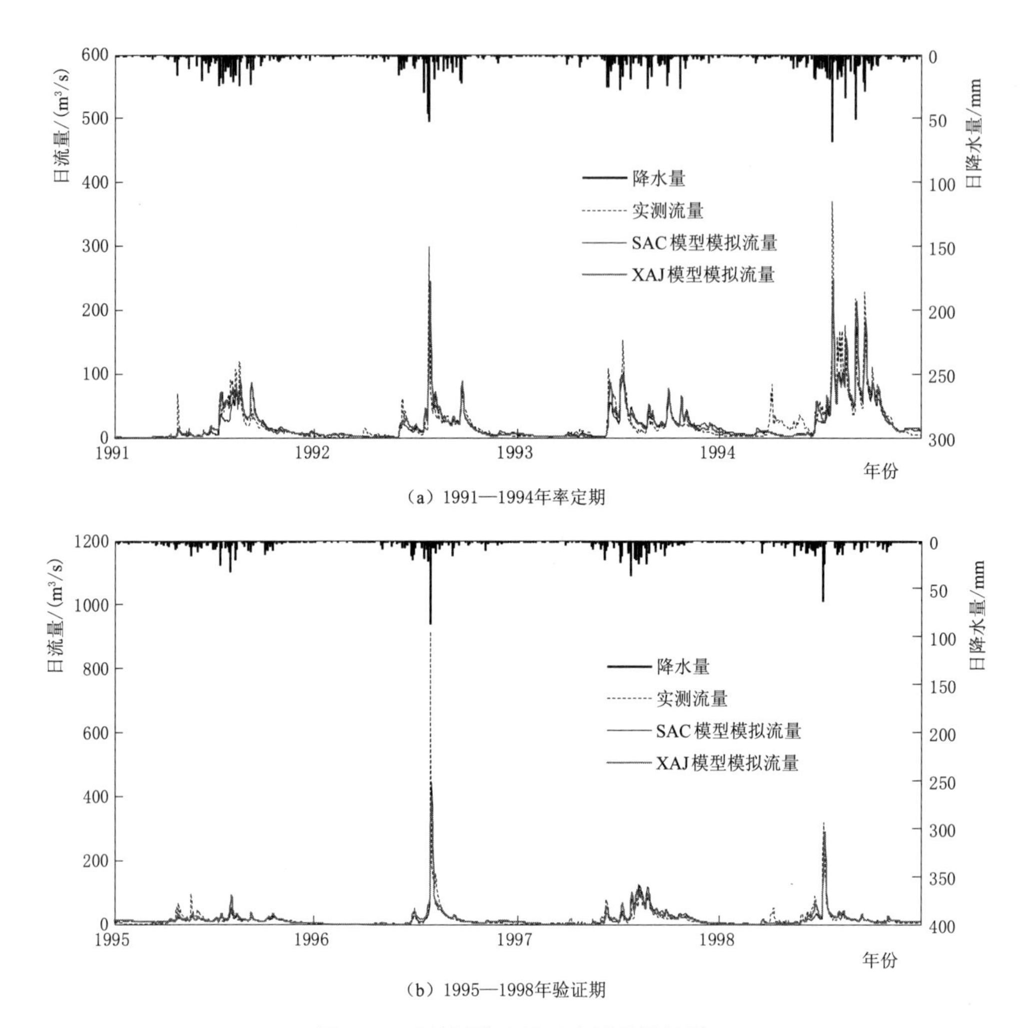

(a) 1991—1994年率定期

(b) 1995—1998年验证期

图 4.4 呼兰河铁力站日流量模拟结果

表 4.6 FS 算法率定的 XAJ 模型模拟结果

模拟期	水文站	NS	R_{vol}	Q_{obs}/P	Q_{sim}/P	ET_a/P
率定期	发展站	0.556	0.549	0.286	0.157	0.845
	铁力站	0.730	0.949	0.437	0.414	0.565
验证期	发展站	0.639	1.028	0.213	0.219	0.779
	铁力站	0.503	1.005	0.368	0.370	0.634

注 R_{vol} 为模型模拟流量（Q_{sim}）与实测流量（Q_{obs}）的比值，P 为降水量，ET_a 为模型模拟的实际蒸发蒸腾量。

从图 4.3、图 4.4 可以看出，无论年内或年际间，2 个流域的实测日流量过程变化剧烈。发展站（缺测数据除外）和铁力站的日流量变化范围分别为 0.01～186m^3/s、0.06～916m^3/s，年径流极值比分别为 4.7、9.5。即便如此，2 个模型模拟的流量与实测流量变化过程能基本保持一致，但与其他学者的研究成果（李致家等，2004；陆桂华等，2004；江燕等，2007）相比，XAJ 模型在东北寒区旱区很难达到暖湿地区的模拟精度。模拟精度不高除与东北地区的自然地理条件有关外，水文模型的适用性、降水量与水面蒸发量数据的代表性、流量数据的可靠性等均会引起模拟精度下降。

分析表 4.5、表 4.6 中 Q_{obs}/P 和 Q_{sim}/P 可见，与实测流量相比，2 个模型在率定期模拟的流量均偏小，而在验证期模拟的流量均偏大。从 Q_{obs}/P 与 ET_a/P 结果看，SAC 模型模拟的流量较大，实际蒸发蒸腾量较小；而 XAJ 模型模拟的流量较小，但实际蒸发蒸腾量较大。总体而言，SAC 模型的模拟效果更好，无论在率定期和验证期，SAC 模型的 *NS* 均高于同期的 XAJ 模型。

4.3 利用 HWSD 土壤性质推导 SAC 模型参数

在模型结构确定的前提下，水文模型模拟性能的提升在很大程度上取决于模型的参数化。概念性水文模型的参数可以利用前文所述的优化算法或传统的试错方法确定，但难于依据流域的物理性质推导（Koren et al.，2000，2003），即使这些参数与能够观测到的流域物理性质相关，也需要对这些先验参数（priori parameters）进行微调或校准（Madsen，2003；Francés et al.，2007 年）。同时，专家的主观判断在“最优的”模型参数集选择中仍然发挥重要作用，这些“最优的”参数集的空间一致性通常并不好，参数的物理意义也不尽合理，一般不宜移用到附近的其他流域。此外，率定水文模型参数通常需要多年的水文气象历史数据，一般仅能在单个流域率定模型参数；历史数据的数量和质量在不同地区甚至同一地区的不同流域之间可能存在显著差异（Koren et al.，2003，2008；Zhang et al.，2012），这些差异可能导致非最优的模型参数集，并且这些参数集的空间分布往往存在明显的随机现象（Koren et al.，2003，2008；Gan et al.，2006；Anderson et al.，2006）。因此，需要一种客观的 SAC 模型参数推导方法，以产生物理意义明确、移用性较好的模型参数集。

4.3.1 SAC 模型主要参数与土壤水分特性的关系

NWS 水文发展办公室的水文实验室将 SAC 模型参数分为 11 个主要参数和 5 个次要参数，并发展了一种基于 1∶250000 比例的国家土壤地理数据库（State Soil Geographic Database，STATSGO）推导这 11 个主要参数的物理方法，Anderson 等（2006）还尝试利用更精细的 1∶24000 比例的土壤调查地理数据库（Soil Survey Geographic Database，SSURGO）发展了这种方法。在这种方法中，SAC模型11个主要参数与土壤水分特性的关系可以表达为（Koren et al.，2000，2003；Anderson et al.，2006）：

$$UZTWM = Z_{up}(\theta_{fc} - \theta_{wp}) \tag{4.51}$$

$$UZFWM = Z_{up}(\theta_s - \theta_{fc}) \tag{4.52}$$

$$UZK = 1 - (\theta_{fc}/\theta_s)^n \tag{4.53}$$

$$LZTWM = (Z_{max} - Z_{up})(\theta_{fc} - \theta_{wp}) \tag{4.54}$$

$$LZFSM = (Z_{max} - Z_{up})(\theta_s - \theta_{fc})(\theta_{wp}/\theta_s)^n \tag{4.55}$$

$$LZFPM = (Z_{max} - Z_{up})(\theta_s - \theta_{fc})[1 - (\theta_{wp}/\theta_s)^n] \tag{4.56}$$

$$LZSK = \frac{1 - (\theta_{fc}/\theta_s)^n}{1 + 2(1 - \theta_{wp})} \tag{4.57}$$

$$LZPK = 1 - \exp\left[-\frac{\pi^2 K_s D_s^2 (Z_{max} - Z_{up}) \Delta t}{\mu}\right] \tag{4.58}$$

$$PFREE = (\theta_{wp}/\theta_s)^n \tag{4.59}$$

$$ZPERC = \frac{LZTWM + LZFSM(1 - LZSK) + LZFPM(1 - LZPK)}{LZFSM \times LZSK + LZFPM \times LZPK} \tag{4.60}$$

$$REXP = \left(\frac{\theta_{wp}}{\theta_{wp,sand} - 0.001}\right)^{0.5} \tag{4.61}$$

上述各式中：$UZTWM$ 为上层张力水容量，mm；Z_{up} 为SAC模型上层厚度，mm；θ_{fc} 为田间持水量，cm^3/cm^3；θ_{wp} 为凋萎含水量，cm^3/cm^3；$UZFWM$ 为上层自由水容量/mm；θ_s 为饱和含水量，cm^3/cm^3；UZK 为上层自由水日出流系数；n 为经验指数；$LZTWM$ 为下层张力水容量，mm；Z_{max} 为SAC模型上层和下层总厚度，mm；$LZFSM$ 为下层浅层自由水容量，mm；$LZFPM$ 为下层深层自由水容量，mm；$LZSK$ 为下层浅层自由水日出流系数；$LZPK$ 为下层深层自由水日出流系数；K_s 为饱和导水率，mm/h；D_s 为河网密度；μ 为给水度；Δt 为时段长，日过程模拟中为24h；$PFREE$ 为上层向下层下渗水量中补给下层自由水的比例；$ZPERC$ 为最大下渗率与稳定下渗率的比值；$REXP$ 为下渗曲线指数；$\theta_{wp,sand}$ 为沙的凋萎含水量，cm^3/cm^3。

n、Z_{max} 和 D_s 可以参考Koren等（2000，2003）发表的论文确定。在Koren等（2000，2003）以及Anderson等（2006）发表的论文中，即使按作者声明将其早期论文印刷错误改正后，计算 $LZPK$ 的公式仍各不相同，这里采用了较晚发表的Anderson等（2006）论文中的公式。

为了将SAC模型主要参数与土壤水分特性联系起来，Koren等（2000，2003）假设SAC模型的上、下层总深度 Z_{max} 等于STATSGO的土壤剖面总厚度，再利用 Z_{up} 划分上层和下层。

$$Z_{up}=\frac{5080/CN-50.8}{\theta_s-\theta_{fc}} \tag{4.62}$$

式中：Z_{up} 为 SAC 模型上层厚度，mm；CN 为径流曲线数（runoff curve number）；θ_s 为饱和含水量，cm^3/cm^3；θ_{fc} 为田间持水量，cm^3/cm^3。

在 Koren 等（2000，2003）的工作中，采用 Cosby 等（1984）建立的回归方程，利用砂粒、黏粒百分含量估计 θ_s、θ_{fc} 和 θ_{wp}，砂粒、黏粒百分含量取美国农业部（United States Department of Agriculture，USDA）土壤质地三角形中各种土壤砂粒、黏粒百分含量的中点值。K_s 采用 Clapp 等（1978）论文中的 11 种 USDA 土壤数据，这些 K_s 的原始出处是 Li 等（1976）发表的试验数据。由于缺少不同土壤 μ 的数据，Koren 等（2003）依据 Armstrong（1978）报告的有限数据建立了如下经验关系：

$$\mu=3.5(\theta_s-\theta_{fc})^{1.66} \tag{4.63}$$

式中：μ 为给水度；θ_s 为饱和含水量，cm^3/cm^3；θ_{fc} 为田间持水量，cm^3/cm^3；

美国土壤保护局（Soil Conservation Service，SCS），现在为美国自然资源保护局（Natural Resources Conservation Service，NRCS），开发了一个分类系统，用于根据土壤类型、土地利用方式、农业用地管理等级、水文条件、前期土壤水分条件等估算 CN 值。为了评估这些因素，除了使用土壤图、土地利用图外，往往还需要土壤调查和现场调查，而基于 STATSGO 网格分析 CN 时无法评估这些因素。为此，Koren 等（2003）采用了一种简化方法估计 CN，即假设整个区域为中等水文条件下的牧场或牧区土地利用类型，从而依据 USDA 的土壤水文分组（Hydrologic Soil Group，HSG）确定该区域的 CN 值。

可见，一旦获取了 θ_s、θ_{fc}、θ_{wp}、K_s、μ 等土壤水分特性和 CN 值，就可以采用 Koren 等（2000，2003）提出的方法推导 SAC 模型的 11 个主要参数。然而，STATSGO 和 SSURGO 都是美国的土壤数据库，仅适用于美国本土，因此有必要研究应用覆盖全球陆地范围的土壤数据库推导 SAC 模型主要参数的通用方法（Wang et al.，2023）。

4.3.2 利用 HWSD 土壤性质推导 SAC 模型主要参数

4.3.2.1 基于 HWSD 土壤性质推导 SAC 模型主要参数的流程

当前，HWSD 也可以提供用于估计土壤水分特性的砂粒、黏粒含量等土壤理化性质（soil physico－chemical properties），并且 HWSD 具有与 SAC 模型的 2 个土层结构相应的 T、S 两个土层。研究利用 HWSD 推导 SAC 模型主要参数，可以提供一种通用的 SAC 模型主要参数估计方法，同时也可以为其他水文模型推导部分与土壤性质相关的参数提供借鉴。

需要注意的是，同样采用了 USDA 土壤质地分类的 HWSD，将黏土分为黏土和重黏土两类，因此 HWSD 有 13 种 USDA 土壤类型，见图 4.5（FAO et

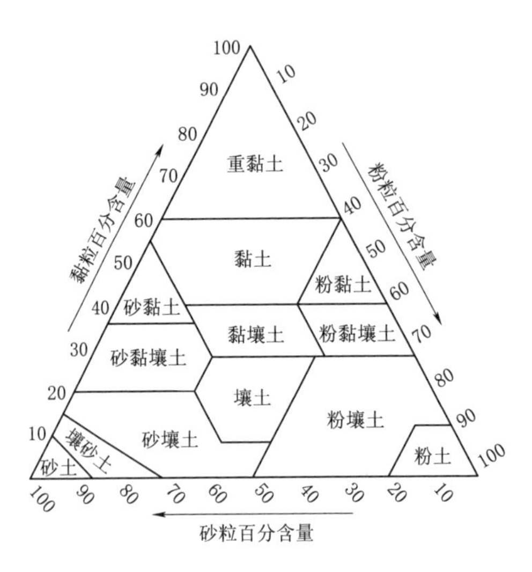

图 4.5 HWSD中的USDA土壤分类（FAO et al，2012）

al.，2012）。然而，无论 Cosby 等（1984）建立的回归方程，还是 Li 等（1976）的试验数据，仅针对 11 种 USDA 土壤，都缺少粉土，且没有区分黏土和重黏土，而这两种黏土在 USDA 土壤质地三角形中均占很大的比重（见图 4.5），采用 Koren 等（2003）提出的方法不易估计黏土、重黏土、粉土的土壤水分特性，尤其是难于确定这三种土壤的 K_s 值；此外，Koren 等（2003）估计 CN 的简化方法难于识别复杂土地利用类型下的流域 CN 值。因此，必须采用新的方法估算 HSWD 的 13 种 USDA 土壤水分特性和 CN 值。

综上，可以利用 HWSD 土壤性质和 IGBP 土地覆盖分类系统估计土壤水分特性及 CN 值，继而推导 SAC 模型的 11 个主要参数，具体流程见图 4.6（Wang et al.，2023）。首先，使用 HWSD 的砂粒含量（$SAND$）、黏粒含量（$CLAY$）和有机碳含量（OC）估算 θ_s、θ_{fc}、θ_{wp}、K_s、μ 等土壤水分特性；其次，使用 HWSD 土壤质地分类和 IGBP 土地覆盖类型确定 CN 值，继而估计 SAC 模型的上层厚度 Z_{up}；最后，利用土壤水分特性、SAC 模型的土层厚度（Z_{up} 和 Z_{max}）及其他参数（n 和 D_s）计算 SAC 模型主要参数。下面重点介绍 HWSD 土壤水分特性和 CN 的估计方法。

4.3.2.2 HWSD 土壤水分特性估计

Saxton 等（2006 年）基于 USDA 土壤数据库的砂粒、黏粒和有机质含量，开发了土壤水分特性估计方程。当 θ_{wp}、θ_{fc} 和 θ_s 分别定义为 1500kPa、33kPa 和 0kPa 张力下的土壤含水量时，用于估计 1500kPa、33kPa 和 0～33kPa 张力下的土壤水分特性方程如下（Saxton et al.，2006）：

$$\theta_{1500}=1.14\theta_{1500t}-0.02 \tag{4.64}$$

$$\theta_{1500t}=-0.024\frac{SAND}{100}+0.487\frac{CLAY}{100}+0.006OM+0.005\left(\frac{SAND}{100}\times OM\right) -0.013\left(\frac{CLAY}{100}\times OM\right)+0.068\left(\frac{SAND}{100}\times\frac{CLAY}{100}\right)+0.031 \tag{4.65}$$

$$\theta_{33}=1.283\theta_{33t}^2+0.626\theta_{33t}-0.015 \tag{4.66}$$

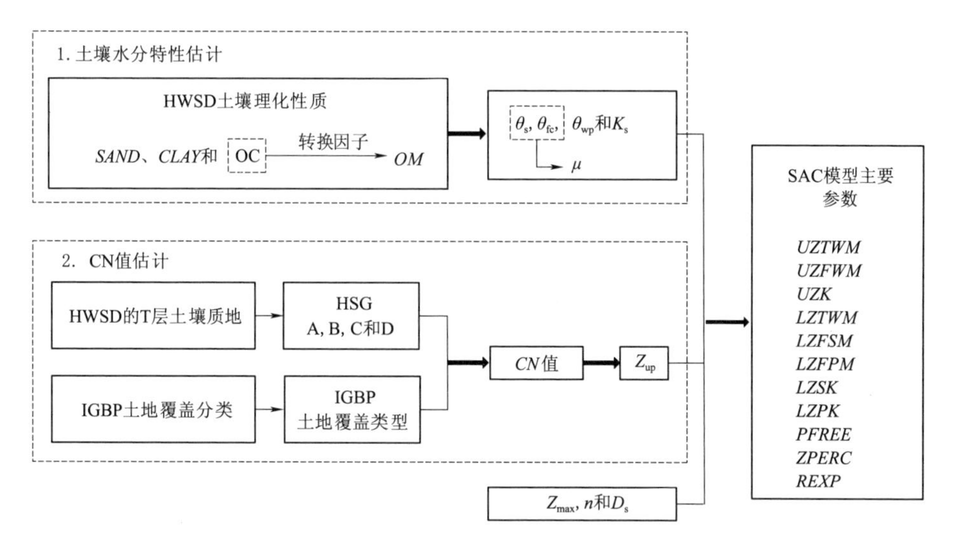

图 4.6 采用 HWSD 和 IGBP 土地覆盖分类系统估计 SAC 模型主要参数流程示意图

$$\theta_{33t}=-0.251\frac{SAND}{100}+0.195\frac{CLAY}{100}+0.011OM+0.006\left(\frac{SAND}{100}\times OM\right)-0.027\left(\frac{CLAY}{100}\times OM\right)+0.452\left(\frac{SAND}{100}\times\frac{CLAY}{100}\right)+0.299 \tag{4.67}$$

$$\theta_s=\theta_{33}+\theta_{(s-33)}-0.097\frac{SAND}{100}+0.043 \tag{4.68}$$

$$\theta_{(s-33)}=1.636\theta_{(s-33)t}-0.107 \tag{4.69}$$

$$\theta_{(s-33)t}=0.278\frac{SAND}{100}+0.034\frac{CLAY}{100}+0.022OM-0.018\left(\frac{SAND}{100}\times OM\right)-0.027\left(\frac{CLAY}{100}\times OM\right)-0.584\left(\frac{SAND}{100}\times\frac{CLAY}{100}\right)+0.078 \tag{4.70}$$

上述各式中：θ_{1500} 为正常密度（normal density）下 1500kPa 时的土壤水分（凋萎含水量），cm^3/cm^3；θ_{1500t} 为第一种方案下 1500kPa 时的土壤水分，cm^3/cm^3；*SAND*、*CLAY* 和 *OM* 分别为土壤的砂粒、黏粒和有机质含量，%；θ_{33} 为正常密度下 33kPa 时的土壤水分（田间持水量），cm^3/cm^3；θ_{33t} 为第一种方案下 33kPa 时的土壤水分，cm^3/cm^3；θ_s 正常密度下 0kPa 时的土壤水分（饱和含水量），cm^3/cm^3；$\theta_{(s-33)}$ 为正常密度下 0～33kPa 时的土壤水分，cm^3/cm^3；$\theta_{(s-33)t}$ 为第一种方案下 0～33kPa 时的土壤水分，cm^3/cm^3。

饱和导水率 K_s 可以利用 θ_s 和 θ_{33} 估计（Saxton et al.，2006）：

$$K_s=1930(\theta_s-\theta_{33})^{3-\lambda} \tag{4.71}$$

$$\lambda=\frac{\ln\theta_{33}-\ln\theta_{1500}}{\ln1500-\ln33} \tag{4.72}$$

上述两式中：K_s 为饱和导水率，mm/h；θ_s 为正常密度下 0kPa 时的土壤水分，即饱和含水量，cm^3/cm^3；θ_{33} 为正常密度下 33kPa 时的土壤水分，即田间持水量，cm^3/cm^3；λ 为张力-水分对数曲线的斜率；θ_{1500} 为正常密度下 1500kPa 时的土壤水分，即凋萎含水量，cm^3/cm^3。

应该注意的是，历史上曾使用 1.724 的转换因子将土壤有机碳值转换为土壤有机质的估计值（Heaton et al.，2016）。自 19 世纪末以来发表的研究表明，对于大多数土壤来说 1.724 作为转换因子太小了。因此，参考 Pribyl（2010）的研究成果，基于土壤有机质含 50%碳的假设，这里取转换因子为 2。

应该注意的是，历史上曾使用 1.724 的转换因子将土壤有机碳转换为土壤有机质的估计值（Heaton et al.，2016）。自 19 世纪末以来发表的研究表明，对于大多数土壤来说 1.724 作为转换因子太小了。因此，参考 Pribyl（2010）的研究成果，基于土壤有机质含 50%碳的假设，这里取转换因子为 2。

根据式（4.63）～式（4.72），采用 HWSD 的 T 层和 S 层土壤的砂粒、黏粒和有机碳含量，并利用转换因子将有机碳含量转换为有机质含量后，即可在 30 弧秒的栅格尺度计算 T 层和 S 层的土壤水分特性，计算所得的 HWSD 的 T 层、S 层 13 种 USDA 土壤水力特性值见表 4.7、表 4.8。在计算过程中，由于每种土壤的砂粒、黏粒和有机碳含量取自 HWSD 中该种土壤的全球栅格平均值，因此表 4.7、表 4.8 不仅适用于研究流域，也适用于识别全球 T 层、S 层的 13 种 USDA 土壤水分特性。当能够识别某种土壤的 USDA 质地分类时，无论这种土壤是 HWSD 土壤或实际调查的土壤，都可以在表 4.7 和表 4.8 中查得这些土壤的水力特性值。此外，有机质含量高的土壤水分特性不能代表典型的矿质土壤，与砂粒或粉粒含量较高的土壤相比，黏粒含量非常高的土壤通常具有不同的孔隙结构和矿物学效应（Saxton et al.，2006）。因此，当土壤有机质含量超过 8%或土壤黏粒含量超过 60%时，参考 Saxton 等（2006）的研究成果，有机质含量采用 8%（即有机碳含量取 4%），黏粒含量采用 60%。

表 4.7　　HWSD 的 T 层 13 种 USDA 土壤水分特性

代码	USDA 土壤质地分类	*SAND* /%	*CLAY* /%	*OC* /%	θ_s /(cm^3/cm^3)	θ_{fc} /(cm^3/cm^3)	θ_{wp} /(cm^3/cm^3)	K_s /(mm/h)	μ
1	重黏土	15	66	1.71	0.53	0.45	0.35	1.26	0.06
2	粉黏土	11	45	2.09	0.54	0.41	0.27	5.84	0.13
3	黏土	23	49	6.67	0.54	0.41	0.30	4.61	0.11
4	粉黏壤土	9	34	1.43	0.52	0.38	0.21	6.89	0.13
5	黏壤土	35	31	1.86	0.49	0.34	0.20	8.01	0.15
6	粉土	6	8	0.36	0.41	0.30	0.06	5.91	0.09

续表

代码	USDA 土壤质地分类	*SAND* /%	*CLAY* /%	*OC* /%	θ_s /(cm³/cm³)	θ_{fc} /(cm³/cm³)	θ_{wp} /(cm³/cm³)	K_s /(mm/h)	μ
7	粉壤土	28	14	5.99	0.66	0.35	0.14	74.24	0.49
8	砂黏土	51	40	1.65	0.45	0.36	0.25	1.47	0.06
9	壤土	41	21	1.51	0.47	0.29	0.15	16.24	0.21
10	砂黏壤土	56	25	1.05	0.43	0.27	0.16	10.41	0.17
11	砂壤土	73	10	1.06	0.44	0.16	0.08	54.76	0.43
12	壤砂土	85	6	1.39	0.46	0.12	0.06	96.50	0.60
13	砂土	90	5	0.40	0.43	0.07	0.03	106.28	0.62

表 4.8　　HWSD 的 S 层 13 种 USDA 土壤水分特性

代码	USDA 土壤质地分类	*SAND* /%	*CLAY* /%	*OC* /%	θ_s /(cm³/cm³)	θ_{fc} /(cm³/cm³)	θ_{wp} /(cm³/cm³)	K_s /(mm/h)	μ
1	重黏土	16	69	0.71	0.53	0.46	0.35	0.78	0.04
2	粉黏土	11	44	0.70	0.51	0.41	0.26	2.50	0.08
3	黏土	24	51	0.63	0.50	0.43	0.30	0.81	0.04
4	粉黏壤土	11	34	0.56	0.48	0.37	0.21	3.25	0.08
5	粉壤土	36	31	1.38	0.47	0.34	0.20	6.30	0.13
6	粉土	7	10	2.16	0.56	0.35	0.09	32.49	0.27
7	粉壤土	28	15	7.08	0.66	0.36	0.14	69.92	0.48
8	砂黏土	51	38	1.50	0.45	0.35	0.24	2.07	0.07
9	壤土	39	22	0.76	0.44	0.28	0.14	10.17	0.16
10	砂黏壤土	58	26	3.79	0.53	0.33	0.20	18.35	0.24
11	砂壤土	70	13	0.43	0.40	0.16	0.08	35.27	0.33
12	壤砂土	83	7	0.45	0.42	0.10	0.05	77.89	0.52
13	砂土	90	5	0.22	0.42	0.07	0.03	106.15	0.61

4.3.2.3　*CN* 值识别

许多研究人员利用遥感数据估计 *CN* 值（Hong et al.，2008；Zeng et al.，2017；Jaafar et al.，2019）。Hong 等（2008）较早研究了使用卫星遥感和地理空间数据推导全球 *CN* 图的尝试，并提出了一种基于土壤水文分组、土地覆盖类型、水文条件的函数来估算 *CN* 值的方法。在 Hong 等（2008）和 Zeng 等（2017）的研究中，源自中分辨率成像光谱仪（Moderate Resolution Imaging Spectroradiometer，MODIS）的全球土地覆盖数据被用作土地覆盖/利用类型替代产品，并基于 IGBP 植被覆盖分类方案确定了 17 种土地覆盖类型。

当采用HWSD的T层、S层土壤水分特性代替SAC模型的上层、下层土壤水分特性时，可以依据HWSD的T层土壤的USDA质地分类识别SAC模型的上层HSG（见表4.9），从而利用HSG、IGBP土地覆盖类型和水文条件估计*CN*值（见表4.10）。

表4.9 USDA土壤水文分组（Hong et al.，2008；Zeng et al.，2017）

HSG	USDA土壤质地分类	HSG	USDA土壤质地分类
A	砂土、壤砂土、砂壤土	C	砂黏壤土
B	粉壤土、粉土、壤土	D	黏壤土、粉黏壤土、砂黏土、粉黏土、黏土

表4.10 一般水文条件下不同IGBP土地覆盖和水文土壤组的*CN*值
（Loveland et al.，2000；Hong et al.，2008；Zeng et al.，2017）

代码	IGBP土地覆盖分类	不同HSG的*CN*值				水文条件（较差/一般/良好）
		A	B	C	D	
1	常绿针叶林	34	60	73	79	一般
2	常绿阔叶林	30	58	71	77	一般
3	落叶针叶林	40	64	77	83	一般
4	落叶阔叶林	42	66	79	85	一般
5	混交林	38	62	75	81	一般
6	郁闭灌木林	45	65	75	80	一般
7	稀疏灌木林	49	69	79	84	一般
8	森林草原	61	71	81	89	一般
9	稀树草原	72	80	87	93	一般
10	草地	49	69	79	84	一般
11	永久湿地	30	58	71	78	一般
12	耕地	67	78	85	89	一般
13	城镇与建筑用地	80	85	90	95	一般
14	耕地/其他植被镶嵌体	52	69	79	84	一般
15	冰雪	N/A	N/A	N/A	N/A	N/A
16	贫瘠地或稀疏植被	72	82	83	87	一般
17	水体	N/A	N/A	N/A	N/A	N/A

注 表中N/A表示对于冰雪和水体，*CN*值不再适用。

在*CN*值被识别以后，即可利用式（4.62）计算出Z_{up}。至此，SAC模型主要参数可以利用Z_{up}、Z_{max}、HWSD的T层与S层土壤水分特性等推导出来。

4.3.3 实例应用

将上述方法应用于松花江支流呼兰河的5个子流域，采用SAC模型模拟降水径流日过程，根据 SAC 模型的模拟精度验证利用 HWSD 土壤性质推导 SAC 模型 11 个主要参数的适用性，以及这些主要参数的可移植性。

4.3.3.1 流域和数据

呼兰河是松花江左岸的一级支流，发源于小兴安岭西麓，流经黑龙江省中部，干流长为 523km，流域总面积为 36789km^2（周光涛，2018）。兰西水文站（126°21′E、46°15′N）是呼兰河干流下游的最后一个控制性测站，该站以上的集水区面积为 27736km^2，流经该站的多年平均径流量为 33.8×10^8m^3（段明葳等，2017）。呼兰河流域多年平均气温约为 1.5℃，降水量主要集中在每年的 6—9 月，多年平均降水量约 570mm（周光涛，2018；韩松等，2020）。呼兰河流域的流量不仅在年内分布不均，而且在年际间变化也很大（段明葳等，2017；周光涛，2018；韩松等，2020）。在本实例的研究期内，所分析的各流域最大年际径流量与最小年际径流量之比（R_r）为 3.4～11.9，年最大峰值流量与最小洪峰流量之比（R_p）为 5.6～13.0。模型方法应用的 5 个流域具体信息见表 4.11 和图 4.7。

表 4.11　　研究流域及其控制水文站信息

流域	水文站	北纬/(°)	东经/(°)	流域面积/km^2	R_r	R_p	分析年份
1	克音	47.333	127.117	968	11.9	13.0	1976—1985
2	阁山	47.350	127.483	2458	3.8	5.6	1968—1976
3	发展	47.100	127.567	1802	3.7	6.3	1973—1982
4	北关	47.117	128.233	939	3.4	18.3	1984—1993
5	铁力	46.967	128.017	1838	6.5	6.8	1984—1993

研究所需的数据包括 DEM、土地覆盖、土壤性质、流量和气象等数据。DEM 从地理空间数据云下载，分辨率为 3 弧秒。土地覆盖数据从美国地质勘探局（United States Geological Survey，USGS）网站下载，空间分辨率为 1km。土壤性质采用 HWSD 的 T 层、S 层的 *SAND*、*CLAY* 和 *OC* 含量数据。日降水数据和流量数据摘自《中国水文年鉴》，日气象数据（除降水数据外）从国家天气信息中心下载。

4.3.3.2 研究方案

采用 3 种方案确定 5 个研究流域的 SAC 模型 11 个主要参数：

（1）方案 1：采用表 4.1 所列的参数范围直接率定这些参数，并将这种方案作为评价其他 2 种方案的依据。

（2）方案 2：首先，利用 HWSD 的 USDA 土壤质地分类数据和 HWSD 土壤水分特性表（见表 4.7 和表 4.8），在 30 弧秒空间尺度识别各栅格的土壤水分特性值；其次，利用 HWSD 的 T 层 USDA 土壤质地分类、IGBP 土地覆盖分类

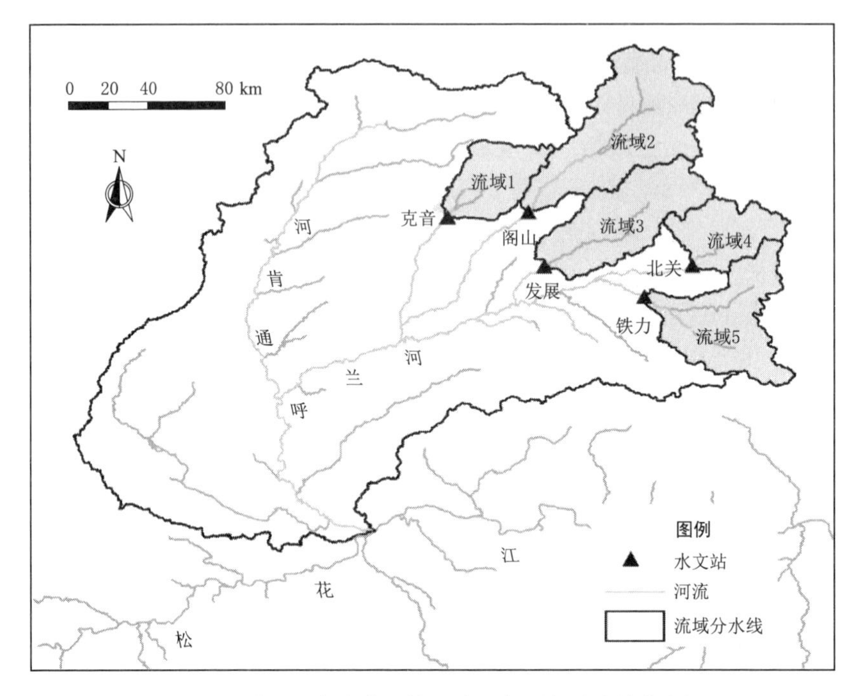

图 4.7 呼兰河全流域及其上游 5 个研究子流域分布图

确定各栅格的 CN 值，计算各栅格的 Z_{up}；最后，计算各栅格的 SAC 模型主要参数，再对全流域所有栅格的主要参数取算术平均值，从而获得 SAC 模型 11 个主要参数的先验值。这种方案与 Koren 等（2003）和 Anderson 等（2006）的工作类似。

（3）方案 3：采用 HWSD 的 *SAND*、*CLAY* 和 *OC* 含量，在 30 弧秒的空间尺度计算出各栅格的土壤水分特性，其他工作与方案（2）相同。

方案 2 和方案 3 的先验参数需要进一步微调，方案 1 的参数需要直接率定，因此所有方案均利用 FS 率定模型参数或微调系数。

本章率定模型使用各水文站前 5 年数据，其余 4～5 年数据用于验证，仍采用 *NS* 评估 SAC 模型的模拟性能。除了 *NS* 指标外，还增加了描述实测流量与模拟流量的线性相关系数 *R* 以及均方根误差（root mean square error，RMSE）两种指标。

4.3.3.3 结果与分析

1. 参数的适用性

各种方案下的 SAC 模型对研究流域流量过程的模拟精度统计结果见表 4.12。从表 4.12 可以看出，对于所有的研究流域，三种方案下的 SAC 模型模拟性能相似，*NS* 越大时其他统计指标也越好（即 *R* 越大，*RMSE* 越小）；在直接率定参数的方案 1 中，SAC 模型通常会产生更高的模拟精度（NS＝0.66～0.88），尽管与使用 HWSD 土壤性质推导参数的方案 2 和方案 3（NS＝0.65～0.86）相比，这种直接率定参数的 SAC 模型模拟精度提升效果并不是很明显。不同流域之间的模拟精度存在差异，在 5 个水文站中，铁力站的流量模拟结果最好，阁山站的模拟结果最差，其他三个站的模拟结果中等。总之，使用 HWSD 土壤性质推导参数的 SAC 模型模拟结果与使用率定参数得到的 SAC 模型模拟结果没有太大差异，这表明使用 HWSD 土壤性质推导 SAC 模型主要参数的方法是可行的。这一结果还表明，在缺乏 STATSGO 和 SSURGO 等土壤数据库的地区，可以利用 HWSD 土壤性质推导的主要参数驱动 SAC 模型。

表 4.12　　三种方案下 SAC 模型模拟精度统计

方案	指标	克音站	阁山站	发展站	北关站	铁力站
1	NS	0.83	0.66	0.78	0.80	0.88
	R	0.91	0.81	0.88	0.90	0.94
	$RMSE$/(m^3/s)	2.8	22.9	8.0	9.6	9.1
2	NS	0.77	0.65	0.73	0.78	0.85
	R	0.88	0.81	0.86	0.89	0.92
	$RMSE$/(m^3/s)	3.3	23.0	8.7	10.1	10.3
3	NS	0.78	0.65	0.73	0.79	0.86
	R	0.89	0.81	0.86	0.90	0.93
	$RMSE$/(m^3/s)	3.2	23.1	8.7	9.8	10.0

从图 4.8 所示的实测流量和 SAC 模型模拟流量曲线可以看出，三种方案在模拟流量过程时的性能相似，相对而言，方案 2 和方案 3 在 5 个站点的模拟过程线相近，基于 HWSD 土壤性质推导参数的 SAC 模型能更好模拟流量过程线的峰值［见图 4.8（c）］。然而，在模拟某些时期的峰值流量时，三种方案均没有良好表现［见图 4.8（d）、图 4.8（e）］。产生这种现象可能有两个原因：①这 5 个研究流域只有 25 个雨量站的降水数据，日降水量代表性欠缺，降水量和流量

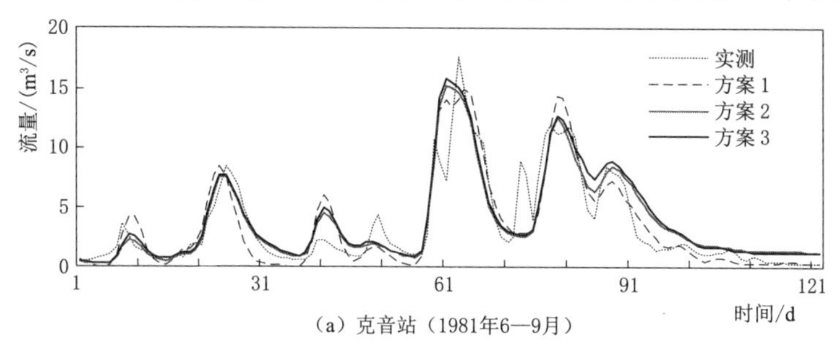

(a) 克音站（1981年6—9月）

图 4.8（一）　三种方案下 SAC 模型模拟流量情况对比

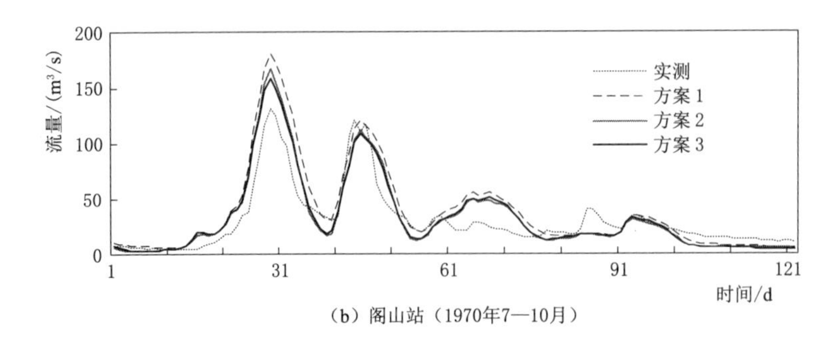

(b) 阁山站 (1970年7—10月)

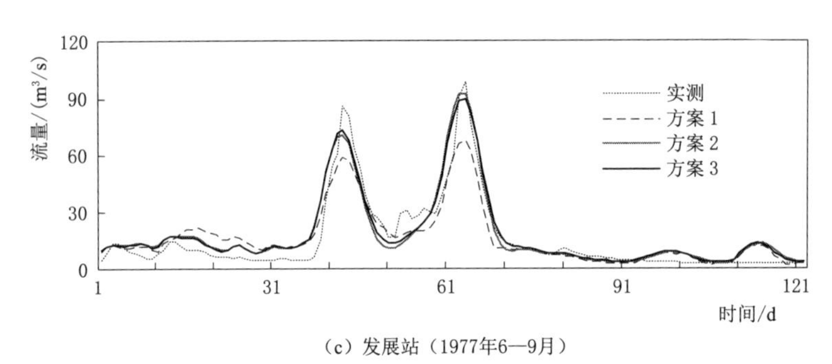

(c) 发展站 (1977年6—9月)

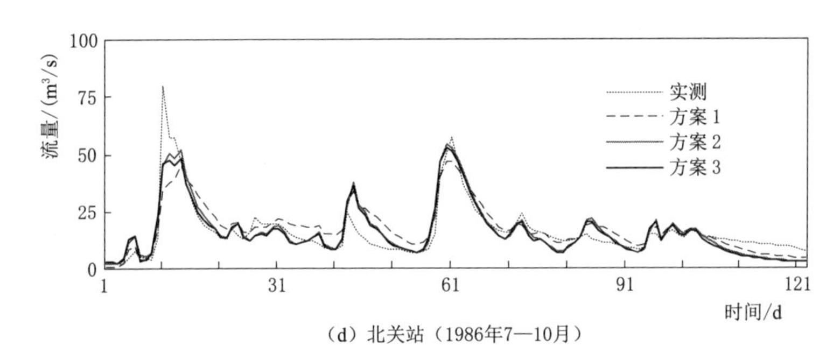

(d) 北关站 (1986年7—10月)

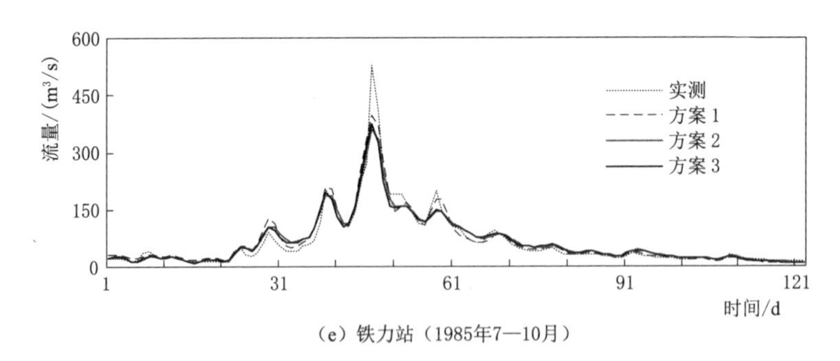

(e) 铁力站 (1985年7—10月)

图 4.8 (二) 三种方案下 SAC 模型模拟流量情况对比

数据不足以准确模拟各个流域降水和径流的时空变化。②这 5 个流域的日流量变化较大，最大峰值流量与最小洪峰流量之比分别为 5.6、13.0。尽管如此，在现有数据条件下，SAC 模型的模拟结果仍然是可以接受的。

此外，与方案 3 相比，方案 2 得出的土壤特性无法准确描述流域土壤特性的空间分布，因为该方案最多只能考虑 13 种 USDA 土壤质地分类情况。例如，图 4.9 显示了铁力站控制的流域 5 的 HWSD 表层和底层土壤性质。从图 4.9 可以看出，流域 5 的表土和底土仅包含 2 种 USDA 土壤，其中表土为粉壤土、壤土，而底土为黏壤土、壤土。当依据土层的 USDA 土壤质地分类查表 4.7 和表 4.8 时，流域 5 的表土和底土只对应的 2 个土壤水分特性值。与这些极少数土壤类型相比，方案 3 中流域 5 的砂粒、黏粒和有机碳含量等土壤性质则更加精细（见图 4.9 的表土和底土的砂粒、黏粒和有机碳含量分布情况），依据这些土壤性质估计的土壤水分特性可以更好地在栅格尺度表达流域的物理特征。

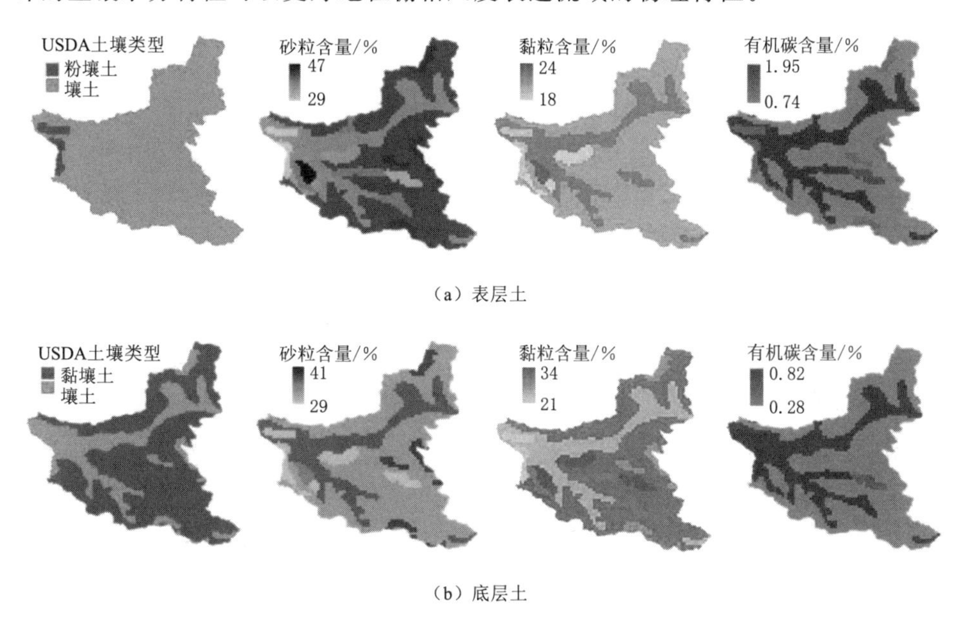

图 4.9 流域 5 的 HWSD 表层和底层土壤性质分布图
（图中砂粒、黏粒和有机碳含量为质量百分比）

2. 参数的移用性

由于 SAC 模型的 11 个主要参数在取值、单位方面差异很大，为了比较同一个参数在不同流域间的变化情况，依据表 4.1 的参数变化区间，对这 11 个主要参数进行了标准化处理，处理公式如下：

$$P_{\mathrm{n}}=\frac{P-P_{\min}}{P_{\max}-P_{\min}} \tag{4.73}$$

式中：P_n 为标准化后的参数值；P 为参数取值；P_{max} 为参数在变化区间内的最大值；P_{min} 为参数在变化区间内的最小值。

经过标准化处理后，各种方案下的参数均处于0～1之间，见图4.10。

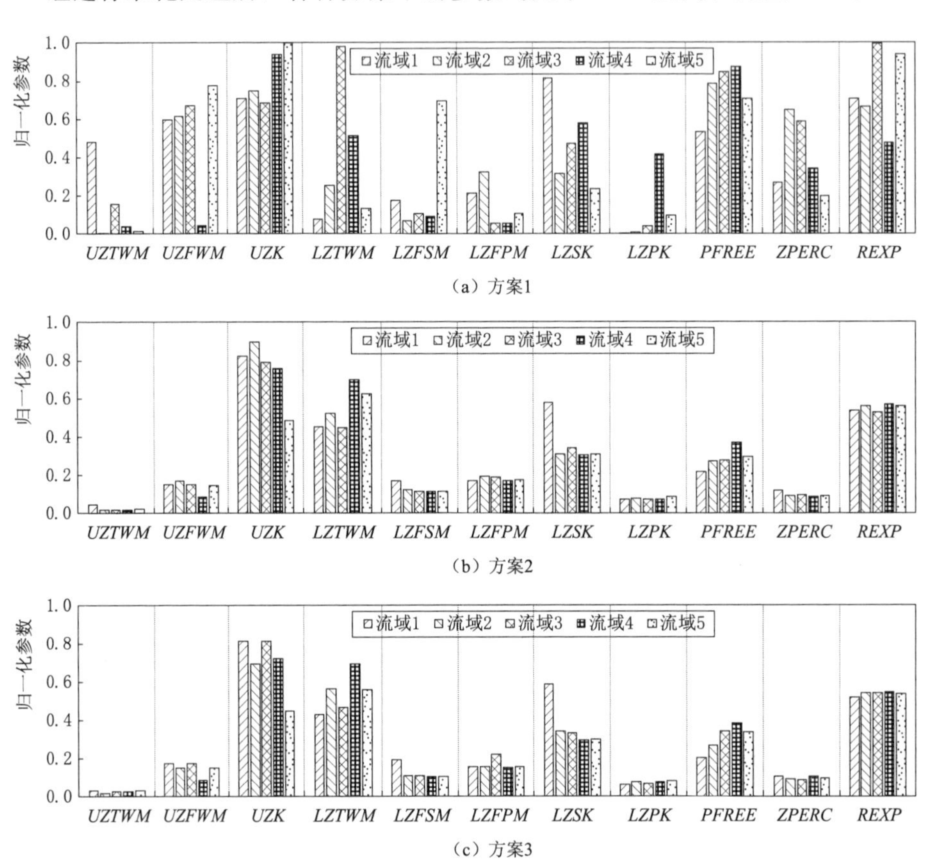

(a) 方案1

(b) 方案2

(c) 方案3

图4.10　三种方案下归一化的参数变化情况

从图4.10 (a) 可以看出，在方案1中，直接率定的5个流域SAC模型主要参数存在明显的不确定性，虽然这些直接率定的参数可以使SAC模型获得略好的模拟结果（见表4.12），但空间一致性表现十分不佳，同一个参数在不同流域间差异很大［见图4.10 (a)］，描绘同一参数的柱状图在不同流域间变化剧烈。与方案1相比，在方案2和方案3中，利用HWSD土壤性质推导的5个流域SAC模型主要参数具有良好的空间一致性，不同流域的相同参数差异并不明显［图4.10 (b) 和图4.10 (c)］。

将每个流域的SAC模型主要参数移用到其他4个流域时，三种方案下均有20种模型参数移用结果，见图4.11。

在图4.11中，横轴的流域编号，表示将该流域的参数传递给其他4个流域。

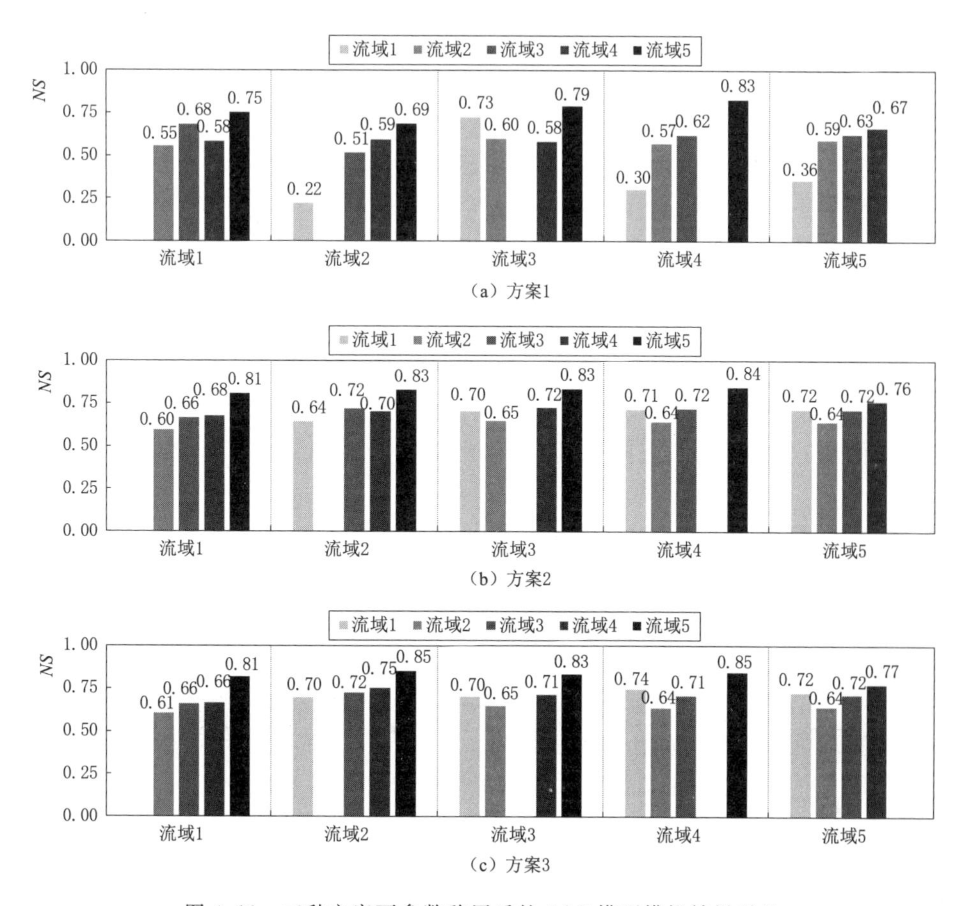

图 4.11　三种方案下参数移用后的 SAC 模型模拟结果对比

由图 4.11 可见，在参数移用以后，所有方案中的各个流域的 SAC 模型模拟精度均降低了；方案 2［见图 4.11（b）］和方案 3［见图 4.11（c）］的参数移用结果非常相似，总体上都明显优于方案 1［见图 4.11（a）］，具体表现为 *NS* 相对更大，相对而言，方案 3 的参数移用性表现最佳。

所有这些均表明，方案 2 和方案 3 推导的 SAC 模型主要参数具有良好的移用性和空间一致性，分析原因是这些主要参数源于 HWSD 土壤性质，正是由于这些土壤性质在流域空间分布的一致性，从而保证了 SAC 模型参数更加稳定。因此，在实践中应首选利用 HWSD 土壤性质参数推导 SAC 模型主要参数。

4.4　栅格 SAC 模型

水文模型经常被发展并应用于与水量水质相关的流域管理问题。应用概念性水文模型时往往会遇到两个主要困境：①相较于分布式模型，虽然概念性模型对数据要求较低，但在数据缺乏的流域，在率定参数等工作中同样也会面临基础数据不足的问题；②受集总式的模型结构和参数限制，概念性模型一般难于从机理上反映降水和下垫面空间分布不均对流域降水径流过程的影响。当前，覆盖全球的各种数据集可以提供大量的地形、土地覆盖、土壤、植被、气象等栅格数据，将SAC模型发展为适合栅格数据驱动的形式，有利于弥补建模与率定工作中的基础数据不足问题，并且由于模型为栅格式结构，有利于提取流域内任意栅格的水量水质信息，从而分析各种变量的空间分布特征。基于这种认识，以栅格为基本单元，将栅格视为微小的“子流域”，汲取SAC模型在透水面积上的产流计算思想，通过搭建蒸发蒸腾、积雪融雪、产流、汇流等模块，构建了基于栅格的SAC模型（grid - based Sacramento model，GSAC）。

与SAC模型相比，GSAC模型主要特点如下：①流域被栅格分割为离散的单元，每个栅格的汇流路线依据栅格的水流方向确定；②SAC模型所有水文变量的时空变化过程，都可以在用户定义了分辨率的栅格内模拟，栅格分辨率可以依据实践需求，并兼顾获取的数据条件及计算机计算水平确定；③增加了冠层截留、积雪融雪等模拟模块，简化了实际蒸发蒸腾量和径流的部分成分，降水、雨雪分割、融雪、截留、蒸发蒸腾、下渗、产流等过程均可以计算到栅格尺度；④汇流采用栅格汇流模式，便于提取所有栅格的水量信息。

4.4.1 模型结构

4.4.1.1 蒸发蒸腾

在GSAC模型中，获取潜在蒸发蒸腾量（potential evapotranspiration，PET）的方法取决于研究流域的数据条件。当气象资料充足时，可以采用Penman - Monteith公式、Shuttleworth - Wallace公式、FAO Penman - Monteith公式计算潜在蒸发蒸腾量；如果仅有气温数据可用，可以利用Hargreaves公式计算潜在蒸发蒸腾量；当获取了蒸发皿观测的水面蒸发量资料时，也可以利用水面蒸发量估算潜在蒸发蒸腾量；上述条件均不具备，则可以从覆盖全球的潜在蒸发蒸腾量数据集中提取研究流域的潜在蒸发蒸腾量。在上述获取潜在蒸发蒸腾量的各方案中，都应该采用修正系数对潜在蒸发蒸腾量进行修正。

实际蒸发蒸腾量（actual evapotranspiration，ET）依据潜在蒸发蒸腾量和植被冠层截留量、土壤含水量、积雪量等流域蓄水情况计算确定。实际蒸发蒸腾量包括冠层截留蒸发、积雪升华、土壤蒸发、植物蒸腾等，其中植物蒸腾包含在土壤水蒸发中。实际蒸发蒸腾量首先由冠层截留蒸发开始，依次为冠层截留蒸发、积雪升华及土壤蒸发。

1. 冠层截留蒸发

冠层截留蒸发利用潜在蒸发蒸腾量、冠层截留量、冠层截留容量及降水量确定：

$$ET_{int}=\begin{cases}\min(I_{max},PET) & (I+P\geqslant I_{max})\\ \min(I+P,PET) & (I+P<I_{max})\end{cases} \tag{4.74}$$

式中：ET_{int} 为冠层截留蒸发量，mm/d；PET 为潜在蒸发蒸腾量，mm/d；I 为冠层截留量，mm；I_{max} 为冠层截留容量，可以采用式（2.40）或式（2.41）计算，mm；P 为降水量，mm/d。

冠层截留量更新公式为

$$I=\begin{cases}I_{max}-ET_{int} & (I+P\geqslant I_{max})\\ I+P-ET_{int} & (I+P<I_{max})\end{cases} \tag{4.75}$$

式中：I 为冠层截留量，mm；I_{max} 为冠层截留容量，mm；ET_{int} 为冠层截留蒸发量，mm/d；P 为降水量，mm/d。

2. 积雪升华

积雪升华量计算公式为：

$$ET_{sno}=\begin{cases}PET-ET_{int} & (SD\geqslant PET-ET_{int})\\ SD & (SD<PET-ET_{int})\end{cases} \tag{4.76}$$

式中：ET_{sno} 为积雪升华量，mm/d；PET 为潜在蒸发蒸腾量，mm/d；ET_{int} 为冠层截留蒸发量，mm/d；SD 为积雪量（积雪水当量深度），随积雪升华而减少，随降雪量而增加，mm。

3. 土壤蒸发

SAC 模型的蒸发蒸腾量计算包括上层张力水蒸发蒸腾量（E_1）、上层自由水蒸发蒸腾量（E_2）、下层张力水蒸发蒸腾量（E_3）、河道表面和河岸植被带蒸发蒸腾量（E_4）、可变不透水面积上的蒸发蒸腾量（E_5）5 部分（Peck，1976；Armstrong，1978；长办水文局，1981；翟家瑞，1995；关志成，2002）。在确定 GSAC 模型的 ET 计算模式时，曾对比测试了 SAC 模型的 5 种蒸发蒸腾量计算模式、XAJ 模型 3 层蒸发蒸腾量计算模式（赵人俊，1984）、TOPMODEL 模型和 BTOPMC 模型的根系层蒸发蒸腾量计算模式（Zhou et al.，2006）等，但效果都不是很好，而仅采用张力水蓄量和 PET 估算 ET 时取得了较好效果，累加各栅格的逐日 ET 与采用水量平衡方法得到的流域 ET 过程符合较好。因此，GSAC 模型仅保留了 SAC 模型上层和下层的张力水蒸发蒸腾量（E_1 和 E_3）计算模式，且计算公式有所改变：

$$ET_{up}=\begin{cases}PET-ET_{int}-ET_{sno} & (UZTWC\geqslant PET-ET_{int}-ET_{sno})\\ UZTWC & (UZTWC<PET-ET_{int}-ET_{sno})\end{cases} \tag{4.77}$$

$$ET_{low}=\begin{cases}(PET-ET_{int}-ET_{sno}-ET_{up})\dfrac{LZTWC}{LZTWM} & \left[LZTWC\geqslant(PET-ET_{int}-ET_{sno}-ET_{up})\dfrac{LZTWC}{LZTWM}\right]\\ LZTWC & \left[LZTWC<(PET-ET_{int}-ET_{sno}-ET_{up})\dfrac{LZTWC}{LZTWM}\right]\end{cases}\tag{4.78}$$

上述两式中：ET_{up} 为上层张力水蒸发蒸腾量，mm/d；PET 为潜在蒸发蒸腾量，mm/d；ET_{int} 为冠层截留蒸发量，mm/d；ET_{sno} 为积雪升华量，mm/d；$UZTWC$ 为上层张力水蓄量，mm；ET_{low} 为下层张力水蒸发蒸腾量，mm/d；$LZTWC$ 为下层张力水蓄量，mm；$LZTWM$ 为下层张力水容量，mm。

在栅格尺度，上、下层张力水蒸发蒸腾消耗各自的张力水蓄量，张力水进行更新；当张力水和自由水满足水分交换条件时，张力水和自由水进行校核与调整。

GSAC 模型简化计算 ET 的原因如下：①在 SAC 模型计算逻辑中，无论上层和下层，自由水和张力水之间均存在水量交换过程，上层张力水消耗后可从上层自由水中获得一部分补给，亦即上层自由水已实质参与上层张力水的蒸发蒸腾过程，因而再计算 E_2 已显多余，并且 E_2 与 E_1 相比非常小，因而不再考虑 E_2。②E_4 和 E_5 对应河道表面、河岸植被带以及不透水面积，这些面积在流域面积所占比例通常很小，因此可以忽略；反之，如果这些面积足够大，则可以利用土地覆盖/利用数据识别出这些面积（单个或若干栅格），再依据 GSAC 模型的计算逻辑，在这些栅格单独运用蒸发蒸腾量计算方法直接计算 ET。

4.4.1.2 雨雪分割

扣除冠层截留量后，到达地面的降水量为

$$P_e=\begin{cases}I+P-I_{max} & (I+P\geqslant I_{max})\\ 0 & (I+P<I_{max})\end{cases}\tag{4.79}$$

式中：P_e 为有效降水量，mm/d；I 为冠层截留量，mm；I_{max} 为冠层截留容量，mm；P 为降水量，mm/d。

采用降雨气温阈值和降雪气温阈值划分雨、雪、雨夹雪（或雪夹雨）过程：当平均气温高于降雨气温阈值时，所有降水均为降雨；当平均气温低于降雪气温阈值时，所有降水均表现为降雪形式；当平均气温介于降雨气温阈值和降雪气温阈值之间时，降水为雨夹雪（或雪夹雨）形式。计算公式如下：

$$P_r=\begin{cases}P_e & (T\geqslant T_r)\\ \dfrac{T-T_s}{T_r-T_s}P_e & (T_s<T<T_r)\\ 0 & (T\leqslant T_s)\end{cases}\tag{4.80}$$

$$P_s=P_e-P_r\tag{4.81}$$

上述两式中：P_e 为有效降水量，mm/d；P_r 为降雨量，mm/d；P_s 为降雪量，累加到积雪量中，mm/d；T 为平均气温，℃；T_r 为降雨气温阈值，℃；T_s 为降雪气温阈值，℃。

4.4.1.3 融雪与再冻结

采用度日因子（degree - day factor）、融雪基温、积雪量等模拟融雪过程：

$$PSM = ddf \times (T - T_b) \tag{4.82}$$

$$SM = \begin{cases} PSM & (SD \geqslant PSM) \\ SD & (SD < PSM) \end{cases} \tag{4.83}$$

上述两式中：PSM 为潜在融雪量，mm/d；ddf 为度日因子，mm/(℃ · d)；T 为平均气温，℃；T_b 为融雪基温，℃；SM 为实际融雪量，累加到融雪水蓄量中，mm/d；SD 为积雪量，随积雪融化而减少，mm。

当温度降至融雪基温以下时，融雪水会重新冻结，再冻结的雪水量计算如下：

$$PREFD = refc \times ddf \times (T_b - T) \tag{4.84}$$

$$REFD = \begin{cases} PREFD & (SWD \geqslant PREFD) \\ SWD & (SWD < PREFD) \end{cases} \tag{4.85}$$

上述两式中：$PREFD$ 为潜在再冻结量，mm/d；$refc$ 为再冻结系数；ddf 为度日因子，mm/(℃ · d)；T_b 为融雪基温，℃；T 为平均气温，℃；$REFD$ 为实际再冻结量，累加到积雪量中，mm/d；SMD 为融雪水蓄量，随融雪水冻结而减少，mm/d。

在上述过程中，融雪水蓄量随融雪、融水再冻结等过程更新，并累加到降雨量中，随降雨量一起参与其他过程。

4.4.1.4 产流

由于不透水面积、河道面积及水生植物面积等在流域中所占比例一般较小，且可以依据 DEM、土地覆盖/利用等数据确定并进行相关计算，因此，不考虑固定不透水面积上的直接径流以及可变不透水面积上的直接径流和地面径流，只借鉴 SAC 模型在透水面积上的产流思想，建立栅格产流模块，实现栅格产流及栅格下渗计算。

当上层自由水蓄量超过其容量时产生地面径流：

$$RS = \begin{cases} UZFWC - UZFWM & (UZFWC \geqslant UZFWM) \\ 0 & (UZFWC < UZFWM) \end{cases} \tag{4.86}$$

式中：RS 为地面径流量，mm/d；$UZFWC$ 为上层自由水蓄量，mm；$UZFWM$ 为上层自由水容量，mm。

上层自由水的侧向出流产生壤中流，出流量与蓄量呈线性关系：

$$RI = UZK \times UZFWC \tag{4.87}$$

式中：RI 为壤中流流量，mm/d；UZK 为上层自由水日出流系数；$UZFWC$ 为上层自由水蓄量，mm。

下层自由水产生地下径流，出流量与蓄量呈线性关系：

$$RGS = LZSK \times LZFSC \tag{4.88}$$

$$RGP = LZPK \times LZFPC \tag{4.89}$$

上述两式中：RGS 为下层浅层自由水出流量，mm/d；$LZSK$ 为下层浅层自由水日出流系数；$LZFSC$ 为下层浅层自由水蓄量，mm；RGP 为下层深层自由水出流量，mm/d；$LZPK$ 为下层深层自由水日出流系数；$LZFPC$ 为下层深层自由水蓄量，mm。

GSAC 模型的下渗水量的分配和校核与 SAC 模型相同，只是在栅格尺度内进行计算，不再赘述，具体见式（4.23）～式（4.29）。

4.4.1.5 汇流

忽略地面径流的坡地汇流时间，各坡地栅格产生的地面径流直接汇入邻近的下游河道；坡地栅格产生的壤中流和地下径流经过线性水库调蓄后汇入河道；地面径流、壤中流、地下径流的入流组成对河道的总入流，河道汇流采取分段马斯京根演算法。

4.4.2 模型参数

GSAC 模型参数包括 11 个主要参数（$UZTWM$、$UZFWM$、UZK、$LZTWM$、$LZFSM$、$LZFPM$、$LZSK$、$LZPK$、$PFREE$、$ZPERC$、$REXP$），截留系数 C_{int}、降雨气温阈值 T_r、降雪气温阈值 T_s、度日因子 ddf、融雪基温 T_b、再冻结系数 $refc$、马斯京根法汇流参数等。11 个主要参数可以采用 4.3 节的方法推导，其余参数可以采用 4.2 节的 FS 算法率定。

4.5 本章小结

（1）FS 算法适于率定 SAC 模型和 XAJ 模型，在日流量过程模拟中，SAC 模型在寒区流域的适用性优于 XAJ 模型。由于缺少短时段的降水、流量、水面蒸发量资料，因而没有验证 SAC 模型对寒区流域次洪过程的模拟能力。

（2）基于 HWSD 土壤性质估计 θ_s、θ_{fc}、θ_{wp}、K_s、μ 等土壤水分特性，同时利用 HWSD 的 T 层土壤质地、IGBP 土地覆盖分类识别径流曲线数 CN，继而估计 Z_{up}，并依据文献确定 n、Z_{max} 和 D_s，即可推导 SAC 模型主要参数。实例应用结果表明这种参数推导方法是可行的，能够获得与直接率定参数相近的模拟精度，并且这种推导获得的参数具有更好的移用性。

（3）当前 DEM、土地覆盖/利用、土壤数据的空间分辨率较高，气象、潜在/实际蒸发蒸腾量等数据集也容易获取，基于对这些栅格数据潜在利用价值的认识，将 SAC 模型发展为适合栅格数据驱动的 GSAC 模型。将 FS 率定参数方法、利用 HWSD 推导 SAC 模型主要参数的方法，与 GSAC 模型的结构耦合起来，即可构成完整的 GSAC 模型，该模型利用常规的气象数据和 DEM、土地覆盖/利用、土壤数据即可驱动。

第5章

积雪融雪与融雪径流过程模拟

目前，依据气象部门发布的降水数据特征值代码，可以方便识别降雨和降雪的总量、雪量（雨夹雪、雪暴）等，但仍普遍缺乏流域（或区域）性的积雪融雪与融雪径流实测数据。虽然有遥感雪深产品，但这些产品的空间分辨率和精度不是很高。相对而言，在流域尺度，利用遵循水量平衡方程、能量平衡方程、水文循环原理的水文模型模拟的积雪融雪及融雪径流过程，能够客观地反映流域、子流域的积雪融雪变化以及融雪期的径流情况（黄金柏等，2015，2019；王斌等，2022）。

虽然模拟积雪量、融雪量、春汛径流深的方法较多（芮孝芳，2004；缪韧，2007；沈冰等，2008），但在东北地区应用这些方法模拟流域积雪融雪和融雪径流过程仍面临一些难点。首先，东北地区冬季跨越日历年，秋、冬季首次降雪或前几次降雪产生的积雪通常会融化掉，冬、春季积雪完全融化后仍可能再次出现降雪、积雪、融雪现象，积雪期和融雪期不是很稳定。其次，融雪期（尤其是融雪期末）同时存在降雨、降雪、雨夹雪等现象，降雨和融雪水的填洼、入渗、产流等过程交织在一起，不易分离出融雪水的独立产汇流过程。再次，土壤在融雪期处于冻结、解冻、再次冻结等状态，包气带厚度处于动态变化中，导致融雪水的入渗、产流等特性也随之发生变化。此外，水文站监测的流量是直接径流、地面径流、壤中流、基流等多种径流成分汇流后的叠加结果，但缺乏各种径流成分的独立监测数据，尤其东北地区普遍存在河道冰封现象，部分流域甚至缺乏整个冬季数月的流量数据，难于对融雪径流模型进行必要的率定和验证。

王斌等（2011c，2013）在发展SAC模型时，曾考虑了积雪、融雪、积雪升华、融雪径流等过程，并在模型中增加了相应模块以模拟寒区流域的积雪融雪与融雪径流等过程，但由于以栅格为计算单元，模型的构建逻辑仍以概念性为主。由于SWAT考虑的水文过程更加全面，功能也更加完善，本章将针对东北寒区流域水文过程模拟的问题和难点，验证 SWAT 在模拟东北寒区流域积雪融雪、融雪径流过程的适用性。

5.1 SWAT 模型

5.1.1 SWAT 简介

SWAT 是一个连续时间模拟模型，目前适用于日、月、年为计算时段的水文过程模拟，但不适于模拟次洪过程。开发 SWAT 的最初目的，是在具有不同类型的土壤、土地利用以及管理条件的大尺度流域，模拟土地管理措施对水、沙及农业化学污染物等的长期影响。SWAT 可以模拟地表水和地下水的数量及质量，并可以预测气候变化、土地利用与管理措施对环境的影响，被广泛应用于评估流域水土流失防治、面源污染控制、区域管理等领域（Neitsch et al.，2011，2012）。目前最常用的 ArcSWAT 是 SWAT 的 ArcGIS 插件，与空间分析工具的兼容性很好，可以便捷处理 SWAT 的各种输入输出数据。ArcSWAT 和其他相关软件，如 SWAT 率定与不确定性分析程序 SWAT－CUP（SWAT Calibration and Uncertainty Programs）、基流和地下水补给估计工具（Baseflow）等，均可在 SWAT 官方网站下载。

SWAT 具有以下特点（Neitsch et al.，2011）：①基于物理机制。SWAT 不采用回归方程描述输入变量与输出变量之间的关系，而是利用输入的地形、植被、土壤性质、气象、土地管理措施等信息，基于与水循环相关的物理机制模拟径流、泥沙运移、作物生长、营养物质循环等物理过程。这种方法的优点是不仅可以在缺失数据（如缺失径流观测数据）时建模，也便于研究输入信息（如气候、植被、管理措施等）变化对水质或其他变量的影响。②输入变量资料容易获取。SWAT 利用的地形、土壤、土地利用等数据通常可以在国内外的各种机构或平台下载，所需的气象数据均为常规气象资料，或可以利用常规气象资料计算，其他输入资料可以通过查阅文献、流域调研等方式获取。③计算效率高。不用投入过多时间和财力，就可模拟大流域或多种管理方案。④能够对流域进行长期模拟。

5.1.2 SWAT 输入数据处理

SWAT 所需数据主要包括空间数据和属性数据两种，空间数据包括 DEM、土地利用/覆盖分布图、土壤类型分布图等，属性数据包括土地利用/覆盖数据、土壤属性数据、气象数据、水文数据等。数据预处理是开展水文过程模拟的前提。首先，SWAT 要求各种空间数据具有统一的投影坐标系（Projected Coordinate Systems），以便为研究流域的空间数据叠加和模拟计算提供基础；其次，DEM、土地利用/覆盖、土壤、气象等数据的空间分辨率对 SWAT 的模拟精度存在影响（陈祥义等，2016）；再次，在SWAT建模过程中，空间数据集质量不佳，气象水文数据缺失、漏测等现象常见；此外，气象、水文等数据监测站点的位置通常是固定的，数据代表性与其监测站点的空间分布情况有关，不同的插值方法所得数据的代表性不同。因此，在研究流域明确以后，对获取的各种数据进行整理、分析、投影、合并、重分类、插值、插补等预处理工作十分必要，直接影响模型的模拟结果。

5.1.2.1 DEM数据

DEM数据用于计算坡度、坡向、水流方向，以及定义河网、子流域、水文响应单元（Hydrological Response Units，HRU）等。将投影后的DEM图加载到ArcSWAT后，SWAT可以自动计算水流方向和获取区域河网，在设定汇水面积阈值并确定流域出口后，SWAT可以自动划分子流域并计算子流域参数。当流域高程变化较大时，也可以通过划分高程带的方法，更细致地考虑地形对流域降水量和气温等产生的影响。

5.1.2.2 土地利用/覆盖数据

SWAT需要的土地利用/覆盖数据包括空间分布图及其对应的植被/城镇区参数库。土地利用类型是区分土地利用的地域空间组成单元，反映土地利用的形式、功能以及人类对土地利用、改造的方式和成果。由于不同类型的植被/城镇区参数较难获取，一般依据SWAT植被/城镇区分类对采用的土地利用/覆盖数据进行重分类，并通过索引表建立采用的土地利用/覆盖分类与SWAT植被/城镇区分类数据库之间的联系，从而获得研究流域的土地利用/覆盖数据空间分布图以及相应的植被/城镇区参数库。

5.1.2.3 土壤数据

土壤数据是SWAT的重要输入信息之一，其属性库构建过程较DEM和土地利用/覆盖数据复杂很多。SWAT中的土壤属性分为物理、化学2种，物理属性主要控制土壤剖面中的水分运动，化学属性与土壤中化学物质的模拟等相关。

1. SWAT土壤属性与HWSD土壤属性的对应关系

目前，FAO等提供的HWSD易获得，空间分辨率较高，土壤属性较完备，是描述流域土壤性质的适宜选择。由于SWAT同样采用美国农业部USDA土壤质地分类标准，当采用HWSD数据时，SWAT能利用的HWSD土壤属性大多可以直接采用原值而不需转换。SWAT将土壤分为10层模拟，而HWSD目前为T（0～30cm）、S（30～100cm）两层土壤结构，当采用HWSD作为SWAT土壤数据时，需计算前两层土壤参数，其他层参数可设为0值。参考Arnold等（2012）和邹松兵等（2012）对SWAT土壤数据介绍以及姜晓峰等（2014）、徐冬梅等（2018）的研究成果，依据HWSD土壤属性构建的SWAT土壤属性情况列于表5.1，其属性详细构建过程见后文。

表 5.1 **SWAT 土壤属性与 HWSD 土壤属性对应表**

SWAT 土壤属性	定　义	备　注
SNAM	土壤名称	可自定义
NLAYERS	（有资料的）土壤剖面层数	采用 HWSD 时为 2
HYDGRP	土壤水文分组	可以利用土层的饱和导水率、USDA 土壤质地分类等确定
SOL_ZMX	土壤剖面的最大根系深度（mm）	采用 HWSD 时为 1000mm
ANION_EXCL	排除阴离子的孔隙率	模型默认值为 0.5
SOL_CRK	土壤剖面的潜在裂隙量	模型默认值为 0.5
TEXTURE	土层质地	依据 HWSD 的 USDA_TEX_CLASS 确定，或采用 HWSD 土粒含量确定
SOL_Z	土壤表面到各土层底部的厚度（mm）	依据 HWSD 的 T、S 层土壤厚度确定
SOL_BD	土壤湿容重（g/cm^3）	依据 HWSD 的 REF_BULK_DENSITY 或 BULK_DENSITY 确定，或采用土壤水特性计算软件等确定
SOL_AWC	土层的有效水分（mm/mm）	采用土壤水特性计算软件等确定
SOL_K	饱和导水率（mm/h）	采用土壤水特性计算软件等确定
SOL_CBN	有机碳含量（%）	依据 HWSD 的 OC 取值
CLAY	黏粒含量（%）	依据 HWSD 的 CLAY 取值
SILT	粉粒含量（%）	依据 HWSD 的 SILT 取值
SAND	砂粒含量（%）	依据 HWSD 的 SAND 取值
ROCK	砾石含量（%）	依据 HWSD 的 GRAVEL 转换
SOL_ALB	潮湿土壤的反射率	采用经验公式估算
USLE_K	土壤可蚀性因子	采用修正的通用土壤流失方程等估算
SOL_EC	土壤的电导率（dS/m）	默认值多为 0，可以依据 HWSD 的 ECE 取值

2. 土壤水文分组

美国农业部国家资源自然保护局（Natural Resource Conservation Service，NRCS）根据土壤入渗性，将土壤分为 A、B、C、D 四个土壤水文组。Arnold 等（2012）在介绍土壤水文分组标准时，列出了多项分类指标（表 5.2 仅列出了稳定下渗率指标），姜晓峰等（2014）和徐冬梅等（2018）建议采用饱和导水率（即 SOL_K）判定土层的水文分组情况。依据 Hong 等（2008）和 Zeng 等（2017）研究成果，也可以利用土层的土壤质地分类情况直接确定土层的水文分组，这里一并列入表 5.2 中。

表5.2 土壤水文学分组标准

土壤水文分组	稳定下渗率/(mm/h)	USDA土壤质地分类
A	>7.6	砂土、壤质砂土、砂质壤土
B	3.8～7.6	粉质壤土、粉土、壤土
C	1.3～3.8	砂黏壤土
D	0～1.3	黏质壤土、粉黏壤土、砂质黏土、粉质黏土、黏土

3. 利用SPAW估算部分土壤属性

土壤湿容重SOL_BD、土层的有效水分SOL_AWC、饱和导水率SOL_K可以采用美国华盛顿州立大学生物工程系Saxton等开发的土壤水特性计算软件SPAW（Soil-Plant-Air-Water）计算获得（Saxton et al.，2006）。在SPAW软件的Soil Water Characteristics模块中，首先将单位设置为Metric制，再依次输入Sand（砂粒含量，HWSD的SAND）、Clay（黏粒含量，HWSD的CLAY）、Organic Matter（有机质含量，利用HWSD的OC估算）、Salinity（盐度，HWSD的ECE）、Gravel（砾石含量，HWSD的GRAVEL）、Compaction（压缩率，可取1.0）等，输出计算结果包括土壤质地（Texture Class）、凋萎含水量（Wilting Point）、田间持水量（Field Capacity）、饱和含水量（Saturation）、有效水分（Available Water，SWAT的SOL_AWC）、饱和导水率（Sat. Hydraulic Cond，SWAT的SOL_K）、容重（Matric Bulk Density，SWAT的SOL_BD）等。

4. 建立经验公式估算土壤反射率

目前，缺乏大空间范围的土壤反射率资料，遥感反演和地面实测方法也存在局限性（姜晓峰等，2014；徐冬梅等，2018）。作者从SWAT提供的用户土壤数据库（usesoil）中，提取了前5个土层的有机碳含量（SOL_CBN）和反射率（SOL_ALB）信息，剔除掉SOL_CBN和SOL_ALB同时为0的数据，共计549个样本，建立了利用土壤有机碳含量估算土壤反射率的经验公式（5.1），该经验公式估算的SOL_ALB与usesoil的SOL_ALB拟合关系很好，拟合直线的判定系数（coefficient of determination，R^2）可达0.99。

$$SOL\_LAB = 0.2291\exp(-1.9037 \times SOL\_CBN) \tag{5.1}$$

式中：SOL_ALB 为土壤反射率；SOL_CBN 为土壤有机碳含量，%。

5. 利用MUSLE估算土壤可蚀性因子

修正的通用土壤流失方程（modified universal soil loss equation，MUSLE）中，土壤可蚀性因子采用Williams提出的方法计算，具体公式如下（Neitsch et al.，2011）：

$$K_{USLE} = f_{csand} f_{cl\text{-}si} f_{orgc} f_{hisand} \tag{5.2}$$

$$f_{csand}=0.2+0.3\exp\left[-0.256m_s\left(1-\frac{m_{silt}}{100}\right)\right] \tag{5.3}$$

$$f_{cl-si}=\left(\frac{m_{silt}}{m_c+m_{silt}}\right)^{0.3} \tag{5.4}$$

$$f_{orgc}=1-\frac{0.25orgC}{orgC+\exp(3.72-2.95orgC)} \tag{5.5}$$

$$f_{hisand}=1-\frac{0.7(1-m_s/100)}{(1-m_s/100)+\exp[-5.51+22.9(1-m_s/100)]} \tag{5.6}$$

上述五式中：K_{USLE} 为土壤可蚀性因子；f_{csand} 反映含沙量对土壤可蚀性的影响，含沙量高的土壤可蚀性低；f_{cl-si} 为反映黏粒与粉粒比值对土壤可蚀性的影响，高比值的土壤可蚀性低；f_{orgc} 反映有机碳含量对土壤可蚀性的影响，有机碳含量高的土壤可蚀性低；f_{hisand} 反映极高含沙量对土壤可蚀性的影响，极高含沙量会降低土壤可蚀性；m_s 为砂粒百分含量，%；m_{silt} 为粉粒百分含量，%；m_c 为黏粒百分含量，%；$orgC$ 为有机碳百分含量，%。

6. 其他注意事项

在利用 HWSD 数据构建 SWAT 土壤数据库过程中，还需要注意以下几点：①一个流域通常拥有多种 HWSD 土壤，为提升模型运行效率，可以将同种 HWSD 土壤合并为一种 SWAT 土壤。②HWSD 的“WR（水体）”“UR（城镇、矿地）”等属性数据不全，可以参考 SWAT 自带土壤数据库的“WATER（水体）”“URBAN LAND（城镇用地）”等土壤属性取值。③SWAT 目前不处理“TEXTURE”属性，如果填写 TEXTURE 项，一般可以采用土壤质地三角形法，依据 HWSD 的 T、S 层砂粒、黏粒百分含量确定土壤的 USDA 质地分类，共计 12 种，SPAW 软件采用的也是这种方法；虽然 HWSD 已给出 T、S 层土壤的 USDA 质地分类代码，但 HWSD 将土壤划分为 13 种类别。④HWSD 中的砾石含量为体积百分含量，而 SWAT 中的砾石含量为质量百分含量，可以参考 Saxton 等（2006）提出方法进行单位转换。⑤在利用 SPAW 软件推求部分土壤特性时，需要将 HWSD 的有机碳含量转换为有机质含量，目前普遍使用的转换因子 1.724 较小，依据 Pribyl（2010）和 Heaton 等（2016）研究结论，建议转换因子取 2.0。⑥SWAT 要求的 SOL_BD 为土壤湿容重，HWSD 中提供了 REF_BULK_DENSITY（参考容重）和 BULK_DENSITY（容重），在 HWSD 数据库说明文件中指出参考容重是依据 Saxton 等（2006）提出方法估计的（FAO et al.，2012），但据作者验证，HWSD 给出的容重、参考容重与 SPAW 估算结果并不完全相同。

5.1.2.4 气象水文数据库

SWAT 需要输入的气象数据包括逐日的降水量、相对湿度、太阳辐射、最高/最低气温、风速，每种数据需要制作包括站号、站名、位置、高程等信息的索引表以及各测站的数据文件。气象数据库的具体格式可以参照 SWAT 软件中的示例文件。

水文监测资料一般作为率定模型时的输入数据使用，当采用 SWAT - CUP 软件率定 SWAT 时，水文监测资料需要满足 SWAT - CUP 软件对数据的格式要求，可以参照 SWAT - CUP 软件中给出的示例，将研究流域的流量、泥沙、营养物等实测数据整理为 SWAT - CUP 可以接受的格式。

5.1.3 SWAT 率定

在水文模型的参数率定过程中，通常是将影响模型模拟变量（如流量）输出结果的关键参数进行调整，并将变量模拟值与变量实测值进行比较，从而获得这些关键参数的一组适应值。SWAT 具有一定的物理机制，各种过程的模拟计算涉及众多参数，有的参数对模拟结果影响小，有的参数发生微小变化也会对模拟结果产生很大影响。当水文模型的结构确定以后，合理选择参数并对选取的参数进行有效率定，是应用水文模型解决流域实际问题的关键。

5.1.3.1 SWAT - CUP

在率定 SWAT 参数时，主观的调参方法不仅要具备水量平衡原理、水文循环过程等专业知识以及参数率定经验，还需要对 SWAT 的模拟原理和计算逻辑有深入的理解。在客观的参数率定方法中，SWAT - CUP 是率定 SWAT 参数的适宜工具。在 SWAT - CUP 提供的多种可选算法中，SUFI - 2（Sequential Uncertainty FItting Ver. 2）是经常被选用的参数率定算法（Abbaspour et al.，2007；Abbaspour et al.，2015），SWAT - CUP 的原理和 SUFI - 2 具体操作可参考软件安装包中的用户手册。

在初步运行 SWAT 或利用 SWAT - CUP 率定 SWAT 参数时，每个用户都可能会遇到一些问题。在数据预处理和建模过程中，应参考 SWAT 和 SWAT - CUP 给出的示例，做到细致、规范、标准。根据作者经验，一般可以尝试从以下几方面查找常见问题原因：①区域和语言问题，在运行 SWAT 时，可以暂时将电脑的“区域和语言”设置为英语环境，所有文件和文件夹均以英文命名，并且文件和文件夹要保存在英文路径下；②数据质量问题，数据质量不好会使模型运行出错，如 DEM 有坏点、土地利用/覆盖数据和气象数据有缺失等；③数据处理方法不当，如裁剪数据的空间范围小于流域范围、投影错误等，此方面应优先检查土壤分布图及其数据库是否有误；④参数率定范围不当，应以 SWAT 默认的参数变化区间为准，要特别注意 SWAT - CUP 给出的部分参数范围与 SWAT 默认范围不同。

5.1.3.2 模型评价指标

目前，SWAT - CUP 给出了 10 余种指标评价 SWAT 的模拟精度，具体包括：Mult（平方误差相乘形式）、*Sum*（平方误差相加形式）、R^2（判定系数）、*Chi*2（卡方指标系数）、*NS*（Nash - Sutcliffe效率系数）、bR^2（判定系数R^2乘以实测系列与模拟系列之间的回归线系数b）、*SSQR*（实测系列与模拟系列之差平方所构成系列的算术平均值）、*PBIAS*（百分比偏差）、*KGE*（Kling - Gupta效率系数）、*RSR*（采用实测系列标准差进行标准化的*RMSE*）、*MNS*（修正的Nash - Sutcliffe效率系数）等，这些指标在评价SWAT模拟精度时，变化趋势或一致或相反。常用的3种评价指标函数为*NS*、R^2、*PBIAS*，具体如下：

$$NS = 1 - \frac{\sum_{i=1}^{n}(Q_{\mathrm{m},i} - Q_{\mathrm{s},i})^2}{\sum_{i=1}^{n}(Q_{\mathrm{m},i} - \overline{Q}_{\mathrm{m}})^2} \tag{5.7}$$

$$R^2 = \frac{\left[\sum_{i=1}^{n}(Q_{\mathrm{m},i} - \overline{Q}_{\mathrm{m}})(Q_{\mathrm{s},i} - \overline{Q}_{\mathrm{s}})\right]^2}{\sum_{i=1}^{n}(Q_{\mathrm{m},i} - \overline{Q}_{\mathrm{m}})^2 \sum_{i=1}^{n}(Q_{\mathrm{s},i} - \overline{Q}_{\mathrm{s}})^2} \tag{5.8}$$

$$PBIAS = 100\,\frac{\sum_{i=1}^{n}(Q_{\mathrm{m},i} - Q_{\mathrm{s},i})}{\sum_{i=1}^{n}Q_{\mathrm{m},i}} \tag{5.9}$$

上述三式中：*NS*为Nash - Sutcliffe效率系数；R^2为判定系数；*PBIAS*为百分比偏差，%；n为变量系列长度，$i=1,2,\cdots,n$；$Q_{\mathrm{m},i}$为变量（如流量等）的第i个实测值；$Q_{\mathrm{s},i}$为变量（如流量等）的第i个模拟值；$\overline{Q}_{\mathrm{m}}$为变量（如流量等）实测值的平均值；$\overline{Q}_{\mathrm{s}}$为变量（如流量等）模拟值的平均值。

一般R^2与*NS*变化趋势一致，且数值接近，数值越大表明模型的模拟性能越好，但二者是两个完全不同的指标，$R^2 \in [0, 1]$，而*NS*在率定过程中的某次率定值可能为负值。*PBIAS*可以衡量模拟值大于或小于观测值的平均趋势，低幅度值表示更好的模拟，最佳值为零，正值表示模型低估，负值表示模型高估。

5.2 积雪融雪过程模拟

5.2.1 SWAT模拟积雪融雪过程原理

SWAT水文响应单元的土壤剖面水量平衡方程为（Neitsch et al.，2011）：

$$SW_{\mathrm{t}} = SW_0 + \sum_{i=1}^{t}(R_{\mathrm{day},i} - Q_{\mathrm{surf},i} - E_{\mathrm{a},i} - w_{\mathrm{seep},i} - Q_{\mathrm{gw},i}) \tag{5.10}$$

式中：SW_t 为时段末土壤水分含量，mm；SW_0 为时段初土壤水分含量，mm；t 为时段天数，d；$R_{day,i}$ 为第 i 天的降水量，mm/d；$Q_{surf,i}$ 为第 i 天的地面径流量，mm/d；$E_{a,i}$ 为第 i 天的实际蒸发蒸腾量，mm/d；$W_{seep,i}$ 为第 i 天从土壤剖面进入非饱和带的水量，mm/d；$Q_{gw,i}$ 为第 i 天的回归流水量，mm/d。

当平均气温低于降雪临界气温 *SFTMP* 时，SWAT 定义降水为降雪，降雪量累加到积雪量（覆盖在整个 HRU 区域上的积雪量，以 mm 水深计）中，积雪量随降雪增加，随积雪融化和升华减少，其质量守恒方程为

$$SNO = SNO_0 + R_{day} - E_{sub} - SNO_{mlt} \tag{5.11}$$

式中：SNO 为某天的积雪量，mm；SNO_0 为某天的初始积雪量，mm；R_{day} 为日平均气温低于 *SFTMP* 时某天的降雪量（以 mm 的水深计），mm/d；E_{sub} 为某天的积雪升华量，mm/d；SNO_{mlt} 为某天的融雪量，mm/d。

SWAT 利用融雪因子、积雪覆盖面积、积雪温度、最高气温、融雪基温计算融雪量，方程如下：

$$SNO_{mlt} = b_{mlt} sno_{cov} \left(\frac{T_{sno} + T_{max}}{2} - SMTMP \right) \tag{5.12}$$

式中：SNO_{mlt} 为某天的融雪量，mm/d；b_{mlt} 为某天的融雪因子，mm/(d·℃)；sno_{cov} 为积雪覆盖面积占 HRU 面积的比例；T_{sno} 为某天的积雪温度，℃；T_{max} 为某天的最高气温，℃；$SMTMP$ 为融雪基温，℃。

融雪因子存在季节性变化，在夏至和冬至时分别达到最大值和最小值：

$$b_{mlt} = \frac{SMFMX + SMFMN}{2} + \frac{SMFMX - SMFMN}{2} \sin\left[\frac{2\pi}{365}(J - 81)\right] \tag{5.13}$$

式中：b_{mlt} 为某天的融雪因子，mm/(d·℃)；$SMFMX$ 为年内最大融雪速率，mm/(d·℃)；$SMFMN$ 为年内最小融雪速率，mm/(d·℃)；J 为日序数。

SWAT 采取积雪面积消退曲线方程模拟 HRU 的积雪不均匀分布状态：

$$sno_{cov} = \frac{SNO}{SNOCOVMX}\left[\frac{SNO}{SNOCOVMX} + \exp\left(cov_1 - cov_2 \frac{SNO}{SNOCOVMX}\right)\right]^{-1} \tag{5.14}$$

式中：sno_{cov} 为积雪覆盖面积占 HRU 面积的比例；SNO 为某天的积雪量，mm；$SNOCOVMX$ 为积雪 100%覆盖时的雪深阈值，mm；cov_1 和 cov_2 为积雪面积消退曲线形状系数，无单位，通过两个已知点求解方程式（5.13）确定，其中一个需用户输入参数 *SNO50COV*（50%积雪覆盖时的雪水当量占 *SNOCOVMX* 的比例）确定。

SWAT 采用积雪温度延迟因子计算积雪温度：

$$T_{sno,i} = T_{sno,i-1}(1 - TIMP) + T_i \times TIMP \tag{5.15}$$

式中：$T_{sno,i}$ 为第 i 天的积雪温度，℃；$T_{sno,i-1}$ 为第 $i-1$ 天的积雪温度，℃；*TIMP* 为积雪温度延迟因子；T_i 为第 i 天的平均气温，℃。

从以上与积雪融雪过程相关的方程可以看出，利用 SWAT 模拟流域积雪融雪过程时，需要确定 *SMTMP*、*SMFMX*、*SMFMN*、*SNOCOVMX*、*SNO*50*COV*、*TIMP* 等主要参数。同时，由于积雪融雪过程是流域水文循环过程的一部分，其水量变化遵循流域水量平衡原理，因此，除上述 6 个主要参数外，还需要率定与流域水循环及水量平衡相关的其他参数，而与泥沙、污染物等运移过程相关的参数可暂取模型默认值。

5.2.2 呼兰河流域 SWAT 构建与评价

以呼兰河兰西站以上集水区（以下暂称呼兰河流域）为研究区构建 SWAT，并采用 SWAT - CUP 率定 SWAT 参数，在 SWAT 模拟精度达到标准后，利用率定好的 SWAT 模拟呼兰河流域的逐日积雪融雪及融雪径流过程。

5.2.2.1 地形

采用地理空间数据云提供的 3″×3″空间分辨率 DEM 描述呼兰河流域地形情况，见图 5.1。由于呼兰河流域范围较大，为了提升 SWAT 在提取河网、划分子流域等过程中的计算效率，将 DEM 的空间分辨率由 3″×3″转换为 15″×15″，并对转换分辨率后的 DEM 投影，载入 SWAT 后给定集水面积阈值，即可提取

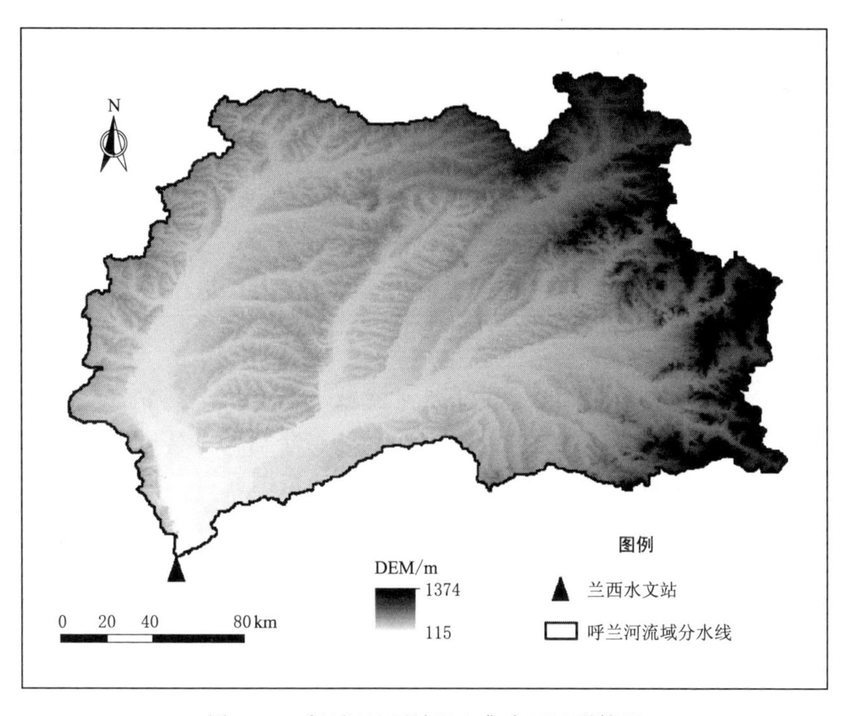

图 5.1 呼兰河兰西站以上集水区地形情况

河网并划分子流域。经过多次试算，当将全流域划分为17个子流域时，各子流域能基本反映不同级别支流的汇水情况，且各子流域的面积总体上相差不大，从而得到呼兰河流域的子流域划分结果。

5.2.2.2 土地覆盖

采用数据共享服务系统提供的2020年全球30m精细地表覆盖产品（GLC_FCS30-2020）描述呼兰河流域土地覆盖情况，该产品由中国科学院空天信息创新研究院研究团队发布（刘良云等，2021），空间分辨率约为0.97弧秒，共有30种地表覆盖类型。依据SWAT植被/城镇区分类情况，对GLC_FCS30-2020进行了重新分类，并转换投影坐标系，将重分类且投影后的GLC_FCS30-2020地表覆盖数据载入SWAT后，模型提取的呼兰河流域范围共有10种SWAT植被/城镇区类型，见表5.3和图5.2。

表5.3 呼兰河流域土地覆盖分类表

代码	SWAT植被/城镇区类型	定 义	占流域面积比例/%
1	AGRL	农用地（呼兰河流域为旱田）/Agricultural Land-Generic	49.928
2	BARR	贫瘠地/Barren	0.001
3	FRSD	落叶林/Forest-Deciduous	28.599
4	FRSE	常绿林/Forest-Evergreen	0.120
5	FRST	混交林/Forest-Mixed	1.695
6	RICE	稻田/Rice	14.083
7	RNGE	草地/Range-Grasses	2.285
8	URBN	城镇区/Residential	2.258
9	WATR	水体/Water	0.663
10	WETL	混合湿地/Wetlands-Mixed	0.368

5.2.2.3 土壤

采用FAO提供的HWSD描述呼兰河流域土壤空间分布情况，依据SU_SYM90属性对HWSD土壤进行重分类，并将重分类后的HWSD投影转换为投影坐标系，载入SWAT后模型提取的呼兰河流域范围共有16种HWSD土壤，见表5.4和图5.3。

表5.4 呼兰河流域土壤分类表

代码	SU_SYM90土壤类型	SU_SYM90土壤类型名称	占流域面积比例/%
1	ATc	人为堆积土	1.877
2	CHg	潜育黑钙土	2.530

续表

代码	SU_SYM90 土壤类型	SU_SYM90 土壤类型名称	占流域面积比例/%
3	CHh	简育黑钙土	0.323
4	CHk	钙积黑钙土	0.176
5	CMe	饱和始成土	0.440
6	DS	沙丘和流沙	0.002
7	GLk	钙积潜育土	0.081
8	GLm	松软潜育土	2.256
9	LVa	漂白淋溶土	1.244
10	LVg	潜育淋溶土	0.082
11	LVh	简育淋溶土	19.366
12	PHc	石灰性黑土	7.369
13	PHg	潜育黑土	8.084
14	PHh	简育黑土	54.341
15	PHj	滞水黑土	1.450
16	WR	水体	0.377

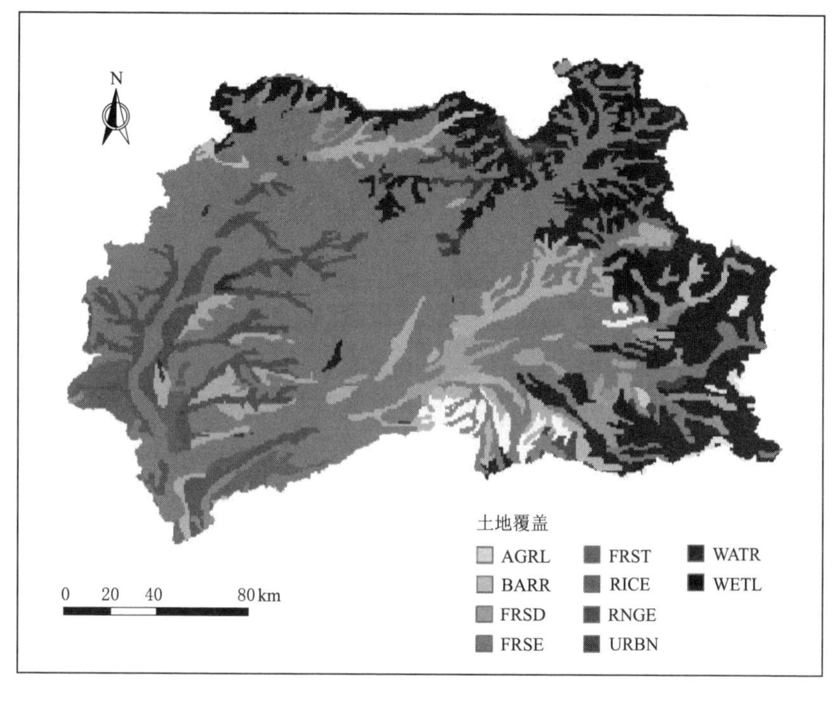

图 5.2 呼兰河流域土地覆盖空间分布图

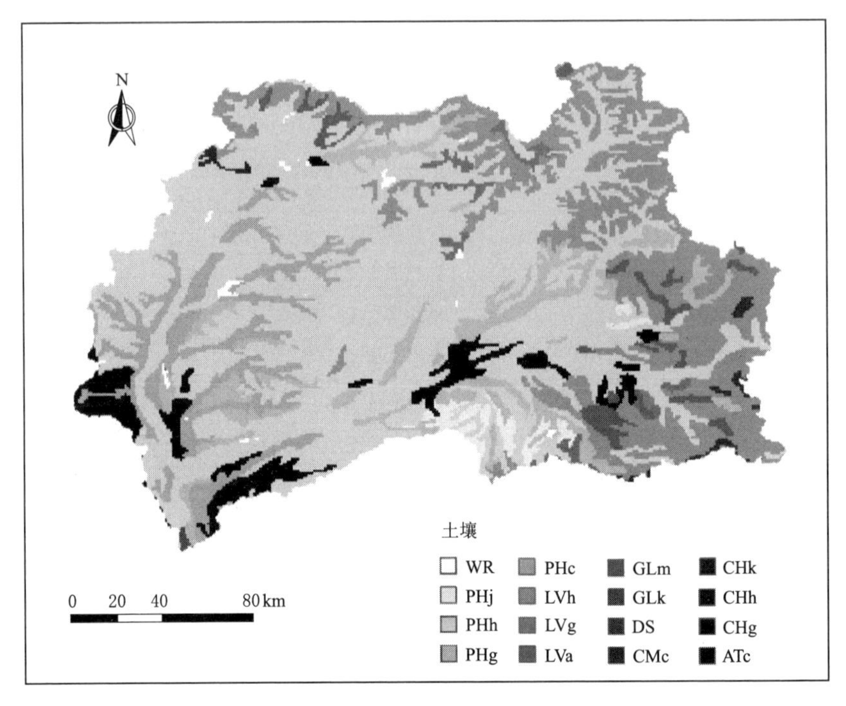

图 5.3 呼兰河流域土壤空间分布图

5.2.2.4 定义 RHU

当利用 DEM 划分子流域并载入土地覆盖和土壤分布图后，在设置好坡度变化梯度，并设置土地覆盖、土壤、坡度 3 项阈值后，即可定义 RHU。考虑到模型模拟时段为日，且连续模拟年限长，为缩短模型的率定时间，经过了多次设置阈值和试算，最后定义 RHU 数量为 126 个。

5.2.2.5 气象与水文

呼兰河流域及周边共有海伦、明水、北林、铁力 4 个气象站，这些气象站的信息见表 5.5（杨卫东等，2010）。采用兰西站 1979—2008 年的 30 年日流量数据率定和评价 SWAT，在此期间，由于流域内及周边雨量站的布设、监测起止时间不同，每年能够提供降水量的雨量站数目（除雨量站外，4 个气象站的降水量也被采纳）并不相同。由于 SWAT 采用距离子流域形心最近的站点数据，当站点数量小于子流域数量时，必有不同的子流域共用相同站点数据；反之，当站点数量大于子流域数量时，SWAT 最多只能利用与子流域数目相等的站点数据，从而造成数据资源的浪费。

因此，将 SWAT 的各子流域形心作为虚拟气象站，采用第 2 章的插值方法，将 4 个气象站的气象数据（不包括降水量）以及所有站点（包括 4 个气象站、所有水文系统雨量站）的降水量插值到各子流域形心，从而获得 17 个虚拟

表 5.5 呼兰河流域及周边气象站信息

站号	站名	站点类型	经度	纬度	观测场海拔/m
50756	海伦	基准站	126°58′26″	47°27′14″	239.2
50758	明水	基本站	125°53′46″	47°11′21″	246.0
50853	北林	基本站	126°58′01″	46°37′28″	179.6
50862	铁力	基本站	128°01′55″	46°58′54″	210.5

气象站的气象数据。依据作者经验，这种对气象数据的插值处理方法能明显提升 SWAT 的模拟精度。分析原因是这种数据处理方法可以促进 SWAT 子流域以不同的权重利用同期的多个站点数据信息，相较于单个站点而言，子流域形心附近多个站点的加权数据不仅更具有代表性，同时也能够降低单个站点数据的不确定性。

5.2.2.6 模型评价

将 1974—1978 年作为模型预热期，1979—1998 年作为模型率定期，1999—2008 年作为模型验证期，利用 SWAT - CUP 率定 SWAT 参数，采用 NS、R^2、$PBIAS$ 三种指标函数评价 SWAT 模拟精度。我国《水文情报预报规范》（GB/T 22482—2008）将洪水预报项目精度分为甲（$DC>0.90$）、乙（$0.90\geqslant DC\geqslant 0.70$）、丙（$0.70>DC\geqslant 0.50$）3 个等级，且 DC 在规范中的定义与 NS 完全相同。因此，可以将洪水预报项目精度作为评价 SWAT 模拟精度的参考标准。当以兰西站日流量的拟合情况为标准率定 SWAT 时，在呼兰河流域选取的 SWAT 参数及其率定结果见表 5.6，t - Stat、P - Value 为评价参数敏感性的指标，表中各参数已按参数敏感性进行排序。

表 5.6 呼兰河流域 SWAT 参数取值及敏感性分析

参数符号	参 数 名 称	t - Stat	P - Value	参数取值
ESCO	土壤蒸发补偿因子	7.97	0.00	0.88
GW_DELAY	地下水延迟时间（d）	−6.84	0.00	181.66
DEP_IMP	不透水层深度（mm）	−4.86	0.00	1834.84
CANMX	最大冠层截留容量（mm）	−3.90	0.00	14.54
ALPHA_BNK	河岸蓄量的基流 alpha 因子（d）	3.01	0.00	0.22
SNOCOVMX	积雪 100%覆盖时的雪深阈值（mm）	2.46	0.01	221.47
CH_N2	主河道曼宁 n 值	1.79	0.07	0.18
SFTMP	降雪临界气温（℃）	1.40	0.16	1.34
SMFMX	年内最大融雪速率［mm/(℃·d)］	−1.36	0.18	9.20
ALPHA_BF	基流 alpha 因子	1.31	0.19	0.35

续表

参数符号	参数名称	t-Stat	P-Value	参数取值
CH_K2	主河道冲击层有效导水率（mm/h）	1.27	0.20	208.91
SMFMN	年内最小融雪速率［mm/(℃·d)］	−1.09	0.28	7.70
SNO50COV	50%积雪覆盖时的雪水当量占SNOCOVMX的比例	−0.53	0.60	0.32
SMTMP	融雪基温（℃）	0.37	0.71	2.83
SURLAG	地面径流延迟系数	−0.20	0.84	14.58
EPCO	植被吸收补偿因子	−0.15	0.88	0.37
TIMP	积雪温度延迟因子	−0.13	0.90	0.30

由表5.6可知，对于该次率定而言，土壤蒸发补偿因子ESCO、地下水延迟时间GW_DELAY、不透水层深度DEP_IMP、最大冠层截留容量CANMX、河岸蓄量的基流alpha因子ALPHA_BNK的敏感性相对较强，其他参数的敏感性相对较弱。然而，在率定过程中发现，参数的敏感性与选取率定的参数集、各参数的率定区间、率定迭代次数等均有关，即使选用同一组参数集，同一参数的最优值和敏感性在不同的率定过程中仍存在差异。

SWAT在率定期的NS、R^2、$PBIAS$分别为0.84、0.85、12.46%，验证期NS、R^2、$PBIAS$分别为0.77、0.77、9.44%，可见SWAT对呼兰河兰西站日流量的模拟精度较高，从NS看已达到《水文情报预报规范》（GB/T 22482—2008）规定的乙级精度。下文将采用上述基础数据和参数驱动的SWAT模拟的呼兰河流域逐日积雪融雪过程，为融雪径流过程研究提供对比参数（ALPHA_BF、GW_DELAY等）及逐日融雪过程数据。

5.2.3 SWAT模拟呼兰河流域积雪融雪过程

采用SWAT模拟呼兰河流域的积雪融雪过程时，降雪量、融雪量、积雪量取全流域各RHU的平均值。为便于下文论述做如下约定：①我国当前降水量监测精度为0.1mm，在统计与降雪、融雪、积雪有关的数量时，仅当数量达到0.1mm时认为存在降雪、融雪或积雪现象。②初雪一般指当年秋季、冬季第一场雪，而终雪指跨年后冬季、春季最后一场雪；降雪初始日期指SWAT模拟的流域平均日降雪量在秋季、冬季第一次超过0.1mm的日期，降雪终止日期指SWAT模拟的流域平均日降雪量在冬、春季最后一次超过0.1mm的日期。③虽然秋末初冬存在融雪现象，但东北地区稳定的融雪期通常发生在春季；融雪初始日期指SWAT模拟的流域平均日融雪量在春季第一次超过0.1mm的日期，融雪终止日期指SWAT模拟的流域平均日融雪量在春季最后一次超过0.1mm的日期。④积雪指持续、稳定覆盖地面的雪，秋末初冬时的短期积雪、春季积雪完全融化后因再次降雪而出现的短期积雪，不计入积雪量或融雪量，发生的时段不计入积雪期和融雪期。⑤由于雪升华等原因，在确定降雪、融雪、积雪的起止日期时，还要综合分析气温以及 SWAT 对降雨、降雪、融雪、积雪等变量的模拟结果。⑥统计融雪期按日历年计，统计积雪期和融雪期的水文年定义为上年 9 月至次年 8 月。

5.2.3.1 呼兰河流域降雪

SWAT 模拟的呼兰河流域降雪特征见表 5.7、图 5.4～图 5.8。为分析变化趋势，降雪的初始日期和终止日期采用当年日序数表示，后面的融雪、积雪日期同样也都用当年日序数表达。

表 5.7 呼兰河流域降雪特征统计

时段序号	时段起止时间	降雪初始日序数	降雪终止日序数	降雪期/d	降雪量/mm	日最大降雪量/mm
1	1979 年 9 月至 1980 年 8 月	299	114	181	22.3	4.7
2	1980 年 9 月至 1981 年 8 月	292	104	179	25.6	5.0
3	1981 年 9 月至 1982 年 8 月	282	83	167	32.5	5.5
4	1982 年 9 月至 1983 年 8 月	293	120	193	29.8	4.7
5	1983 年 9 月至 1984 年 8 月	314	101	153	36.9	4.0
6	1984 年 9 月至 1985 年 8 月	321	101	147	20.1	1.8
7	1985 年 9 月至 1986 年 8 月	313	110	163	27.6	6.0
8	1986 年 9 月至 1987 年 8 月	313	124	177	28.6	4.6
9	1987 年 9 月至 1988 年 8 月	269	104	201	54.8	6.4
10	1988 年 9 月至 1989 年 8 月	286	90	171	27.8	4.8
11	1989 年 9 月至 1990 年 8 月	337	92	121	25.2	6.7
12	1990 年 9 月至 1991 年 8 月	354	110	122	19.1	8.4
13	1991 年 9 月至 1992 年 8 月	301	98	163	21.8	4.3
14	1992 年 9 月至 1993 年 8 月	307	117	177	27.0	5.3
15	1993 年 9 月至 1994 年 8 月	295	89	160	55.6	9.2
16	1994 年 9 月至 1995 年 8 月	335	107	138	35.5	5.3
17	1995 年 9 月至 1996 年 8 月	352	102	116	9.1	1.7
18	1996 年 9 月至 1997 年 8 月	309	89	147	40.4	6.9
19	1997 年 9 月至 1998 年 8 月	298	83	151	23.0	7.6
20	1998 年 9 月至 1999 年 8 月	304	109	171	42.6	7.4
21	1999 年 9 月至 2000 年 8 月	288	97	175	33.1	4.1
22	2000 年 9 月至 2001 年 8 月	337	91	121	32.6	3.3
23	2001 年 9 月至 2002 年 8 月	353	101	114	22.0	1.9

续表

时段序号	时段起止时间	降雪初始日序数	降雪终止日序数	降雪期/d	降雪量/mm	日最大降雪量/mm
24	2002年9月至2003年8月	314	86	138	12.5	2.4
25	2003年9月至2004年8月	324	107	149	36.7	6.4
26	2004年9月至2005年8月	297	104	174	40.4	6.5
27	2005年9月至2006年8月	358	106	114	41.8	9.1
28	2006年9月至2007年8月	316	98	148	38.6	6.8
29	2007年9月至2008年8月	362	86	90	19.7	5.2

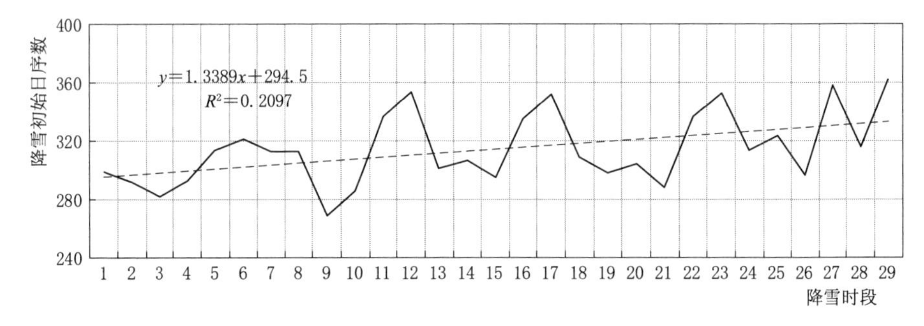

图5.4 呼兰河流域降雪初始日序数变化情况

结合表5.7和图5.4可以看出，1979—2008年，呼兰河流域最早降雪初始日期为9月26日（1987年），最晚降雪初始日期为12月28日（2007年），降雪初始日序数的变化呈上升趋势，这表明呼兰河流域的降雪初始日期呈延后趋势。

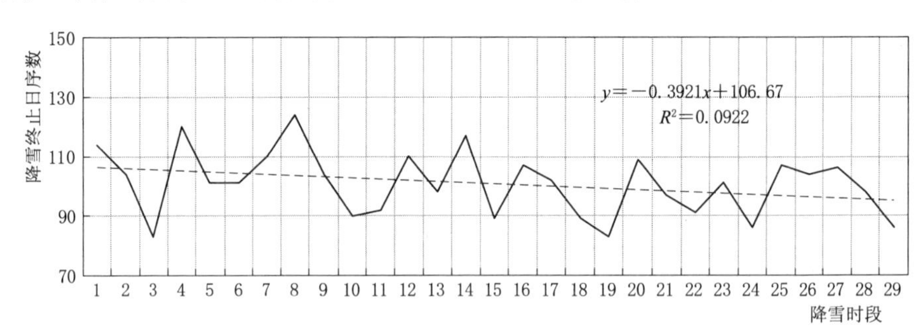

图5.5 呼兰河流域降雪终止日序数变化情况

由表5.7和图5.5可见，1979—2008年，呼兰河流域最早降雪终止日期为3月24日（1982年和1998年），最晚降雪终止日期为5月4日（1987年）。与降雪初始日序数呈上升趋势不同，降雪终止日序数的变化呈下降趋势，这表明呼兰河流域的降雪终止日期呈提前趋势。

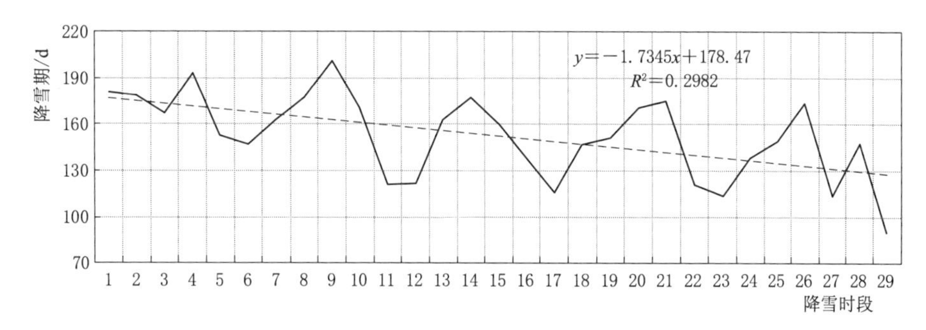

图 5.6 呼兰河流域降雪期变化情况

由表 5.7 和图 5.6 可见，1979—2008 年，降雪期最长为 201d（1987 年 9 月 26 日至 1988 年 4 月 13 日），最短为 90d（2007 年 12 月 28 日至 2008 年 3 月 26 日）。除个别年份的初雪较早或终雪较迟外，降雪期主要在 10 月至次年 4 月间，这与人们的常识相符。从图 5.6 还可以看出，呼兰河流域降雪期呈缩短趋势，这与降雪初始日期呈现延后趋势（见图 5.4）、降雪终止日期呈现提前趋势（见图 5.5）有关，降雪期变化是呼兰河流域气候呈变暖趋势所致，即在初冬和冬末，降雪临界气温的延迟与提前到来，促使雨雪划分过程发生了变化。

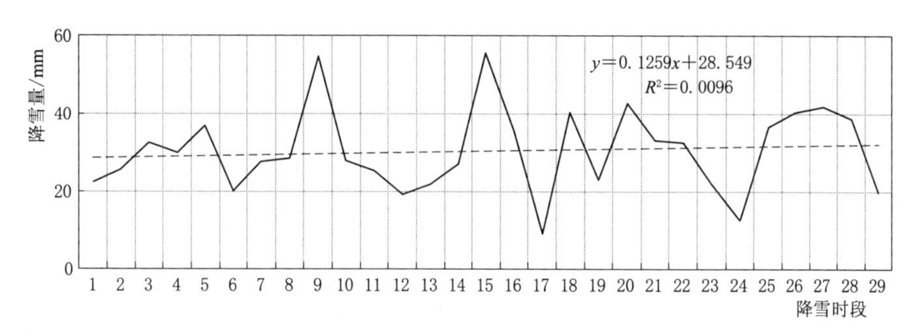

图 5.7 呼兰河流域降雪量变化情况

与降雪起始日序数、降雪终止日序数、降雪期均呈现出的明显变化趋势不同，从图 5.7 可以看出，多年以来，呼兰河流域降雪期的降雪量变化趋势并不明显，略呈上升趋势。1979—2008 年，降雪量最大值（55.6mm）出现在 1993—1994 年的降雪期，降雪量最小值（9.1mm）出现在 1995—1996 年的降雪期。

在日最大降雪量方面，1979—2008 年，最大值（9.2mm）出现在 1993 年 10 月 30 日，最小值（1.7mm）出现在 1996 年 4 月 10 日，各降雪期的降雪数量变化情况与日最大降雪量出现情况并不完全一致。同时，从图 5.8 还可以看出，在多年的降雪期间，呼兰河流域的日最大降雪量略呈上升趋势。

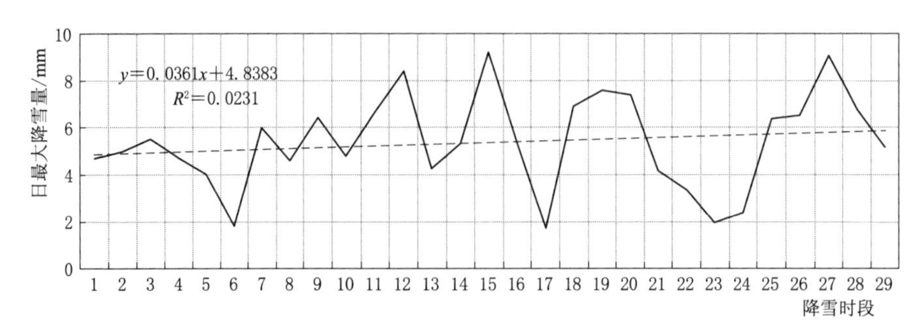

图5.8 呼兰河流域降雪期日最大降雪量变化情况

5.2.3.2 呼兰河流域融雪

SWAT模拟的呼兰河流域融雪初始日序数、融雪终止日序数、融雪期、融雪量及日最大融雪量见表5.8、图5.9～图5.13。

表5.8 呼兰河流域融雪特征统计

年份	融雪初始日序数	融雪终止日序数	融雪期/d	融雪量/mm	日最大融雪量/mm
1979	93	118	26	33.0	10.3
1980	97	116	20	12.3	4.2
1981	76	105	30	16.8	3.6
1982	87	97	11	22.7	5.8
1983	78	102	25	17.7	2.8
1984	94	110	17	29.3	5.8
1985	75	104	30	9.8	2.1
1986	81	104	24	17.0	3.9
1987	93	106	14	23.9	6.2
1988	90	108	19	43.1	8.1
1989	82	98	17	18.5	4.5
1990	67	90	24	17.1	2.9
1991	91	112	22	9.3	2.2
1992	84	100	17	13.0	2.5
1993	79	106	28	19.0	2.2
1994	86	105	20	43.7	14.2
1995	66	114	49	22.6	4.6
1996	88	107	20	2.8	0.6
1997	66	100	35	30.2	5.5

续表

年份	融雪初始日序数	融雪终止日序数	融雪期/d	融雪量/mm	日最大融雪量/mm
1998	60	97	38	13.7	4.2
1999	96	107	12	33.0	9.1
2000	88	111	24	21.6	6.6
2001	78	106	29	22.9	4.8
2002	70	106	37	10.6	2.8
2003	76	93	18	7.1	1.5
2004	70	109	40	25.4	5.8
2005	80	105	26	28.8	6.1
2006	75	117	43	29.9	5.6
2007	82	112	31	32.7	4.3
2008	68	96	29	11.1	1.5

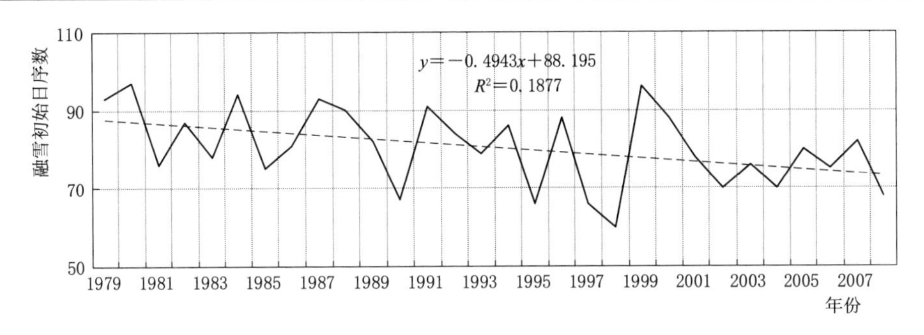

图 5.9　呼兰河流域融雪初始日序数变化情况

由表 5.8 和图 5.9 可见，1979—2008 年，呼兰河流域最早融雪初始日期为 3 月 1 日（1998 年），最晚融雪初始日期为 3 月 27 日（1980 年），融雪初始日序数变化呈下降趋势，这表明呼兰河流域的融雪初始日期呈现提前变化趋势。

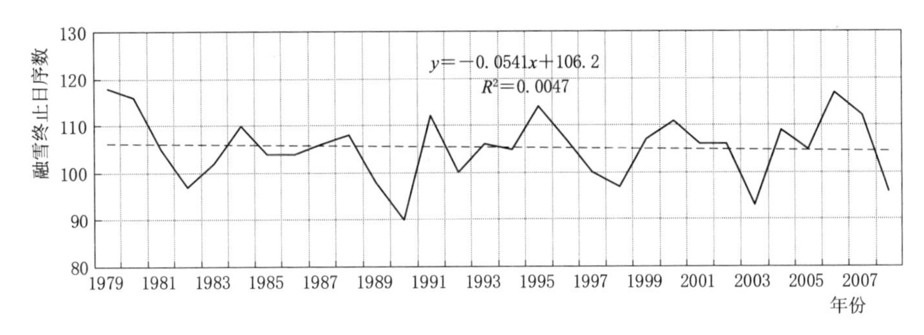

图 5.10　呼兰河流域融雪终止日序数变化情况

结合表5.8和图5.10可见，呼兰河流域最早融雪终止日期为3月31日（1990年），最晚融雪终止日期为4月28日（1979年）。1979—2008年，融雪终止日序数变化呈微弱下降趋势，这表明呼兰河流域融雪终止日期呈现提前变化趋势，但变化并不明显。

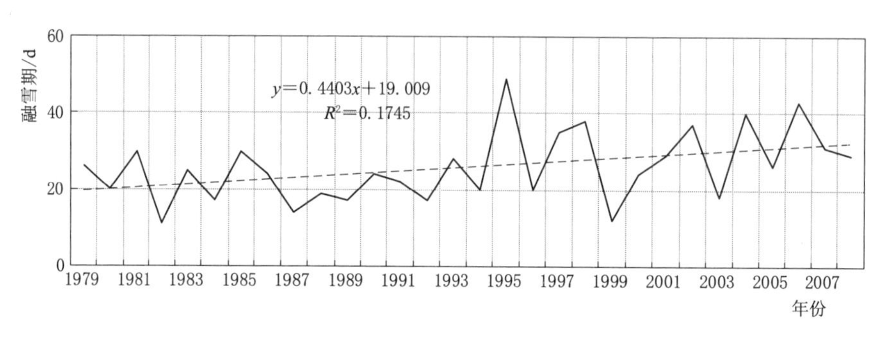

图5.11 呼兰河流域融雪期变化情况

由表5.8和图5.11可见，1979—2008年，最长融雪期为49d（1995年），最短为11d（1982年），融雪期在每年的3—4月，这也与人们的常识相符。从图5.11还可以看出，呼兰河流域融雪期呈现延长趋势。虽然融雪初始日期和融雪终止日期均呈现提前变化趋势，但前者的提前变化趋势更加明显，从而延长了融雪期。融雪期变化仍是呼兰河流域气候呈变暖趋势所致，同时还可以看出，气候变暖对呼兰河流域的融雪终止日期影响较小。

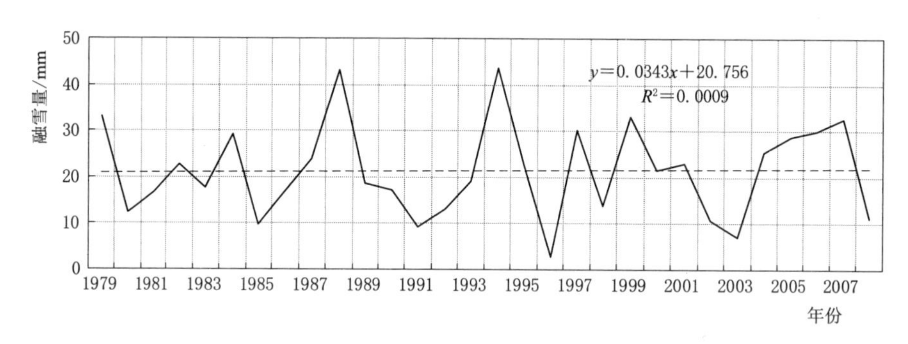

图5.12 呼兰河流域融雪量变化情况

从图5.12可以看出，多年以来呼兰河流域的融雪量变化趋势不明显，略呈上升趋势。此外，由表5.8可以看出，1979—2008年，1994年融雪量最大（43.7mm），1996年融雪量最小（2.8mm）。

从图5.13可以看出，多年以来呼兰河流域的日最大融雪量的变化趋势很不明显，呈微弱下降趋势。1979—2008年，在日最大融雪量方面，最大值（14.2mm）出现在1994年，最小值（0.6mm）出现在1996年，各年份的融雪

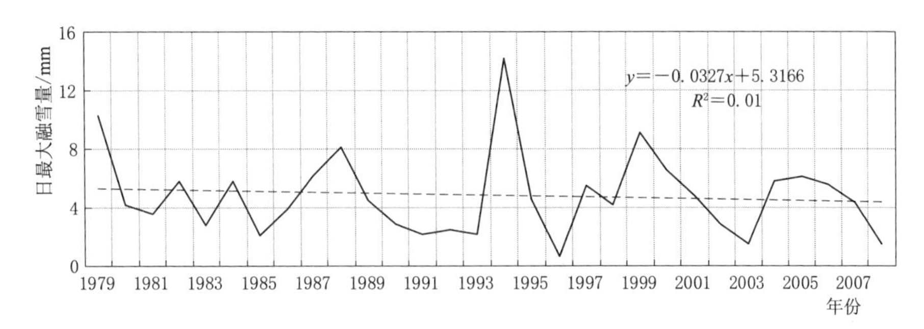

图 5.13　呼兰河流域日最大融雪量变化情况

量、日最大融雪量变化情况并不完全一致。

5.2.3.3　呼兰河流域积雪

SWAT 模拟的呼兰河流域积雪特征见表 5.9、图 5.14～图 5.17。

表 5.9　　呼兰河流域积雪特征统计

时段序号	时段起止时间	积雪初始日序数	积雪终止日序数	积雪期/d	最大积雪深/mm
1	1979 年 9 月至 1980 年 8 月	299	116	183	18.6
2	1980 年 9 月至 1981 年 8 月	292	105	180	22.7
3	1981 年 9 月至 1982 年 8 月	282	97	181	31.7
4	1982 年 9 月至 1983 年 8 月	293	102	175	20.1
5	1983 年 9 月至 1984 年 8 月	314	110	162	34.8
6	1984 年 9 月至 1985 年 8 月	320	104	151	17.3
7	1985 年 9 月至 1986 年 8 月	313	110	163	26.8
8	1986 年 9 月至 1987 年 8 月	313	106	159	27.7
9	1987 年 9 月至 1988 年 8 月	292	108	182	46.1
10	1988 年 9 月至 1989 年 8 月	327	99	139	25.4
11	1989 年 9 月至 1990 年 8 月	337	96	125	23.0
12	1990 年 9 月至 1991 年 8 月	354	112	124	9.7
13	1991 年 9 月至 1992 年 8 月	301	101	166	18.9
14	1992 年 9 月至 1993 年 8 月	307	106	166	21.0
15	1993 年 9 月至 1994 年 8 月	295	105	176	50.6
16	1994 年 9 月至 1995 年 8 月	335	115	146	26.7
17	1995 年 9 月至 1996 年 8 月	362	108	112	4.4
18	1996 年 9 月至 1997 年 8 月	309	102	160	33.9
19	1997 年 9 月至 1998 年 8 月	298	97	165	19.2
20	1998 年 9 月至 1999 年 8 月	304	107	169	40.5

续表

时段序号	时段起止时间	积雪初始日序数	积雪终止日序数	积雪期/d	最大积雪深/mm
21	1999年9月至2000年8月	288	111	189	31.7
22	2000年9月至2001年8月	334	106	139	30.3
23	2001年9月至2002年8月	353	106	119	17.7
24	2002年9月至2003年8月	314	93	145	13.8
25	2003年9月至2004年8月	324	109	151	33.6
26	2004年9月至2005年8月	297	107	177	35.7
27	2005年9月至2006年8月	358	117	125	39.7
28	2006年9月至2007年8月	316	112	162	34.7
29	2007年9月至2008年8月	362	96	100	12.0

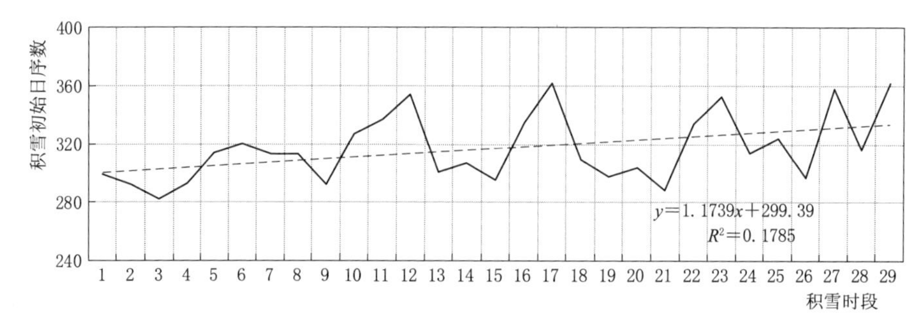

图5.14 呼兰河流域积雪初始日序数变化情况

由表5.9和图5.14可以看出，1979—2008年，呼兰河流域最早积雪初始日期为10月9日（1981年），最晚积雪初始日期为12月28日（1995年、2007年），积雪初始日序数的变化呈上升趋势，这表明呼兰河流域的积雪初始日期呈延后趋势。

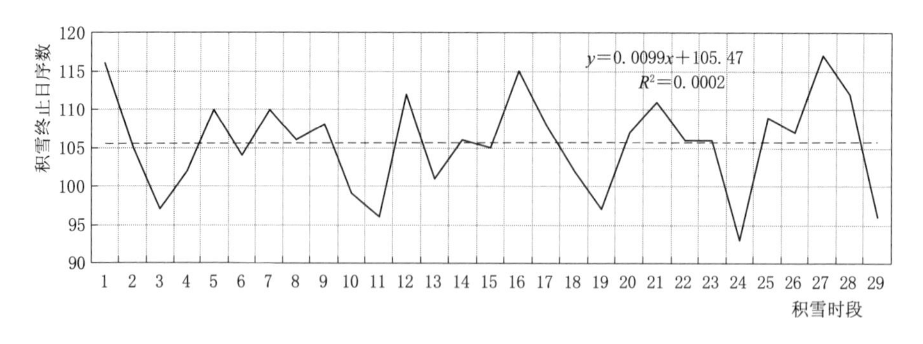

图5.15 呼兰河流域积雪终止日序数变化情况

从图 5.15 可以看出，积雪终止日序数略呈上升趋势，说明呼兰河流域的积雪终止日期变化趋势并不明显。经统计，在 1979—2008 年，呼兰河流域积雪最早终止日期为 4 月 2 日（2002 年），最晚积雪终止日期为 4 月 27 日（2006 年）。

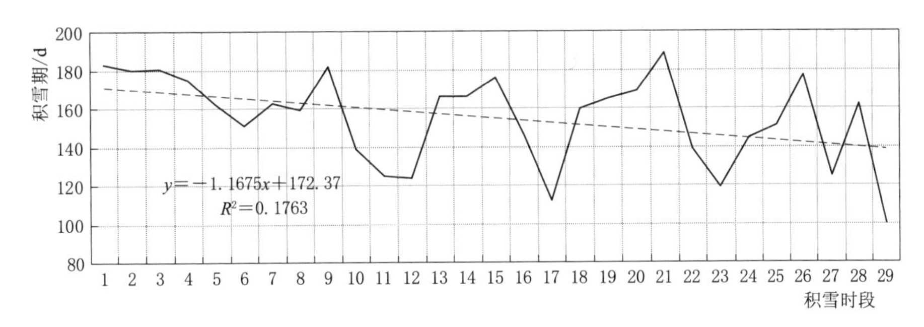

图 5.16　呼兰河流域积雪期变化情况

结合表 5.9 和图 5.16，经统计，1979—2008 年，最短积雪期为 100d（2007 年 12 月 28 日至 2008 年 4 月 5 日），最长积雪期为 189d（1999 年 10 月 15 日至 2000 年 4 月 20 日）。由于积雪终止日期变化趋势不明显，因而积雪初始日期的延后缩短了积雪期，从图 5.16 也可以看出，呼兰河流域积雪期呈现明显缩短趋势。积雪期变化仍是呼兰河流域气候呈变暖趋势所致，同时还可以看出，气候变暖对呼兰河流域积雪初始日期影响较大，但对积雪终止日期影响较小。

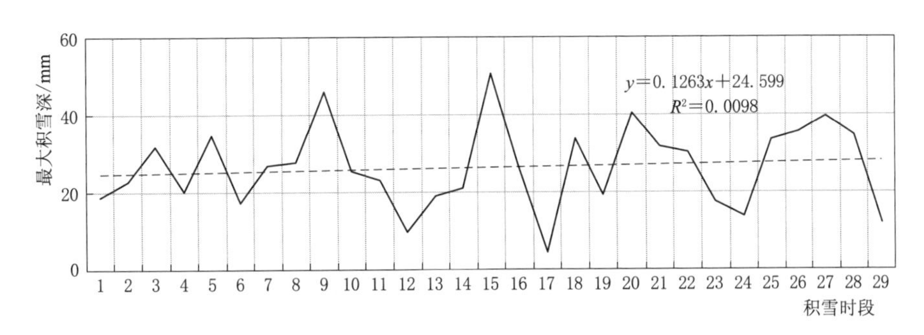

图 5.17　呼兰河流域最大积雪深变化情况

经统计，在最大积雪深方面，1979—2008 年，最大值为 50.6mm（1994 年 3 月 25 日），最小值为 4.4mm（1996 年 4 月 11 日）。从图 5.17 可以看出，呼兰河流域最大积雪深在多年期间略呈上升趋势，但上升趋势并不明显。

5.3　融雪径流过程模拟

融雪径流模拟模型通常可以分为两类（杨倩，2015）：一类是基于能量平衡的物理模型，这类模型参数繁多，需要详细的融雪过程观测数据，当气象和水文台站分布较少时，难于提供模型运行所需要的详细信息；另一类是基于气温指标的概念性模型，这类模型通常耦合一些模拟日尺度融雪过程的经验公式。本章采用基流分割方法，利用 Baseflow 从流量观测数据中分离出基流和地面径流，并借助 SWAT 模拟的降雪、融雪、积雪过程等信息，同时结合气温等资料，确定各年份的逐日融雪径流过程。

5.3.1 融雪径流模拟方法

考虑到当前缺乏融雪径流监测资料、利用现有融雪径流模型获得的模拟结果仍难于验证等现实情况，这里假定融雪期的降雨量很小，该时期的地面径流均由融雪水产生，即从实测径流中分割出基流后的地面径流全部为融雪径流。

5.3.1.1 基流分割

目前，已开发了多种基流分割方法，这些方法可以分为地球化学法、图解法、滤波法、分析法四种，后三种方法不需要地球化学数据，一般只需流量数据即可（Furey et al.，2001）。尽管大多数基流分割方法都基于物理推理，但所有分割方法的技术要素都是主观的（Arnold et al.，1999）。在这些方法中，图解法和滤波法最常用，这里重点介绍数字滤波法（digital filter technique）。

数字滤波技术（Nathan et al.，1990）最初用于信号分析和处理（Lyne et al.，1979）。尽管该技术没有真正的物理基础，但它是客观且可重复的，从基流（低频信号）中过滤地面径流（高频信号）类似于信号分析处理中对高频信号的过滤（Arnold et al.，1995；Arnold et al.，1999）。滤波器方程为

$$q_t=\beta q_{t-1}+\frac{1+\beta}{2}(Q_t-Q_{t-1}) \tag{5.16}$$

式中：q_t、q_{t-1} 分别为在 t、$t-1$ 时段（1 日）过滤出的地面径流（快速响应）；β 为滤波参数，与人工基流分割技术相比，Nathan 等（1990）和 Arnold 等（1995）给出的 β 值为 0.925；Q_t、Q_{t-1} 分别为 t、$t-1$ 时段（1 日）原始径流。

基流计算公式为

$$b_t=Q_t-q_t \tag{5.17}$$

式中：b_t 为 t 时段的基流；Q_t 为 t 时段（1 日）原始径流；q_t 为在 t 时段（1 日）过滤出的地面径流（快速响应）。

滤波方法可以对径流量数据进行三次（正向、反向、正向）滤波计算，具体取决于用户对每次从总径流量中分割出的基流量估计值的选择。每次计算后，基流量占总径流量的百分比通常会降低，第二次计算后基流量约减少 17%，第三次计算后基流量约减少 10%（Arnold et al.，1995）。

5.3.1.2 地下水补给

根据河流流量估算地下水补给量已有多种方法，其中的一种是衰退曲线位移法（Rorabough，1964）。该方法依据地下水变量估计每个峰值流量的补给量，缺点是需要计算每个峰值所需的补给时间（Arnold et al.，1999）。潜在的地下水补给量约为峰值之后的“临界时间（critical time）”补给系统总水量的一半，衰退曲线位移法即使用这种近似叠加原理估计总补给量，公式如下：

$$R=\frac{2k(b_2-b_1)}{2.3026} \tag{5.18}$$

式中：R 为补给量；k 为衰退指数；b_1 为前一次衰退曲线峰值后临界时间的地下水排泄量；b_2 为当前衰退曲线峰值后临界时间的地下水排泄量。

临界时间可以用式（5.19）近似计算（Rorabough，1964）：

$$T_c=\frac{0.2a^2S}{TR} \tag{5.19}$$

式中：T_c 为临界时间；a 为河流到地下水分水岭的平均距离；S 为蓄水系数；TR 为渗漏率。

5.3.1.3 基流分割步骤

Arnold 等（1995，1999）对衰退曲线位移法做了部分改进，提出了新的基流分割和地下水补给方法，建立了 Baseflow 模型，该模型可与 SWAT 模型联合应用，辅助 SWAT 进行基流分割并确定模型参数。利用 Baseflow 模型分割基流和估计地下水补给量包括以下步骤（见图 5.18）：

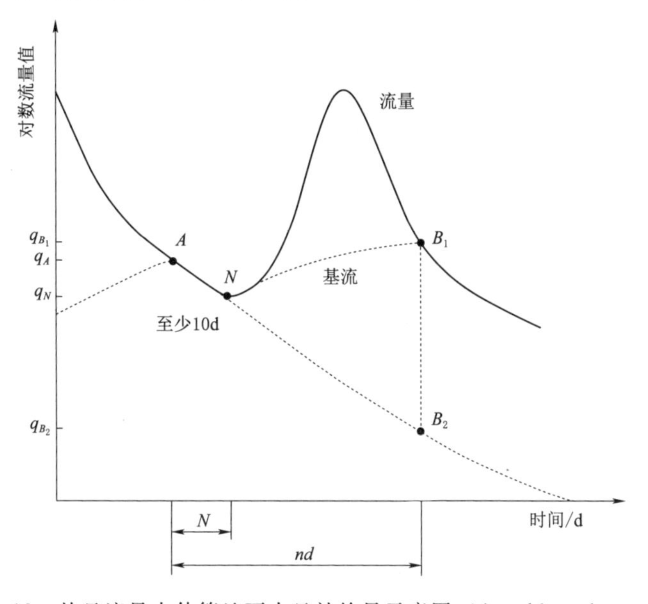

图 5.18 从日流量中估算地下水日补给量示意图（Arnold et al.，1999）

步骤1：运行一次（正向）数字基流过滤器。

步骤2：找到基流曲线与总径流曲线的第一个交点 A，并计算衰退常数 α：

$$\alpha=\frac{\ln(q_N/q_A)}{N} \tag{5.20}$$

式中：α 为衰退常数；q_N、q_A 分别为点 N 和点 A 处的流量；N 为衰退期，要准确估计 α，N 至少为10d。

步骤3：找到基流曲线与总径流曲线的第二个交点 B_1。

步骤4：从点 A 到点 B_2 推断衰退曲线：

$$q_{B_2}=\frac{q_A}{\exp(\alpha\times nd)} \tag{5.21}$$

式中：q_{B_2} 为点 B_2 处的流量；q_A 为点 A 处的流量；α 为衰退常数；nd 为点 A 到点 B 的天数。

步骤5：使用式（5.22）计算点 A 至点 B 期间的地下水补给量：

$$R=(q_A-q_{B_2})\times nd \tag{5.22}$$

式中：R 为地下水补给量；q_A 为点 A 处的流量；q_{B_2} 为点 B_2 的流量；nd 为点 A 到点 B 的天数。

步骤6：对每个基流衰退期重复步骤1～步骤5。

5.3.2 融雪径流过程模拟

5.3.2.1 呼兰河流域融雪径流分割结果

利用Baseflow模型，以年为分割时段，对呼兰河干流兰西站1979—2008年的日流量过程进行基流分割计算，得到的3次基流分割结果见表5.10。

表5.10 呼兰河流域基流分割结果

年份	基流占总径流的贡献比		
	第一次计算（Fr_1）	第二次计算（Fr_2）	第三次计算（Fr_3）
1979	0.76	0.62	0.52
1980	0.77	0.63	0.52
1981	0.79	0.68	0.54
1982	0.75	0.59	0.47
1983	0.77	0.64	0.55
1984	0.81	0.68	0.58
1985	0.72	0.53	0.41
1986	0.81	0.68	0.58
1987	0.78	0.64	0.53
1988	0.75	0.60	0.52

续表

年份	基流占总径流的贡献比		
	第一次计算（Fr_1）	第二次计算（Fr_2）	第三次计算（Fr_3）
1989	0.69	0.51	0.42
1990	0.75	0.60	0.52
1991	0.75	0.58	0.46
1992	0.76	0.61	0.50
1993	0.75	0.63	0.53
1994	0.79	0.65	0.55
1995	0.76	0.63	0.56
1996	0.68	0.46	0.34
1997	0.71	0.54	0.41
1998	0.69	0.54	0.44
1999	0.75	0.58	0.46
2000	0.73	0.56	0.44
2001	0.67	0.48	0.36
2002	0.75	0.62	0.53
2003	0.70	0.53	0.41
2004	0.72	0.56	0.46
2005	0.71	0.56	0.47
2006	0.73	0.56	0.43
2007	0.60	0.39	0.27
2008	0.76	0.61	0.50

由表5.10可见，随着计算次数增加，各年份的基流占总径流的比例均逐渐减小，具体选取哪次计算结果作为基流分割成果需要结合降雪、融雪、积雪、气温等信息综合判定。当以融雪径流期为时段考察基流分割结果时，在三次基流分割计算中，将第一次计算的基流从总径流分离后，所得的地面径流过程所跨越的时段与前述SWAT模拟的融雪期十分接近，分割所得的地面径流过程线波动情况与SWAT模拟的逐日融雪量变化情况符合较好，且地面径流的终止日期也与SWAT模拟的积雪完全融化日期基本一致。因此，为研究呼兰河流域的融雪径流过程特征，在融雪径流期取第一次基流分割计算参数，从而获得各年的融雪径流量见表5.11，同期的总径流量也列入表5.11中。图5.20是利用Baseflow分割基流方法模拟的1997年逐日融雪径流过程，其中的逐日融雪量为SWAT模拟结果。

表5.11 呼兰河流域融雪径流期径流量统计

年份	融雪径流量/($10^8 m^3$)	总径流量/($10^8 m^3$)	年份	融雪径流量/($10^8 m^3$)	总径流量/($10^8 m^3$)
1979	0.82	2.29	1994	1.54	2.52
1980	0.46	0.62	1995	1.66	3.94
1981	0.10	0.54	1996	0.09	0.31
1982	0.73	1.82	1997	0.54	1.16
1983	0.78	1.66	1998	0.62	1.33
1984	1.61	3.24	1999	1.37	3.84
1985	0.94	3.43	2000	0.26	0.65
1986	0.87	1.79	2001	0.62	1.41
1987	0.80	1.52	2002	0.08	0.28
1988	3.26	8.35	2003	0.20	0.57
1989	0.46	1.04	2004	0.92	2.06
1990	0.22	0.52	2005	0.47	4.06
1991	0.21	0.46	2006	0.72	2.11
1992	0.41	0.95	2007	0.64	2.09
1993	0.28	0.69	2008	0.23	0.42

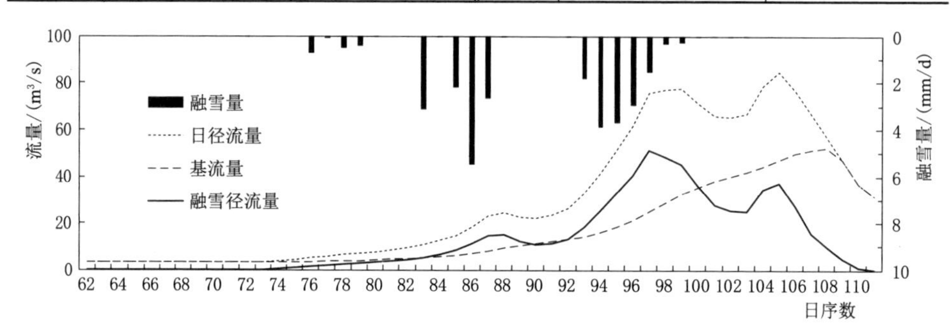

图5.19 呼兰河流域1997年融雪径流日过程模拟结果

1979—2008年，呼兰河流域融雪径流量为0.08×10^8～$3.26\times10^8 m^3$，多年平均值为$0.75\times10^8 m^3$；同期的总径流量为0.28×10^8～$8.35\times10^8 m^3$，多年平均值为$1.91\times10^8 m^3$；从多年平均情况看，融雪径流量约占同期总径流量的40%。从图5.19可以看出，Baseflow方法能够较好分割基流和融雪径流（地面径流）过程，后者与SWAT模拟的融雪过程符合较好。在分析各年的融雪径流过程时，也发现在融雪径流末期，部分年份已开始降雨，此时Baseflow方法分割的地面径流过程是融雪水和降雨共同的产汇流结果，可以依据气温、降雨等信息，初步判断降雨引起地面径流的起止时间，再采取退水曲线拟合等方法，对地面径流过程进一步分割，从而分离出融雪径流过程。

5.3.2.2 融雪径流量变化趋势

依据表5.11数据绘制的呼兰河流域融雪径流量以及同期径流量变化情况见图5.20、图5.21。

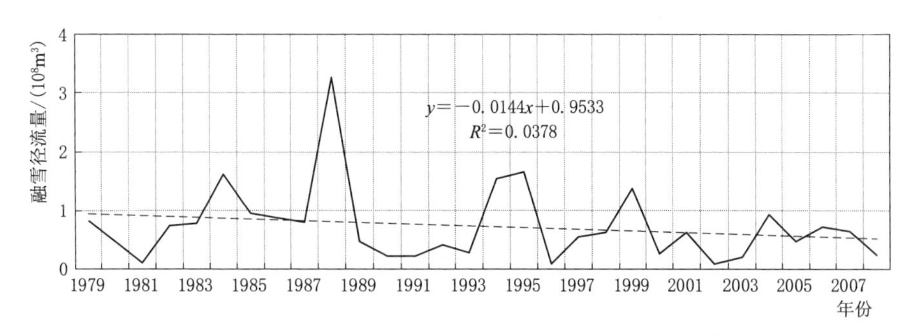

图5.20 呼兰河流域融雪径流量变化情况

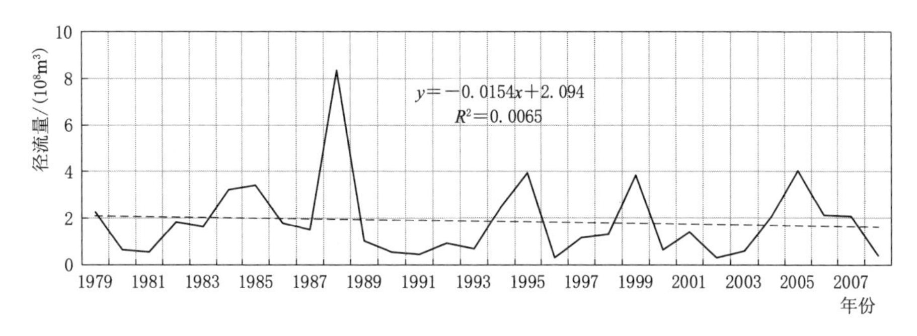

图5.21 呼兰河流域融雪径流期径流量变化情况

在年尺度上，呼兰河流域融雪径流量、同期的总径流量均呈微弱下降趋势，且融雪径流量下降趋势相对更大。经统计，1979—2008年，呼兰河流域的融雪径流期大多在4月末结束，少数年份结束日期可推迟到5月上旬，这一期间恰为流域内稻田整地泡田期，农业灌溉用水量较大且需水时间集中，虽然呼兰河春季河流流量变化趋势不大，但总径流的数量较小。因此，应采取合理的土地利用措施保育基流和融雪径流来源，防止基流和融雪径流进一步变少；同时，在保持河流生态功能前提下，研究如何更好利用春季融雪径流具有现实意义。

5.3.2.3 径流成分占比变化趋势

基流指数是指时段基流量占总径流量的比例（胡胜等，2017；周嘉欣等，2019）。为进一步明确呼兰河流域融雪径流期的径流成分变化情况，参考基流指数概念，定义时段融雪径流量占总径流量的比例为融雪径流指数。绘制的流域融雪径流量以及同期的基流量、融雪径流指数多年变化情况见图 5.22、图 5.23。

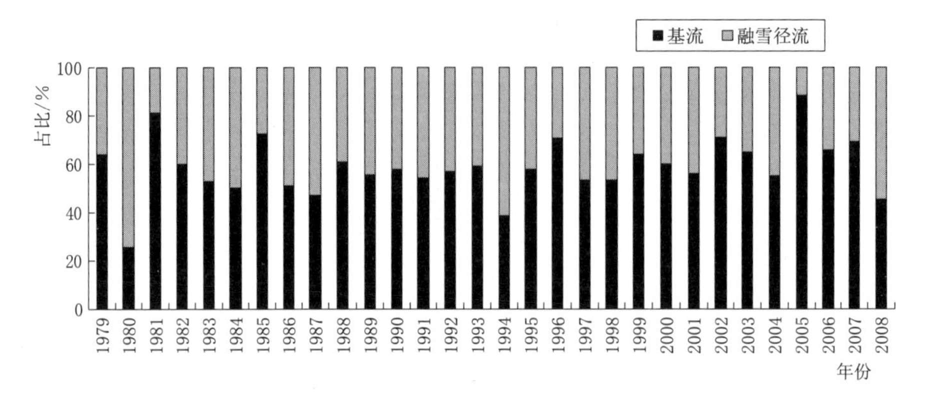

图 5.22　呼兰河流域基流和融雪径流分配情况

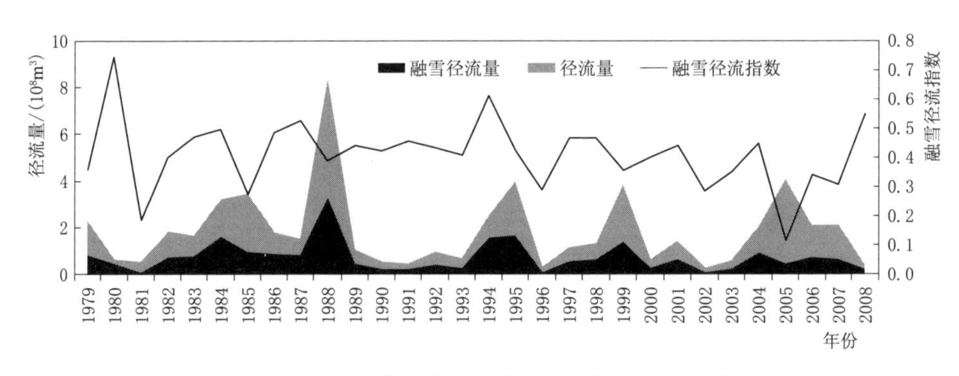

图 5.23　呼兰河流域融雪径流在总径流中的占比情况

从图 5.22 可以看出，多年以来，呼兰河流域基流和融雪径流占比此消彼长，二者均呈现不稳定状态，这一特点与图 5.23 中的融雪径流指数变化规律相近。另经统计，呼兰河流域融雪径流与同期总径流的相关系数为 0.91。由图 5.23 也可见，融雪径流的消长变化规律与总径流基本保持一致，可见，基流始终是呼兰河流域河流水的重要补给来源，在维持河道水源稳定性、区域水资源的可持续利用等方面发挥着重要作用。

5.4　本章小结

(1) 利用 SWAT 可以模拟地处东北寒区的呼兰河流域降雪、积雪及融雪过程，模拟的降雪期、积雪期及融雪期与流域实际情况相符；依据 SWAT 模拟的融雪过程等信息，采用 Baseflow 方法能够分割呼兰河流域的基流和融雪径流过程，且分割的融雪径流过程与 SWAT 模拟的降雪、积雪及融雪过程符合较好。

（2）从 SWAT 模拟的呼兰河流域积雪融雪与融雪径流过程结果看，流域的降雪初始日期、积雪初始日期呈现延后趋势，而融雪初始日期呈现提前趋势；降雪期、积雪期呈现缩短趋势，而融雪期呈现延长趋势；融雪径流是流域总径流的重要组成成分，其消长规律与总径流基本一致，多年以来融雪径流量呈现微弱下降趋势。

（3）SWAT 模拟的降雪量可以采用气象站监测数据验证，而模拟的融雪量和积雪量由于缺少实测资料而难于验证，只能通过可测变量（通常为流量）的实测值与模拟值的符合情况间接验证。利用 SWAT 开展流域尺度水文过程模拟的逻辑是，SWAT 遵循能量平衡、水量平衡等基本原理，通过（流量）验证的 SWAT 可以近似再现冠层截留、雨雪分割、蒸发蒸腾、下渗、土壤水运动、产汇流等流域水文循环的各环节过程。

（4）流域的地形状况和土壤性质在长时期内能够保持相对稳定状态，而土地利用/覆盖条件可能会发生很大变化。目前，ArcSWAT 只能一次性载入 DEM、土地利用/覆盖以及土壤数据，必将影响 SWAT 的长期模拟结果。发展 SWAT 时应考虑到这种情况。

（5）与积雪融雪相关的 SWAT 参数大多具有物理意义，这里采用了模型率定值，从模型模拟计算逻辑方面看，虽然率定的参数集可以使得模型达到较高的模拟精度，但具体的参数不一定与实际情况符合。在条件允许的情况下，应结合流域实地观测、调研等方式确定这些参数，从而使得 SWAT 模拟结果更接近于客观实际情况。

第6章

蒸发蒸腾过程模拟

由第2章内容可见，计算（或换算）潜在蒸发蒸腾量的方法有很多种，这些方法适用于日、月、年等时间尺度以及单点、试验小区、田间、流域（或区域）等空间尺度。然而，除了利用水量平衡方程估计流域（或区域）多年平均的实际蒸发蒸腾量，或者在流域尺度利用水文模型等工具模拟不同时段的实际蒸发蒸腾量以外，目前仍然缺乏观测或计算流域（或区域）尺度实际蒸发蒸腾量的有效方法，难于认识流域（或区域）实际蒸发蒸腾量过程及变化规律。

Budyko假设（Budyko Hypothesis，BH）是苏联气候学家Budyko于1948年提出的，他认为陆面长期平均的蒸发蒸腾量受降水和蒸发蒸腾能力两个因素控制，因此提出了满足极端干燥和极端湿润边界条件的通用水量-能量耦合平衡方程，并给出了一条经验曲线来描述流域多年平均的蒸发蒸腾比（年平均蒸发蒸腾量与年平均降水量的比值）和干旱指数（年平均潜在蒸发蒸腾量与年平均降水量的比值）之间的关系（Budyko，1948）。本章利用第2章总结的蒸发蒸腾量计算方法，基于BH和SWAT模拟的蒸发蒸腾量，验证几种BH方程在松花江流域的适用性，分析松花江流域降水量、实际蒸发蒸腾量以及潜在蒸发蒸腾量之间的关系，并在年尺度上模拟实际蒸发蒸腾过程，以期丰富寒区流域的蒸发蒸腾过程模拟方法。

6.1 BH方程

6.1.1 几个典型的BH方程

在多年时间尺度，当用降水量和潜在蒸发蒸腾量分别代表陆面蒸发蒸腾量的水分供给量以及能量供给量时，Budyko方程的一般形式可以表达为（Budyko，1948，1974）：

$$\frac{ET}{P}=f\left(\frac{PET}{P}\right) \tag{6.1}$$

式中：ET 为实际蒸发蒸腾量，mm；P 为降水量，mm；PET 为潜在蒸发蒸腾量，mm；ET/P 为蒸发蒸腾比；PET/P 为干旱指数；f 为待定函数。

描述 Budyko 假设的经验方程有很多，在常见的 BH 方程中，Schreiber（1904）、Ol′dekop（1911）、Budyko（1948）等提出了一些没有参数的经验方程。Schreiber 方程如下：

$$\frac{ET}{P}=1-\exp\left(-\frac{PET}{P}\right) \tag{6.2}$$

式中：ET 为实际蒸发蒸腾量，mm；P 为降水量，mm；PET 为潜在蒸发蒸腾量，mm。

Ol′dekop 方程如下：

$$\frac{ET}{P}=\frac{PET}{P}\tanh\left(\frac{P}{PET}\right) \tag{6.3}$$

式中：ET 为实际蒸发蒸腾量，mm；P 为降水量，mm；PET 为潜在蒸发蒸腾量，mm。

在与实测资料对比时，Budyko 发现 Schreiber 方程的计算值偏小，而 Ol′dekop 方程的计算值偏大，在对这两个公式进行几何平均以后，得到的 Budyko 方程如下：

$$\frac{ET}{P}=\sqrt{\left[1-\exp\left(-\frac{PET}{P}\right)\right]\frac{PET}{P}\tanh\left(\frac{P}{PET}\right)} \tag{6.4}$$

式中：ET 为实际蒸发蒸腾量，mm；P 为降水量，mm；PET 为潜在蒸发蒸腾量，mm。

Schreiber 方程、Ol′dekop 方程和 Budyko 方程都不含参数，这些方程包含了降水量、蒸发蒸腾量等气候变量，但没有考虑包气带、地下水、植被分布等重要的流域特性（Du et al.，2016）。另外一些方程中引入了物理参数（刘振兴，1956；傅抱璞，1981；Du et al.，2016），这些物理参数是很多流域特征的集合（孙福宝，2007；孙福宝等，2007；Yang et al.，2007）。近些年来，Fu 方程应用较多（孙福宝，2007；孙福宝等，2007；Yang et al.，2007；Du et al.，2016），该方程是中国气候学家傅抱璞教授根据流域水文气象的物理意义，推导出 Budyko 假设的解析表达式（傅抱璞，1981）：

$$\frac{ET}{P}=1+\frac{PET}{P}-\left[1+\left(\frac{PET}{P}\right)^{\beta}\right]^{1/\beta} \tag{6.5}$$

式中：ET 为实际蒸发蒸腾量，mm；P 为降水量，mm；PET 为潜在蒸发蒸腾量，mm；β 为一个积分常数。

与上述 Budyko 假设的经验方程相比，参数 β 不仅可以反映流域下垫面的透水性、植被、地形等对蒸发蒸腾的影响（傅抱璞，1981；孙福宝，2007；孙福宝等，2007；Yang et al.，2007），也使得 Fu 方程曲线能够更好地拟合蒸发蒸腾比与干旱指数的散点。

6.1.2 一个新的 BH 方程

在拟合松花江部分流域的蒸发蒸腾比与干旱指数散点时，发现上述 4 个典型的 BH 方程曲线对散点的拟合情况均欠佳，见图 6.1（B02、B11 为本章的第 2、第 11 个研究流域）。例如：图 6.1（a）中 Ol'dekop 方程、Budyko 方程、Schreiber 方程的曲线均在散点群以上，图 6.1（b）中 Ol'dekop 方程、Budyko 方程曲线在散点群左下方通过，Schreiber 方程曲线则低于散点群。由于这 3 个无参数的方程曲线是固定的，一旦与散点拟合不好则意味着这三个方程已经失效。Fu 方程虽然有一个可调参数［图 6.1（a）、图 6.1（b）中优选后的 β 分别为 1.87、3.40］，但这个参数对 Fu 方程曲线的拟合效果改善有限，表现为 Fu 方程曲线也只能在散点群的左下方通过。

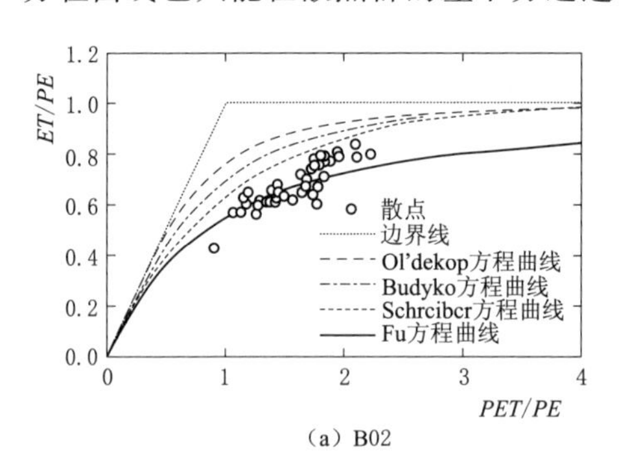

(a) B02

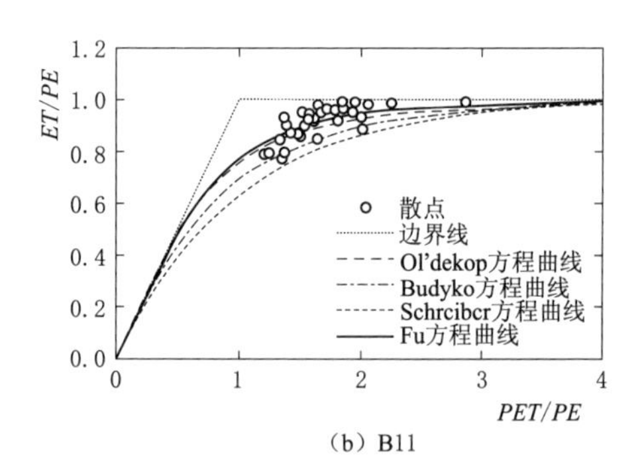

(b) B11

图 6.1 不同 BH 方程曲线拟合年散点情况

将上述 4 个方程曲线同时绘制在图 6.2 中，并通过取不同的 β 值（分别取 1.2、1.5、1.9、2.4、3.1、3.9、4.8）绘制了多条 Fu 方程曲线，以便观测 Fu 方程曲线簇的分布情况。从图 6.2 可以看出，随 β 增大 Fu 方程曲线右端逐渐“上扬”并趋近于 1，左端则变得更加凸起。经计算，当 β 分别取 2.76 和 3.12 时，Fu 方程曲线分别逼近 Budyko 方程曲线以及 Ol′dekop 方程曲线，换言之，当 β 分别取 2.76 和 3.12 时，Fu 方程可以近似代替 Budyko 方程和 Ol′dekop 方程。然而，

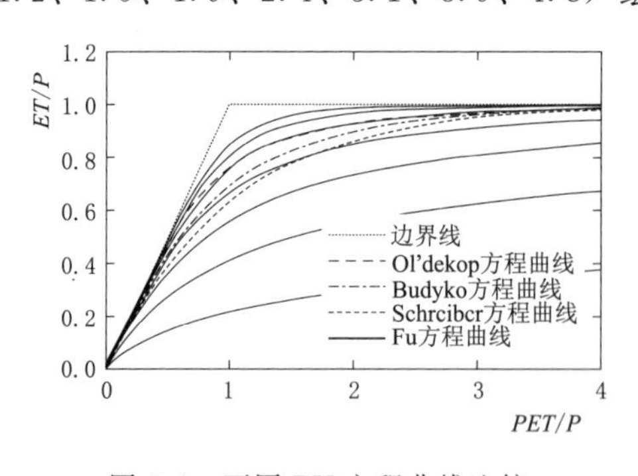

图 6.2 不同 BH 方程曲线比较

Schreiber 方程曲线与 Fu 方程曲线相交现象明显，不能互相逼近；交点左侧 Schreiber 方程曲线在 Fu 方程曲线下部，而在交点右侧 Schreiber 方程曲线位于 Fu 方程曲线上方。

如果耦合 Schreiber 方程曲线与 Fu 方程曲线的特点构造一个新的 BH 方程，则所得的新方程曲线将有可能更好拟合寒区流域蒸发蒸腾比与干旱指数的散点群。因此，利用 Schreiber 方程曲线与 Fu 方程曲线明显相交的特点，提出以下经验方程（Schreiber - Fu，以下简称 SF 方程）：

$$\frac{ET}{P}=\sqrt{\left[1-\exp\left(-\alpha\frac{PET}{P}\right)\right]\left\{1+\frac{PET}{P}-\left[1+\left(\frac{PET}{P}\right)^{\beta}\right]^{1/\beta}\right\}} \tag{6.6}$$

式中：ET 为实际蒸发蒸腾量，mm；P 为降水量，mm；PET 为潜在蒸发蒸腾量，mm；α 为一个可调参数；β 为 Fu 方程的积分常数。

当 $\alpha=1$ 时，式（6.6）为 Schreiber 方程和 Fu 方程的几何平均公式，记为 SF - 1 方程；当 $\alpha\neq1$ 时，记为 SF - 2 方程。

本章的研究流域较多，验证和评价各方程的时段、变量等情景复杂，采用试算法推求式（6.6）中的两个参数很难，因此采用第 4 章所述的 FS 算法率定这两个参数。

6.2 研究方法

6.2.1 Budyko 假设成立的两个条件

满足 Budyko 假设的流域需要具备两个条件（Du et al.，2016）：一是流域是天然闭合的；二是在研究时段内流域蓄水量的变化量可以忽略不计。然而，在严格的意义上，完全闭合的流域是不存在的。较大的流域或水量丰富的流域，由于河床切割深度大，一般多为闭合流域（芮孝芳，2004）。由于受人类活动和下垫面变化的影响，流域往往不是天然的；除了很长远的时期外，流域蓄水量的变化量在年、月等时段通常是不能忽略的。因此，对于天然且其蓄水量变化不能忽略的流域，如何应用 Budyko 假设仍是一个很大的挑战。

6.2.1.1 还原实测的月径流量系列

采用我国《水利水电工程水文计算规范》（SL/T 278—2020）推荐的分项调查法，对实测月径流系列进行还原计算，将实测径流量还原为天然径流量，从而使流域满足 Budyko 假设的天然流域条件。还原后的月天然径流量用于率定模型、统计每年的年径流量、验证多年平均情况下的水量平衡关系等。分项调查法公式为

$$R=R_{\mathrm{m}}+\sum_{i=1}^{11}R_i \tag{6.7}$$

式中：R 为天然径流量，mm；R_m 为实测径流量，mm；R_1 为农业灌溉净耗水量，mm；R_2 为工业净耗水量，mm；R_3 为生活净耗水量，mm；R_4 为蓄水工程的蓄水变量，增加为“+”，减少为“−”，mm；R_5 为水土保持措施对径流的影响水量，mm；R_6 为水面蒸发增加的损失量，mm；R_7 为跨流域引（调）水量，引出水量为“+”，引入水量为“−”，mm；R_8 为河道分洪水量，分出为“+”，分入为“−”，mm；R_9 为水库渗漏水量（水文站在水库坝的下游时不还原该项目），mm；R_{10} 为城镇化、地下水开发等对径流的影响水量，mm；R_{11} 为河道外生态环境耗水量，mm。

采用变化率（rate of change，RC）指标衡量还原后的天然径流量与实测径流量的差别，当还原后的天然径流量大于实测径流量时 RC 为正值，反之为负值。

$$RC=\frac{R-R_m}{R_m}\times 100\% \tag{6.8}$$

式中：RC 为反映径流量还原前后变化情况的指标，%；R 为天然径流量，mm；R_m 为实测径流量，mm。

6.2.1.2 定义有效降水量

天然且闭合流域的时段水量平衡方程如下：

$$P-ET-R=\Delta S \tag{6.9}$$

式中：P 为降水量，mm；ET 为实际蒸发蒸腾量，mm；R 为天然径流量，mm；ΔS 为流域蓄水量的变化量，mm。

从数量关系上分析式（6.9）可以发现，时段内流域的 P、ET 及 R 为非负数，而 ΔS 可能为正数、负数或 0。如果 ΔS 大于 0，表明时段内流域蒸发蒸腾消耗的水量与径流量之和小于同期的降水量，剩余的降水量蓄存在流域内，流域蓄水量增加；反之，如果 ΔS 小于 0，表明时段内流域蒸发蒸腾消耗的水量与径流量之和大于同期的降水量，流域先前的蓄水量被消耗了一部分，流域蓄水量减少；如果 ΔS 等于 0，表明时段内流域蒸发蒸腾消耗的水量与径流量之和等于同期的降水量，流域蓄水量不变。因此，时段内流域蒸发蒸腾量的潜在水分供给量应为降水量与流域蓄水量之和。

为了更细致地研究寒区闭合流域的蒸发蒸腾过程，基于式（6.9）定义有效降水量 PE 为闭合流域实际蒸发蒸腾量的潜在供水量，公式如下（Wang et al.，2012；Chen et al.，2013；Du et al.，2016）：

$$PE=P-\Delta S \tag{6.10}$$

基于式（6.10）定义，在闭合流域，Schreiber 方程、Fu 方程和 SF 方程可以变换为如下形式：

$$\frac{ET}{PE}=1-\exp\left(-\frac{PET}{PE}\right) \tag{6.11}$$

$$\frac{ET}{PE}=\sqrt{\left[1-\exp\left(-\frac{PET}{PE}\right)\right]\frac{PET}{PE}\tanh\left(\frac{PE}{PET}\right)} \tag{6.12}$$

$$\frac{ET}{PE}=\sqrt{\left[1-\exp\left(-\alpha\frac{PET}{PE}\right)\right]\left\{1+\frac{PET}{PE}-\left[1+\left(\frac{PET}{PE}\right)^{\beta}\right]^{1/\beta}\right\}} \tag{6.13}$$

上述三式中：ET 为实际蒸发蒸腾量，mm；PE 为有效降水量，mm；PET 为潜在蒸发蒸腾量，mm；α 为一个可调参数；β 为 Fu 方程的积分常数。

6.2.2 流域水量平衡模拟

6.2.2.1 分区水量平衡模型

当采用 PE 推求流域尺度的 BH 方程时，所需的时段输入数据包括 P、ET、PET、ΔS 四项，其中：P 可以通过对实测降水资料插值的方法获取（Yang et al.，2004；Yang et al.，2007），PET 一般可以利用模型单独估算（Allen et al.，1998；Yang et al.，2007），但 ET、ΔS 不易直接测量，它们通常由水量平衡模型模拟提供。在以往 Budyko 假设水量平衡关系研究中，分区水量平衡模型（Water Balance Model for Subregion，以下简称 WB 模型）是广泛采用的月尺度水量平衡模拟模型，该模型的细节描述见 Thomas（1981），下面简略介绍 WB 模型及其主要计算方法。

Thomas（1981）提出 WB 模型的一个重要原则就是参数要尽可能少，并且每个参数都应尽量反映土地利用变化、水利工程设施管理等流域特征。WB 模型具有 a、b、c、d 四个参数，其中 2 个与径流的特征有关，另外 2 个与地下水的补给排泄有关。模型输入为月降水量和月潜在蒸发蒸腾量，输出包括月径流量（直接径流量和间接径流量）、土壤水蓄量及地下水蓄量。WB 模型的基本原理是：月降水量被分割为径流量（直接径流量和间接径流量）、蒸发蒸腾量、土壤水蓄量和含水层中的地下水蓄量，每种成分数量的大小取决于降水量、潜在蒸发蒸腾量、初始的土壤水蓄量以及初始的地下水蓄量。

WB 模型中控制水量分配的重要公式为

$$y_i=y_i(X_i)=\frac{X_i+b}{2a}-\sqrt{\left(\frac{X_i+b}{2a}\right)^2-\frac{X_i b}{a}} \tag{6.14}$$

式中：y_i 为第 i 月的实际蒸发蒸腾量与第 i 月月末的土壤水蓄量之和；X_i 为第 i 月的降水量与第 i 月月初的土壤水蓄量之和；a 为介于 0 和 1 之间的模型参数；b 为地下水位以上的非饱和带蓄水量上限值；随 X_i 增加，y_i 接近于 b 值。

参数 a 与参数 b 之间具有如下联系：

$$a=\frac{2b}{y(b)}-\left[\frac{b}{y(b)}\right]^2 \tag{6.15}$$

土壤水蓄量采用式（6.16）计算：

$$S_i = y_i \exp\left(-\frac{V_i}{b}\right) \tag{6.16}$$

式中：S_i 为第 i 月月末的土壤水蓄量；y_i 为第 i 月的实际蒸发蒸腾量与第 i 月月末的土壤水蓄量之和；V_i 为第 i 月的潜在蒸发蒸腾量；b 为地下水位以上的非饱和带蓄水量上限值。

实际蒸发蒸腾量采用式（6.17）计算：

$$E_i = y_i - S_i = y_i \left[1 - \exp\left(-\frac{V_i}{b}\right)\right] \tag{6.17}$$

式中：E_i 为第 i 月的实际蒸发蒸腾量；y_i 为第 i 月的实际蒸发蒸腾量与第 i 月月末的土壤水蓄量之和；S_i 为第 i 月月末的土壤水蓄量；V_i 为第 i 月的潜在蒸发蒸腾量；b 为地下水位以上的非饱和带蓄水量上限值。

模型的另外两个参数 c 和 d 用于计算直接径流量（direct runoff）、地下水补给量（groundwater recharge）和地下水出流量（groundwater discharge）：

$$DR = (1-c)(X_i - y_i) \tag{6.18}$$

$$GR = c(X_i - y_i) \tag{6.19}$$

$$GD = dG_i \tag{6.20}$$

上述三式中：DR 为直接径流量；GR 为地下水补给量；GD 为地下水出流量；X_i 为第 i 月的降水量与第 i 月月初的土壤蓄水量之和；y_i 为第 i 月的实际蒸发蒸腾量与第 i 月月末的土壤蓄水量之和；G_i 为第 i 月月末的地下水蓄量；c 和 d 为模型参数。

由地下水平衡关系可推得地下水储量为

$$G_i = \frac{1}{1+d}\left[c(X_i - y_i) + G_{i-1}\right] \tag{6.21}$$

式中：G_i 为第 i 月月末的地下水蓄量；G_{i-1} 为第 i 月月初的地下水蓄量；X_i 为第 i 月的降水量与第 i 月月初的土壤蓄水量之和；y_i 为第 i 月的实际蒸发蒸腾量与第 i 月月末的土壤蓄水量之和；c 和 d 为模型参数。

综上可见，参数 c 控制进入含水层中的水量，将径流划分为直接径流和间接径流两部分，参数 d 控制含水层中的地下水平均滞留时间，这两个参数与 a、b 能够定量描述流域产汇流的主要特征。对于给定的 a、b、c、d 一组参数，WB模型的计算很简便，对于输入的月降水量 x_i、月潜在蒸发蒸腾量 V_i、月初始土壤水蓄量 S_{i-1}，模型的计算逻辑如下：①利用式（6.14）计算第 i 月的实际蒸发蒸腾量与第 i 月月末的土壤水蓄量之和 y_i；②利用式（6.16）和式（6.17）计算第 i 月月末的土壤水蓄量 S_i 和第 i 月的实际蒸发蒸腾量 E_i；③利用式（6.18）计算直接径流量 DR；④利用式（6.20）和式（6.21）计算地下水蓄

量 G_i 和地下水出流量 GD。

然而，WB 模型只能模拟土壤水蓄量和地下水蓄量，不能模拟冠层蓄水量、积雪量等变化过程，而这些变量也是寒区流域蓄水量的组成成分。此外，WB 模型不能区分降雨和降雪，模拟的蒸发蒸腾量也不能区分冠层截留蒸发、雪升华、土壤蒸发、植被蒸腾等各种成分。尤其是在寒区的寒冷季节，流域径流主要由地下水补给，而 WB 模型在寒冷月份仍按降雨-径流关系模拟水量平衡，与事实不符。

6.2.2.2 SWAT

利用 SWAT 模拟流域水量平衡关系时，一个流域可以被划分为多个子流域，而一个子流域还可以包含若干 HRU。SWAT 提供了 Hargreaves、Priestley - Taylor、Penman - Monteith 三种方法计算潜在蒸发蒸腾量，能在 HRU 计算 PET 和模拟冠层截留蒸发、积雪升华、土壤蒸发、植被蒸腾等多种实际蒸发蒸腾成分，也能模拟积雪层、土壤层、浅层含水层、深层含水层等的水分变化动态，该模型细节描述见 Neitsch 等（2011）的文章。本章采取 SWAT 模拟流域水量平衡过程，从而获取 BH 方程涉及的 PET、ET、ΔS 等成分，其中 PET 及 ET 直接从模型输出文件获取，而 ΔS 利用 HRU 输出的积雪量、土壤剖面含水量、含水层蓄水量等计算。计算 ΔS 公式如下：

$$\Delta S = \Delta snw + \Delta sow + \Delta aq + \Delta surf + \Delta latf \tag{6.22}$$

式中：Δsnw 为积雪量的变化量，mm；Δsow 为土壤剖面蓄水量的变化量，mm；Δaq 为含水层蓄水量的变化量，mm；$\Delta surf$ 为地面径流延迟量的变化量，mm；$\Delta latf$ 为侧向流延迟量的变化量，mm。

为对比分析 SWAT 的有效性，同时采用 WB 模型和 SWAT 模拟各流域的水量平衡情况。为保证模拟条件一致，两模型的预热时段和率定时段相同，率定模型采用相同的天然径流量。WB 模型所需的月降水量、月潜在蒸发蒸腾量来源于 SWAT 模型输出结果。两个模型均采用判定系数 R^2、平均绝对误差（Mean Absolute Error，MAE）、均方根误差 $RMSE$ 三种指标评价模型的模拟结果，公式如下（Barrett，1974；Gupta et al.，1998；叶爱中等，2014）：

$$R^2 = \frac{\left[\sum_{i=1}^{n}(R_{s,i} - \overline{R}_s)\sum_{i=1}^{n}(R_i - \overline{R})\right]^2}{\sum_{i=1}^{n}(R_{s,i} - \overline{R}_s)^2\sum_{i=1}^{n}(R_i - \overline{R})^2} \tag{6.23}$$

$$MAE = \frac{1}{n}\sum_{i=1}^{n}\left|R_{s,i} - R_i\right| \tag{6.24}$$

$$RMSE = \sqrt{\frac{1}{n}\sum_{i=1}^{n}(R_{s,i} - R_i)^2} \tag{6.25}$$

上述三式中：R^2 为判定系数；MAE 为平均绝对误差；$RMSE$ 为均方根误差；R_i 为第 i 时段的天然径流量，mm；$R_{s,i}$ 为第 i 时段的模拟径流量，mm；$\overline{R}$ 为天然径流量的平均值，mm；$\overline{R}_s$ 为模拟径流量的平均值，mm。

本章利用日尺度气象数据驱动 SWAT，在 SWAT 中设定 Penman - Monteith 方法计算潜在蒸发蒸腾量，采用 SWAT - CUP 软件在月尺度下率定 SWAT 参数，率定算法采用 SUFI - 2（Abbaspour et al.，2007，2015）。对于同一个研究流域，利用 SWAT 输出的月尺度降水量、PET 驱动 WB 模型，WB 模型参数也采用 Free Search 算法率定。两模型均将 1951—1955 年作为预热期，1956—2000 年作为率定期，率定流量采用还原后的 1956—2000 年的月流量序列。

6.3 研究流域和数据

6.3.1 研究流域

在松花江流域收集了 12 个水文站的径流资料，这些水文站的具体信息见表 6.1，控制本章的 12 个研究流域，流域面积为利用 SWAT 和 DEM 数据提取流域后所得的数值。这 12 个研究流域具有相同时期（1956—2000 年）的径流资料，其中嫩江区域有 5 个流域，松花江吉林省段区域有 3 个流域，其他区域有 4 个流域。由于所选的流域均较大（最小的 B02 也具有 4201km^2 的流域面积），且实测径流量已进行还原计算，因此 12 个研究流域均按天然且闭合流域对待。

表 6.1 研究流域及其控制水文站信息

流域编号	水文站	东经/(°)	北纬/(°)	流域平均高程/m	流域面积/km^2
B01	古城子	124.261	48.532	583.5	25395
B02	那吉	123.466	48.093	502.2	4201
B03	依安	125.311	47.856	269.9	8291
B04	碾子山	122.878	47.483	566.3	13630
B05	晨明	129.478	46.973	424.2	19285
B06	两家子	123.000	46.733	751.6	15717
B07	兰西	126.342	46.254	247.1	27727
B08	长江屯	129.591	45.990	529.5	35711
B09	洮南	122.810	45.355	577.6	29034
B10	德惠	125.748	44.520	257.0	7591
B11	农安	125.197	44.417	219.8	7836
B12	丰满	126.650	43.733	578.6	43017

6.3.2 数据来源与预处理

地形数据采用中国地理空间数据云的 DEM，土地利用类型采用美国地质勘探局的 IGBP 土地覆盖数据，土壤属性数据从 HWSD 提取。

1951—2000 年的逐日气象数据（包括降水、相对湿度、气温、日照时数、风速等）来源于中国国家气象科学数据中心的中国地面气候资料日值数据集（V3.0），该数据集在松花江流域内及周边共包含 70 个气象站数据。在松花江流域范围内，首先，在 30′网格上对逐日气象数据进行空间插值处理，从而得到覆盖松花江全流域的 30′分辨率气象数据集，气象数据空间插值方法采用距离方向加权平均法（New et al.，1999，2000；Yang et al.，2007；孙福宝，2017；孙福宝等，2017）。其次，对于 SWAT，各子流域的气象输入数据，为组成子流域各网格气象数据的算数平均值，WB 模型的气象输入数据，为组成流域各网格气象数据的算数平均值。

采用前文第 2 章介绍的一致性处理方法对 1956—2000 年的实测月径流数据进行了还原计算，还原计算结果作为天然径流量。

6.4 结果分析

6.4.1 水量平衡模拟结果

表 6.2 为 WB 模型和 SWAT 在月时段内对 12 个流域的流量过程模拟结果。从表 6.2 可以看出，两个模型除了在 B05 流域的模拟结果相近外，SWAT 均比 WB 模型表现更好。图 6.3 是两个模型对 B06 流域的月流量模拟情况，其他 11 个流域的模拟情况相似。从图 6.3 可以看出，与 SWAT 模拟情况相比，在寒冷月份 WB 模型模拟的流量值明显偏大，流量曲线处于一种“抬升”状态，而在汛期又偏小，分析原因是 WB 模型的结构和参数难于平衡寒区流域的月流量剧烈变化过程。

表 6.2　WB 模型和 SWAT 模型的模拟结果评价

流域编号	WB 模型			SWAT		
	R^2	*MAE*/mm	*RMSE*/mm	R^2	*MAE*/mm	*RMSE*/mm
B01	0.73	7.48	12.84	0.80	6.28	10.81
B02	0.79	6.71	13.80	0.83	5.69	11.80
B03	0.64	4.29	8.72	0.75	3.28	7.23
B04	0.81	5.51	11.12	0.84	4.53	9.77
B05	0.76	9.82	13.50	0.75	9.90	13.82

续表

流域编号	WB模型			SWAT		
	R^2	*MAE*/mm	*RMSE*/mm	R^2	*MAE*/mm	*RMSE*/mm
B06	0.77	5.34	10.42	0.82	4.35	9.17
B07	0.67	6.62	10.35	0.84	4.23	7.08
B08	0.66	10.36	13.68	0.79	7.29	11.10
B09	0.82	2.58	4.14	0.84	2.28	3.93
B10	0.77	5.69	9.84	0.83	4.66	8.44
B11	0.70	2.62	4.92	0.81	2.02	4.06
B12	0.81	10.25	14.17	0.87	8.19	12.18
平均	0.74	6.44	10.62	0.81	5.23	9.12

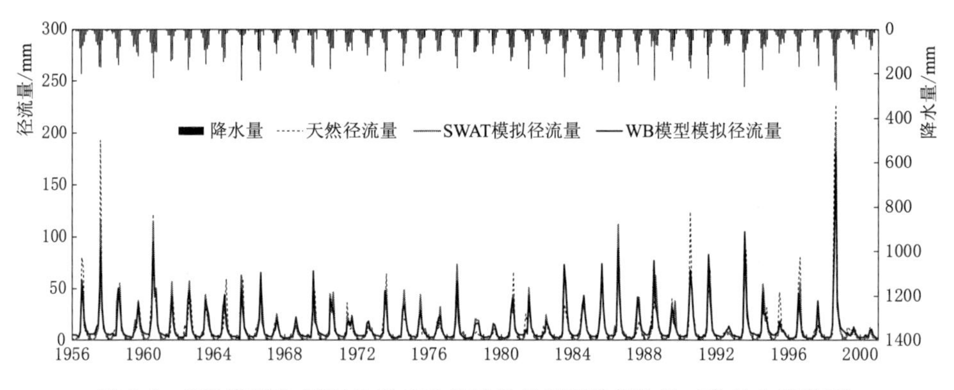

图 6.3 WB 模型和 SWAT 对 B06 流域的月径流模拟结果（参见文后彩图）

如果以 12 个研究流域的模拟评价指标平均值考查，WB 的 $R^2=0.74$ ($P<0.01$)、$MAE=6.44$mm、$RMSE=10.62$mm，而 SWAT 的 $R^2=0.81$ ($P<0.01$)、$MAE=5.23$mm、$RMSE=9.12$mm，这表明在模拟地处寒区的松花江水系流域尺度水量平衡关系时，相较于 WB 模型，SWAT 更适合模拟地处寒区的松花江各流域的水量平衡过程，因此，采用 SWAT 模拟的 ET 和 ΔS 开展下述分析。

6.4.2 Budyko 方程在松花江流域的适用性

6.4.2.1 年度评价

按降水、有效降水两种驱动数据，在年尺度上建立了各研究流域的 BH 方程，对于具备参数的 Fu 方程、SF-1 方程、SF-2 方程，利用 FS 算法率定了方程参数。采用平均绝对误差 *MAE* 和均方根误差 *RMSE* 两种指标评价 5 种 BH 方程的适用性：

$$MAE = \frac{1}{n}\sum_{i=1}^{n} | ET_{s,i} - ET_i | \quad (6.26)$$

$$RMSE = \sqrt{\frac{1}{n}\sum_{i=1}^{n} (ET_{s,i} - ET_i)^2} \quad (6.27)$$

上述两式中：MAE 为平均绝对误差；$RMSE$ 为均方根误差；ET_i 为 SWAT 模拟的第 i 月的实际蒸发蒸腾量，mm；$ET_{s,i}$ 为 BH 方程模拟的第 i 月的实际蒸发蒸腾量，mm。

利用式（6.26）和式（6.27），5 种 BH 方程在 12 个研究流域的 ET 模拟结果见表 6.3，其中 MAE_P、$RMSE_P$ 是指利用降水数据驱动的 BH 方程模拟精度，而 MAE_{PE}、$RMSE_{PE}$ 是指利用有效降水数据驱动的 BH 方程模拟精度。另外，对于流域 B03、流域 B06、流域 B09、流域 B10、流域 B11，利用降水数据得到的蒸发蒸腾与干旱指数部分散点在限制线以外，不再符合 Budyko 假设，因此不再拟合 BH 方程，在表 6.3 中以“—”表示。

表 6.3　5 种 BH 方程在松花江流域的 ET 模拟结果

流域编号	BH 方程	MAE_P/mm	$RMSE_P$/mm	MAE_{PE}/mm	$RMSE_{PE}$/mm
B01	Budyko	54.95	60.27	55.05	58.57
	Schreiber	29.37	33.85	27.79	31.78
	Fu	17.16	21.63	14.24	17.87
	SF-1	16.00	20.03	13.17	16.42
	SF-2	14.48	18.16	11.87	14.75
B02	Budyko	76.18	84.71	77.05	83.38
	Schreiber	54.30	62.26	55.11	60.95
	Fu	22.82	28.33	19.47	24.21
	SF-1	21.92	26.86	18.74	22.96
	SF-2	20.14	24.40	17.43	21.10
B03	Budyko	—	—	27.81	33.03
	Schreiber	—	—	38.29	43.09
	Fu	—	—	28.29	34.00
	SF-1	—	—	26.71	32.15
	SF-2	—	—	26.71	32.15
B04	Budyko	70.38	82.28	70.53	79.87
	Schreiber	52.77	62.52	51.99	60.23
	Fu	29.01	35.48	24.85	29.19
	SF-1	27.76	33.51	23.70	27.52
	SF-2	25.14	29.85	21.49	24.68

续表

流域编号	BH 方程	MAE_P/mm	$RMSE_P$/mm	MAE_{PE}/mm	$RMSE_{PE}$/mm
B05	Budyko	66.31	71.64	67.83	70.56
	Schreiber	34.03	38.20	32.74	36.40
	Fu	18.21	24.06	14.63	17.94
	SF-1	16.65	22.04	13.59	16.41
	SF-2	15.24	19.42	12.35	14.42
B06	Budyko	—	—	70.80	77.37
	Schreiber	—	—	52.27	58.14
	Fu	—	—	18.81	23.72
	SF-1	—	—	17.91	22.50
	SF-2	—	—	16.64	20.67
B07	Budyko	41.53	52.94	38.10	46.49
	Schreiber	26.78	34.38	20.72	26.81
	Fu	31.84	37.19	22.26	26.99
	SF-1	29.43	34.79	20.71	25.58
	SF-2	28.43	33.57	20.12	25.00
B08	Budyko	40.98	45.57	35.74	39.60
	Schreiber	15.49	18.98	12.54	15.12
	Fu	18.04	22.32	15.11	18.22
	SF-1	16.20	20.12	13.76	16.47
	SF-2	12.27	16.01	10.63	13.10
B09	Budyko	—	—	15.71	22.77
	Schreiber	—	—	14.15	18.23
	Fu	—	—	15.79	20.96
	SF-1	—	—	14.37	19.28
	SF-2	—	—	14.24	19.00
B10	Budyko	—	—	24.98	29.85
	Schreiber	—	—	38.30	43.77
	Fu	—	—	25.89	31.03
	SF-1	—	—	24.50	29.18
	SF-2	—	—	24.42	29.08

续表

流域编号	BH 方程	MAE_P/mm	$RMSE_P$/mm	MAE_{PE}/mm	$RMSE_{PE}$/mm
B11	Budyko	—	—	40.93	45.41
	Schreiber	—	—	62.91	67.07
	Fu	—	—	19.36	24.30
	SF-1	—	—	23.26	27.11
	SF-2	—	—	18.99	23.83
B12	Budyko	59.87	63.03	60.90	63.14
	Schreiber	18.56	22.56	18.48	21.53
	Fu	15.40	18.15	12.39	15.13
	SF-1	14.12	16.49	11.06	13.64
	SF-2	12.00	14.33	9.59	11.73

从表6.3可以看出，将有效降水 PE 作为闭合流域蒸发蒸腾量的潜在供水量时，所有流域都满足 Budyko 假设。在年尺度上，当采用有效降水 PE 作为方程输入数据时，松花江的12个研究流域的蒸发蒸腾与干旱指数散点均符合 Budyko 假设；对于同一个研究流域，相对于降水量 P，有效降水 PE 能显著改善BH方程的模拟效果；对于同一个研究流域，无论是降水量 P 驱动，还是有效降水 PE 驱动，具有参数的方程 Fu 方程、SF-1方程、SF-2方程的模拟效果更好，总体表现上，各方程模拟精度的排序是 SF-2方程＞SF-1方程＞Fu方程＞Schreiber方程＞Budyko方程，验证了前文提出的BH方程在松花江流域的适用性。

6.4.2.2 年度 ET 模拟

图6.4给出5个BH方程对12个研究流域年尺度实际蒸发蒸腾量的模拟情况，由于在降水量 P 驱动下多个流域的散点不符合BH假设，因此只绘制了有效降水 PE 驱动情况。

从图6.4可以看出：在所有研究流域中，Fu方程、SF-1方程、SF-2方程的模拟值相近，且更贴近实际蒸发蒸腾量的年值散点；在所有研究流域中，Budyko方程模拟值始终高于 Schreiber 方程，除流域B10、流域B12之外，Budyko方程的模拟值均最大；在流域B03、流域B10，Budyko方程模拟值与Fu方程、SF-1方程、SF-2方程的模拟值相近，尤其在流域B10，从图形看4个方程的模拟值几乎重叠在一起；在流域B07、流域B08、流域B09，Schreiber方程模拟值与Fu方程、SF-1方程、SF-2方程的模拟值相近。

从图6.4看，虽然Fu方程的模拟情况与SF-1方程、SF-2方程接近，但模拟的年实际蒸发蒸腾量数值相差可达十几毫米甚至几十毫米。例如：从图6.4

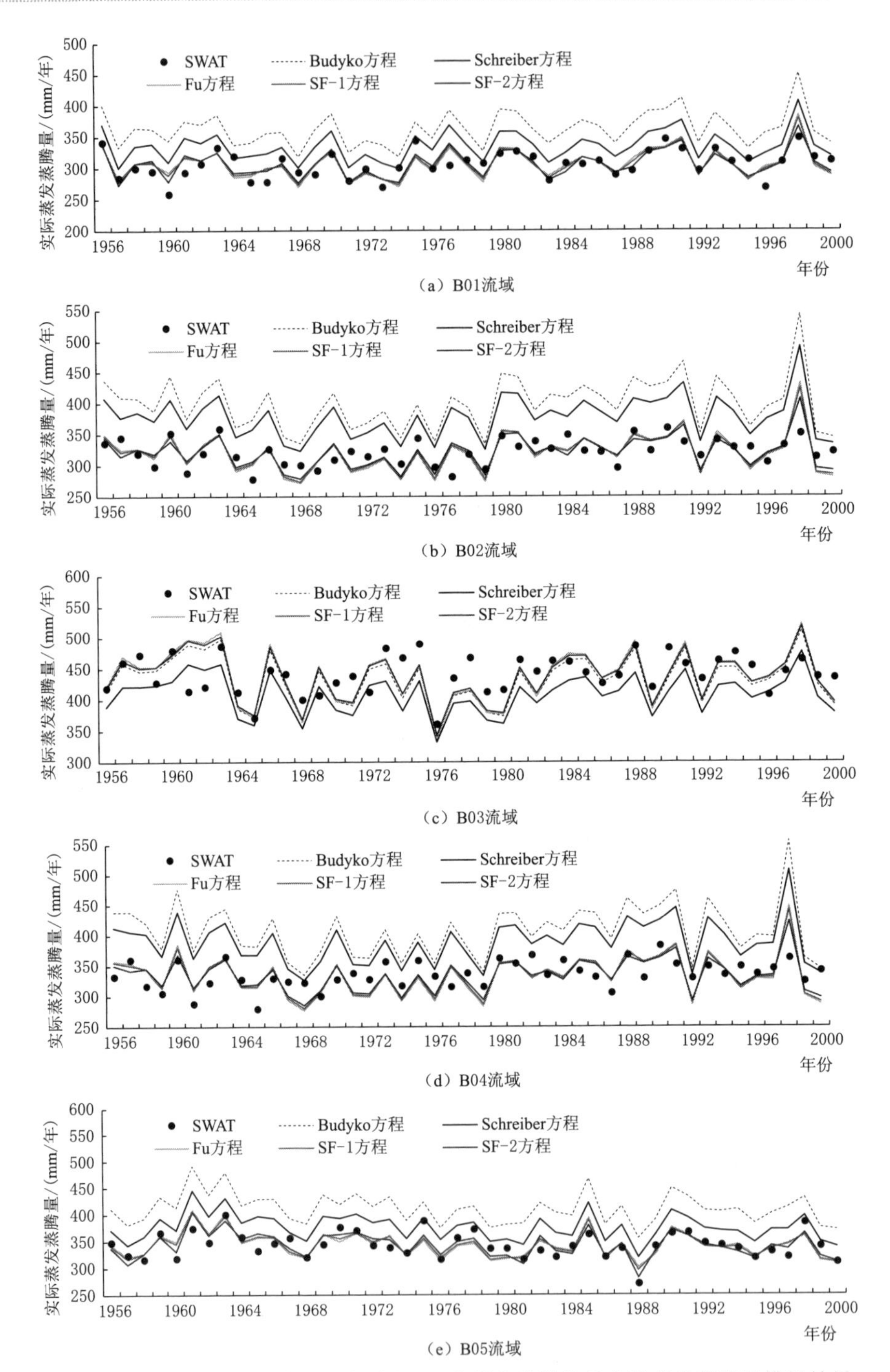

图6.4(一) 不同BH方程对松花江12个研究流域的年实际蒸发蒸腾量模拟结果(参见文后彩图)

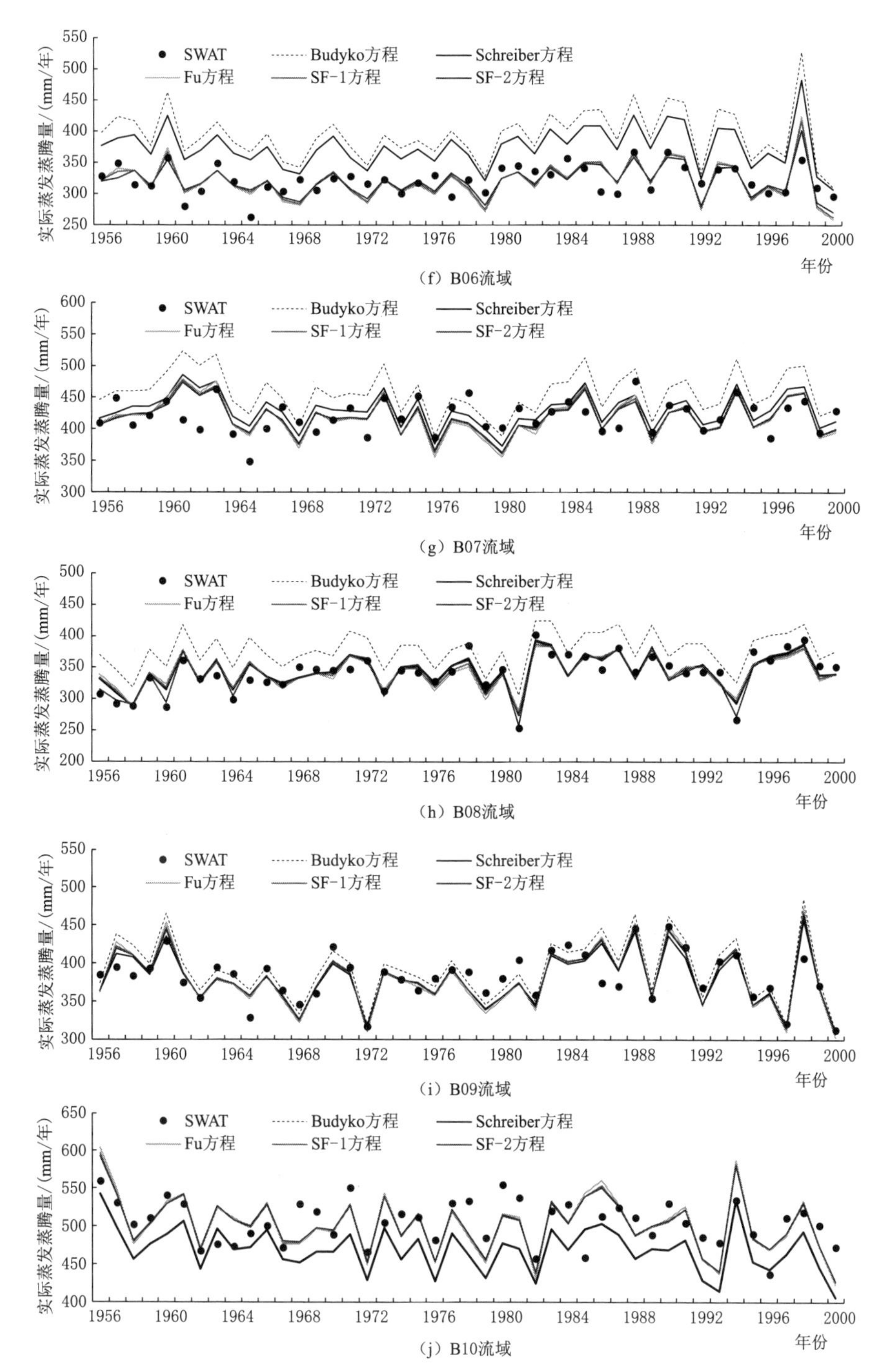

图 6.4（二） 不同 BH 方程对松花江 12 个研究流域的年实际蒸发蒸腾量模拟结果（参见文后彩图）

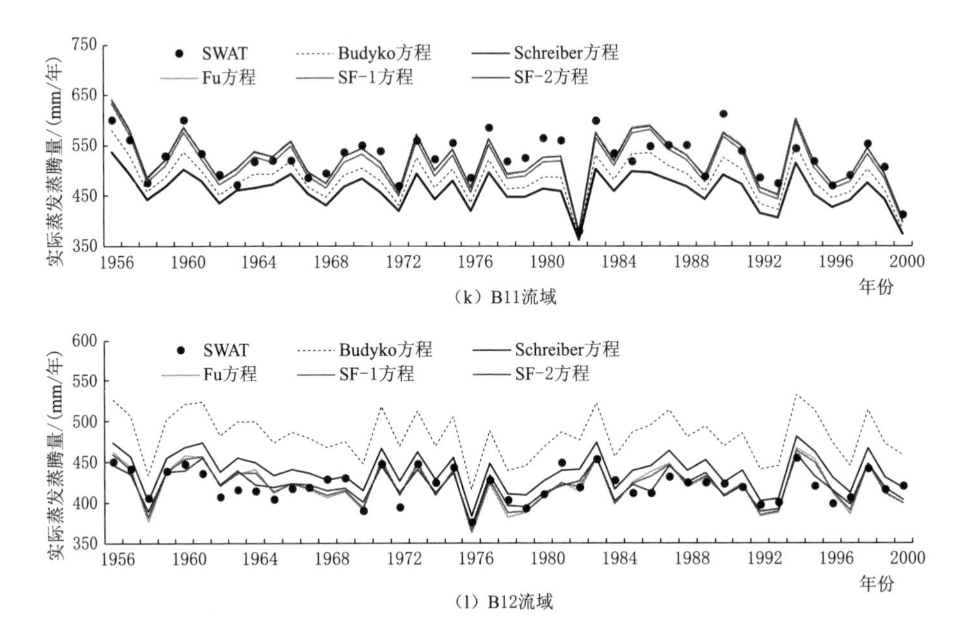

图6.4(三) 不同BH方程对松花江12个研究流域的年实际蒸发蒸腾量模拟结果
(参见文后彩图)

可以明显看出，5种BH方程在1998年对B04流域的实际蒸发蒸腾量模拟值均偏高，该年的实际蒸发蒸腾量为363.1mm，Fu方程、SF-1方程、SF-2方程的模拟值分别为449.2mm、440.9mm、423.7mm，Fu方程模拟值比SF-1方程、SF-2方程的模拟值分别高出8.2mm、25.5mm。类似情况在12个研究流域的年度模拟过程中很常见，见图6.4。因此，如果采用BH方程模拟松花江流域的年尺度实际蒸发蒸腾量，建议首选SF-2方程，其次是SF-1方程和Fu方程。

6.5 本章小结

(1) 在年时间里尺度内，以降水量代表陆面蒸发蒸腾量的水分供给量时，在松花江的12个研究流域中，有5个流域的蒸发蒸腾比与干旱指数散点群的分布不符合Budyko假设；当以有效降水量代表陆面蒸发蒸腾量的水分供给量时，所有的研究流域的蒸发蒸腾比与干旱指数散点群都符合Budyko假设。这表明在年度内，应用Budyko假设研究松花江流域的水量平衡关系时，必须考虑流域蓄水量的变化量。

(2) 由于典型的BH方程对松花江部分流域的蒸发蒸腾比与干旱指数散点群拟合情况欠佳，因此提出了一个耦合Fu方程和Schreiber方程的新BH方程，依据参数个数情况分别为 SF－1 方程、SF－2 方程。经过 12 个研究流域验证，在模拟地处寒区的松花江流域年度实际蒸发蒸腾量时，含有 2 个参数的 SF－2 方程表现最好，其次是含有 1 个参数的 SF－1 方程和 Fu 方程。

（3）为了进行对比分析，在获取流域月份实际蒸发蒸腾量时引入了 WB 模型和 SWAT；在验证 SF－1 方程、SF－2 方程时，同时也对比分析 Budyko 方程、Schreiber 方程、Fu 方程。结果表明：应用较普遍的 WB 模型虽然结构简单，参数少，但在模拟寒区流域月份径流量时表现不如 SWAT；Budyko 方程、Schreiber 方程在模拟寒区流域的年份实际蒸发蒸腾量时，模拟性能不稳定，总体上模拟效果欠佳。

第7章

土壤侵蚀与水土流失过程模拟

对于土壤侵蚀与水土流失过程模拟而言，弄清土壤侵蚀、水土流失的内涵和外延，将有助于明确水文模型模拟的对象以及模拟的主要变量。多年以来，我国已有多位学者对土壤侵蚀、水土流失的概念进行了界定。本章在综述多位学者观点后，首先阐明对“土壤侵蚀”和“水土流失”基本概念的认识，继而介绍SWAT模拟土壤侵蚀、河道泥沙演算两种过程与我国土壤侵蚀、水土流失两部分内容的联系，最后以呼兰河流域为例，利用SWAT模拟流域尺度的土壤侵蚀过程以及流域出口站的水土流失过程。

7.1 水土流失与土壤侵蚀

张双银（1992）认为“水土流失”是一个广义、相对的概念，是某地貌单元内的固体、液体以及溶解物质在外营力作用下发生的运动、蓄积过程，输出某地貌单元的物质量称为水土流失量。具体包含五方面：①“水土流失”是相对于某地貌单元而言的，具有相对性。“地貌单元”是指根据生产或科研需要而确定的特定单元，可以是人类活动范围内的某一质点、地块、小流域、大流域，乃至全球所有陆地。②地表物质由水分、土壤、母质层、松散碎屑物、枯枝落叶物等组成，地表物质的侵蚀与流失包括土壤和未形成土壤的其他物质。水土流失不仅是水分与土壤的流失，也包含了土壤养分及其他固体及溶解物质的流失，以及土壤贫瘠、生态环境恶化等，具有广义性。③“外营力”包括水力、风力、重力、冻融及人为因素。④将水土流失过程理解为泥沙运动过程是不全面的。⑤水土流失量是某地貌单元的产物，被输出单元边界的物质量（流失量）与边界内的蓄积量仅存在输送关系，如果认为边界内的蓄积量也是流失量，将失去水土流失概念的相对性。在“土壤侵蚀”方面，张双银（1992）认为土壤侵蚀过程就是外营力对土壤质点做侵蚀功的过程，也是土壤质点从量变到质变的过程，土壤颗粒在质变阶段开始发生位移即为土壤侵蚀。

夏卫兵（1994）将国内外专家学者对“水土流失”“土壤侵蚀”等概念的理解概括为“水土流失＝土的流失”“水土流失＝水力侵蚀”“水土流失⊃土壤侵蚀”“过程与效果”“狭义和广义”五种类型，并从水土保持科学产生与发展历史、语言词汇等方面分析了产生这些概念歧义的原因。同时，夏卫兵（1994）也给出了水土流失和土壤侵蚀的含义：“水土流失”是指在陆地表面由外营力及人类不合理的生产经营活动所引起的水土资源和土地生产力的损失和破坏；“土壤侵蚀”是指地球陆地表面的土壤、土壤母质及其他地面组成物质，在水力、风力、冻融和重力等作用以及人类不合理的生产经营活动影响下，所发生破坏、磨损、分散、搬运和沉积的全过程。

宋桂琴（1997）从字面、内涵两方面解释了“水土流失”与“土壤侵蚀”的概念。在字面方面，有两点区别：一是主体不同，水土流失主体包括“水”“土壤”两种，土壤侵蚀主体只指“土壤”；二是运动状态不同，水土流失是“散失”或“被带走”，土壤侵蚀只是“被破坏”或“腐蚀”。在内涵方面，水土流失的“土”不仅指生长植物的土壤，也指包括土壤在内的土壤母质、岩石风化物及其所含的各种营养元素等物质；水既是流失的主体，又是造成流失的动力之一。土壤侵蚀的内涵与字面意义基本吻合，“土壤”是指包括土壤在内的土壤母质、岩石风化物及其所含的各种营养元素等固体物质；土壤侵蚀可以定义为水力、风力、重力、温度及人为力量等使土壤的物理结构或化学成分发生破坏或位移的过程。依据宋桂琴（1997）阐述概念，容易理解“土地生产力降低”属于水土流失概念的外延，是水土流失众多的后果之一，这些后果既包括有对农林草地的破坏并致使其生产力的降低，也包括对河道、渠道、水库、道路等的淤积破坏等。

赵虎牛等（2001）认为当外营力对水土资源和土地生产力造成损失和破坏时，则称为水土流失。土壤侵蚀的基本特征就是土壤发生破坏和搬迁，可划分为良性侵蚀和恶性侵蚀两类。水土流失与土壤侵蚀的本质区别主要表现在：①对土壤破坏和搬迁的程度不同。“土壤侵蚀”强调土壤受自然及人类生产活动的破坏作用，至于发生破坏的程度和搬迁距离（或范围）无特别规定；而“水土流失”强调流域内土壤遭受破坏后水土资源的流失现象，这种流失是跨流域范围的运移。②对土壤破坏和搬迁的数量不同。流域内遭受侵蚀破坏的部分土壤，被搬迁运移到流域出口以外的数量就是水土流失的量，另一部分土壤就近沉淀淤积到流域的低洼地带。所以，土壤侵蚀量为水土流失量与低洼地带沉积量的和。③土壤遭受破坏和搬迁的现象均属于土壤侵蚀，是绝对的；水土流失是发生在上下游流域之间的水土搬迁现象，小一级流域的土壤受侵蚀破坏后搬迁运行沉积到大一级流域的低洼地带以后，相对于小一级流域而言是水土流失，但相对于大一级流域则不属于水土流失。

综上可见，虽然还难于对“土壤侵蚀”和“水土流失”给出符合上述所有学者观点的定义，但综合各位学者的观点仍能清晰得出几点认识：①当将“水土流失”中的“水”和“土”视为名词时，“水”与“土”为并列关系；“水”不仅指水分、水资源，也包含水中溶解的物质，如土壤溶液中的可溶性营养成分等；“土”也不仅指生长植物的土壤，还包括土壤母质、松散碎屑物、岩石风化物等固体物质。②“流失”不是“消失”，其“失”是相对于一定的时空范围而言的，相对于小一级的流域而言是流失，但相对于大一级的流域而言就不是流失。③外营力包括水力、风力、重力、冻融、人为因素等多项，随“水”流失不是“土壤流失”的唯一途径，土壤也可能随风等途径流失。④土壤侵蚀是自然和人类生产活动造成的土壤破坏、改变、分散、搬运和沉积等过程，“土壤侵蚀”不等同于“土壤流失”，被侵蚀的土壤在随水、风等的搬迁与运移过程中，超出范围界限（如流域出口）之前属于土壤侵蚀范畴，在超出范围界限（如流域出口）之后才属于土壤流失。

自然界的水力、风力、重力、地质等作用，大气环流、水循环等现象，气候变化以及陆面覆盖与地形变化等，都是客观持续存在的，是产生土壤侵蚀的重要诱因，也是形成产流、汇流的本质原因。因此，土壤侵蚀与水土流失的发生都是必然的，具有绝对性。同时，当以流域为视角审视时，流域内的土壤破坏、改变、分散、搬运和沉积等过程为侵蚀，当土壤运移和水的汇流跨越了不同级别的流域时，相较于更高一级或多级的流域而言，低级别的流域才是土壤流失及水流失。可见，土壤侵蚀和水土流失都是相对于一定的时空范围而言的，也具有相对性。

当以水为主要外营力的土壤侵蚀和水土流失作为研究对象时，对于微观的坑洼，以及由较小的沟道、间歇性河道、常年性河道、江河等各个断面所控制的集水区而言，“水”必然会“流”动，产汇流过程一定会发生，不可能、也无必要将“水”全部滞留在某个集水区而使之不“流失”。因此，将“水土流失”称为“水土流出”可能更恰当、明确，采取一定的农业、工程、生物等技术措施，将不同时空范围内“水土流出”控制在适当的范围内，可能才是对待水土保持工作的客观科学态度。

7.2 SWAT 模拟土壤侵蚀与水土流失过程原理

SWAT 能够在陆面和河道模拟 sediment（这里译为沙或泥沙）的运移过程。在陆面侵蚀（erosion）部分，SWAT 采用修正的通用土壤流失方程 MUSLE 估算由降水和径流等引起的产沙量；在河道演算部分，利用 Bagnold 方程等多种方法模拟泥沙的运移、沉积等过程（Neitsch et al.，2011，2012）。SWAT 在模拟泥沙的产生与运移过程时，不仅涉及陆面（水文响应单元、子流域等）、河道（河岸、河床等）部分，也涉及吸附在泥沙颗粒上以及河床沉积物中的营养物、农药等的运移过程，涵盖土壤侵蚀、土壤及其养分的流失等，符合上述学者论述的土壤侵蚀与水土流失的内涵。从模型模拟角度看，SWAT 的土壤侵蚀、河道演算两部分模拟计算分别对应土壤侵蚀及水土流失两部分内容。

在流域尺度，目前容易监测、收集的资料仍是水文站监测的流量、输沙量数据，而普遍缺失流域土壤侵蚀资料。SWAT 可以模拟流域内任意水文响应单元（或子流域）的产沙（土壤侵蚀）量，也可以模拟流域内任意河道断面的流量与输沙（水土流失）量，因此，研究 SWAT 模拟出流、输沙过程有助于反映流域的土壤侵蚀及水土流失状况，为在流域尺度制定合理的土壤侵蚀和水土流失防治措施提供数据支撑。第 5 章已有关于 SWAT 模拟流量过程的内容，以下以 SWAT 模拟输沙过程研究为主。

7.2.1 SWAT 侵蚀量计算

7.2.1.1 通用土壤流失方程

MUSLE 是通用土壤流失方程（universal soil loss equation，USLE）的修正形式。SWAT 运用 MUSLE 估算水文响应单元的产沙量，方程如下（Williams，1975；Neitsch et al.，2011，2012）：

$$sed = 11.8 \times (Q_{\mathrm{surf}} \times q_{\mathrm{peak}} \times area_{\mathrm{HRU}})^{0.56} \times K_{\mathrm{USLE}} \times C_{\mathrm{USLE}} \times P_{\mathrm{USLE}} \times LS_{\mathrm{USLE}} \times CFRG \tag{7.1}$$

式中：sed 为 MUSLE 计算的日产沙量，t；Q_{surf} 为地面径流量，$\mathrm{mm/hm^2}$；q_{peak} 为洪峰流量，$\mathrm{m^3/s}$；$area_{\mathrm{HRU}}$ 为水文响应单元面积，$\mathrm{hm^2}$；K_{USLE} 为 USLE 的土壤可蚀性因子，$(0.013\mathrm{t \cdot m^2 \cdot h})/(\mathrm{m^3 \cdot t \cdot cm})$；$C_{\mathrm{USLE}}$ 为 USLE 的覆盖与管理因子；P_{USLE} 为 USLE 的水土保持措施因子；LS_{USLE} 为 USLE 的地形因子；$CFRG$ 为粗糙度因子。

1. 土壤可蚀性因子

当其他所有因子都相同时，一些土壤相较于其他土壤更容易侵蚀，这种源于土壤自身性质的差异称为土壤可蚀性。直接测定土壤可蚀性因子耗时费力，Williams（1995）提出了一个计算 USLE 土壤可蚀性因子的方程，公式如下：

$$K_{\mathrm{USLE}} = f_{\mathrm{csand}} f_{\mathrm{cl\text{-}si}} f_{\mathrm{orgc}} f_{\mathrm{hisand}} \tag{7.2}$$

$$f_{\mathrm{csand}} = 0.2 + 0.3\exp\left[-0.256 m_{\mathrm{s}}\left(1 - \frac{m_{\mathrm{silt}}}{100}\right)\right] \tag{7.3}$$

$$f_{\mathrm{cl\text{-}si}} = \left(\frac{m_{\mathrm{silt}}}{m_{\mathrm{c}} + m_{\mathrm{silt}}}\right)^{0.3} \tag{7.4}$$

$$f_{orgc}=1-\frac{0.25orgC}{orgC+\exp(3.72-2.95orgC)} \tag{7.5}$$

$$f_{hisand}=1-\frac{0.7(1-m_s/100)}{(1-m_s/100)+\exp[-5.51+22.9(1-m_s/100)]} \tag{7.6}$$

上述五式中：K_{USLE} 为 USLE 的土壤可蚀性因子；f_{csand} 反映含沙量对土壤可蚀性的影响，含沙量高的土壤可蚀性低；$f_{cl\text{-}si}$ 为反映黏粒与粉粒比值对土壤可蚀性的影响，高比值的土壤可蚀性低；f_{orgc} 反映有机碳含量对土壤可蚀性的影响，有机碳含量高的土壤可蚀性低；f_{hisand} 反映极高含沙量对土壤可蚀性的影响，极高含沙量会降低土壤可蚀性；m_s 为砂粒百分含量，%；m_{silt} 为粉粒百分含量，%；m_c 为黏粒百分含量，%；$orgC$ 为有机碳百分含量，%。

2. 覆盖与管理因子

USLE 的覆盖与管理因子 C_{USLE} 定义为特定条件下耕种地的土壤流失量与清耕后且连续休耕地的土壤流失量的比值（Wischmeier et al.，1978）。由于植被覆盖随植被的生长过程而变化，SWAT 采用式（7.7）逐日更新 C_{USLE}：

$$C_{USLE}=\exp\{[\ln(0.8)-\ln(C_{USLE,mn})]\times\exp(-0.00115rsd_{surf})+\ln(C_{USLE,mn})\} \tag{7.7}$$

式中：C_{USLE} 为 USLE 的覆盖与管理因子；$C_{USLE,mn}$ 为覆盖与管理因子的最小值；rsd_{surf} 为土壤表面的残留物量，kg/hm^2。

3. 水土保持措施因子

USLE 的水土保持措施因子 P_{USLE}，为特定水土保持措施下的土壤流失量与顺坡耕作的土壤流失量的比值。水土保持措施包括等高耕作、等高条植耕作、梯田系统。等高耕作和等高条植耕作几乎可以抵抗中低强度暴雨的侵蚀，但对高强度暴雨几乎不起作用。等高耕作、等高条植耕作、梯田系统的 P_{USLE} 值，可以依据土地坡度、坡长、条带宽度、土地规划等指标，通过查表等确定，具体可参考相关文献（Neitsch et al.，2011，2012）。

4. 地形因子

USLE 的地形因子 LS_{USLE} 表示其他条件相同时，田间坡度下单位面积土地的土壤流失量与坡度为 9%、长度为 22.1m 土地的土壤流失量的比值。计算方法如下：

$$LS_{USLE}=\left(\frac{L_{hill}}{22.1}\right)^m\times[65.41\sin^2(\alpha_{hill})+4.56\sin(\alpha_{hill})+0.065] \tag{7.8}$$

$$m=0.6[1-\exp(-35.835slp)] \tag{7.9}$$

$$slp=\tan(\alpha_{hill}) \tag{7.10}$$

上述三式中：LS_{USLE} 为 USLE 地形因子；L_{hill} 为坡长，m；α_{hill} 为坡角；m 为方程指数；slp 为水文响应单元坡度，m/m。

5. 粗糙度因子

粗糙度因子 $CFRG$ 的计算公式为

$$CFRG = \exp(-0.053 rock) \tag{7.11}$$

式中：$CFRG$ 为粗糙度因子；$rock$ 为第一土壤层中的砾石百分含量，%。

7.2.1.2 积雪覆盖对产沙量的影响

积雪覆盖区的降水和径流侵蚀能力要小于无积雪覆盖区。当一个水文响应单元中有积雪时，SWAT 采用下式修正产沙量：

$$sed' = \frac{sed}{\exp\left(\frac{3SNO}{25.4}\right)} \tag{7.12}$$

式中：sed'为利用积雪量修正的日产沙量，t；sed 为 MUSLE 计算的日产沙量，t；SNO 为某天的积雪量，mm。

7.2.1.3 径流中的泥沙

在汇流时间超过 1d 的较大子流域，当天产生的地面径流量仅有一部分能够到达主河道，地面径流中的泥沙也随之延迟。当计算出地面径流中的含沙量后，汇入主河道的泥沙量为

$$sed = (sed' + sed_{\text{stor},i-1})\left[1 - \exp\left(\frac{-surlag}{t_{\text{conc}}}\right)\right] \tag{7.13}$$

式中：sed 为某日随地面径流汇入主河道的泥沙量，t；sed'为某日水文响应单元的产沙量，t；$sed_{\text{stor},i-1}$ 为前一天存储或延迟的泥沙量，t；$surlag$ 为地面径流延迟系数；t_{cnoc} 为水文响应单元的汇流时间，h。

SWAT 允许侧向流和地下径流向主河道输送泥沙，计算输送泥沙量的公式为

$$sed_{\text{latgw}} = \frac{(Q_{\text{lat}} + Q_{\text{gw}}) \times area_{\text{HRU}} \times conc_{\text{sed}}}{1000} \tag{7.14}$$

式中：sed_{latgw} 为侧向流和地下径流的携沙量，t；Q_{lat} 为某日的侧向流产流量，mm；Q_{gw} 为某日的地下径流产流量，mm；$area_{\text{HRU}}$ 为水文响应单元的面积，km^2；$conc_{\text{sed}}$ 为侧向流和地下径流的含沙量，mg/L。

7.2.2 SWAT 河道泥沙演算

在 SWAT 中，每个子流域有一个主河段，SWAT 在这些河段演算泥沙量。早期版本的 SWAT 运用 Bagnold (1977) 河流功率方程计算河段可输送的最大泥沙量，而当前版本的 SWAT 集成了多种河流功率方程模拟河岸与河床侵蚀、泥沙运移与沉积等，默认的方法是简化的 Bagnold 方程。

在简化的Bagnold方程中，河段输送的最大含沙量是河道洪峰流速的函数，计算公式为（Bagnold，1977；Neitsch et al.，2011，2012）

$$conc_{sed,ch,mx}=c_{sp}v_{ch,pk}^{spexp} \tag{7.15}$$

$$v_{ch,pk}=\frac{q_{ch,pk}}{A_{ch}} \tag{7.16}$$

$$q_{ch,pk}=prf\times q_{ch} \tag{7.17}$$

上述三式中：$conc_{sed,ch,mx}$ 为河流能够输送的最大含沙量，t/m^3 或 kg/L；c_{sp} 为方程的系数；$v_{ch,pk}$ 为河流的洪峰流速，m/s；$spexp$ 为方程的指数，在Bagnold的原河流功率方程中被设置为1.5；$q_{ch,pk}$ 为洪峰流量，m^3/s；A_{ch} 为河道过水断面的面积，m^2；prf 为洪峰流量的校正因子；q_{ch} 为平均流量，m^3/s。

SWAT将比较河流能够输送的最大含沙量 $conc_{sed,ch,mx}$ 与计算时段之初的河段含沙量 $conc_{sed,ch,i}$ 的大小，如果 $conc_{sed,ch,i}>conc_{sed,ch,mx}$，则河段以沉积过程为主，该河段上的泥沙净沉积量为

$$sed_{dep}=(conc_{sed,ch,i}-conc_{sed,ch,mx})\times V_{ch} \tag{7.18}$$

式中：sed_{dep} 为沉积在河段的泥沙量，t；$conc_{sed,ch,mx}$ 为河流能够输送的最大含沙量，t/m^3 或 kg/L；$conc_{sed,ch,i}$ 为河段的初始含沙量，t/m^3 或 kg/L；V_{ch} 为河段的水量，m^3。

如果 $conc_{sed,ch,i}<conc_{sed,ch,mx}$，则河段以冲刷过程为主，河流中的泥沙净增量为

$$sed_{deg}=(conc_{sed,ch,mx}-conc_{sed,ch,i})V_{ch}K_{CH}C_{CH} \tag{7.19}$$

式中：sed_{deg} 为河流中增加的泥沙量，t；$conc_{sed,ch,mx}$ 为河流能够输送的最大含沙量，t/m^3 或 kg/L；$conc_{sed,ch,i}$ 为河段的初始含沙量，t/m^3 或 kg/L；V_{ch} 为河段的水量，m^3；K_{CH} 为河道的侵蚀因子；C_{CH} 为河道的覆盖因子。

河道侵蚀因子 K_{CH} 在概念上与USLE方程中采用的土壤侵蚀因子相似，是河床或河岸物质特性的函数。河道覆盖因子 C_{CH} 是指特定植被覆盖河道的冲刷量与没有植被覆盖河道的冲刷量的比值。

当计算出沉积量和冲刷量后，河段最终的泥沙量为

$$sed_{ch}=sed_{ch,i}-sed_{dep}+sed_{deg} \tag{7.20}$$

式中：sed_{ch} 为河段的悬移质泥沙量，t；$sed_{ch,i}$ 为时段初的河段悬移质泥沙量，t；sed_{dep} 为沉积在河段的泥沙量，t；sed_{deg} 为河流中增加的泥沙量，t。

河段输出的泥沙量为

$$sed_{out}=sed_{ch}\frac{V_{out}}{V_{ch}} \tag{7.21}$$

式中：sed_{out} 为河段输出的泥沙量，t；sed_{ch} 为河段的悬移质泥沙量，t；V_{out} 为时段内的出流量，m^3；V_{ch} 为河段的水量，m^3。

7.3 SWAT 模拟呼兰河流域产沙与输沙过程

限于收集到的输沙量资料有限，本章仍以呼兰河兰西站以上集水区（以下仍称呼兰河流域）为研究区，以子流域产沙过程、河道输沙过程为模拟对象构建 SWAT，并采用 SWAT-CUP 率定 SWAT 泥沙参数，在 SWAT 模拟精度达到标准后，利用率定好的 SWAT 模拟呼兰河流域产沙与输沙过程。

7.3.1 SWAT 产沙输沙建模与率定方法

7.3.1.1 基础数据

构建 SWAT 所需的 DEM、土地利用/覆盖、土壤、气象等数据的来源和预处理方法与第 5 章相同。在收集呼兰河流域的输沙量资料时，仅获得了兰西站 1971—1985 年（缺 1981 年）的逐日平均含沙量数据。由于“含沙量很小”“停测期间输沙量小于年总量的 3%”或“停测期间输沙量对年统计影响不大”等原因，在每年的 11 月至次年 3 月，兰西站存在输沙量停测现象，在年鉴附注中也注明“停测期间输沙率按 0 处理”。此外，从年鉴中注明的采样次数可以看出，即使在非停测期间也并非逐日采样，断面的平均含沙量是采用（历年）单沙、断沙关系曲线法推求所得。

7.3.1.2 参数率定

本章构建 SWAT 的方法与第 5 章相同，不再赘述。在率定参数前，需要事先选取与流量、泥沙模拟计算有关的参数，继而可以采取两种参数率定方法：第一种为分步率定方法，先利用 SWAT-CUP 和实测流量数据率定与流量有关的参数，当流量率定指标达到满意的精度后，将这些参数固定，再率定与泥沙有关的参数；第二种为同步率定方法，即利用 SWAT-CUP 和实测流量、输沙量数据，同时率定所有参数。在第一种方法中，部分参数可能与流量、泥沙模拟计算均有关，这样的参数无论先后率定，都会影响 SWAT 对流量及泥沙的模拟结果。此外，无论采用哪种方法率定参数，SWAT-CUP 和 SWAT 的模拟结果通常会存在差异，应将 SWAT-CUP 率定的参数最优值输入 SWAT 并运行，通过提取 SWAT 模拟的流域出口流量、输沙量结果，多次验证 SWAT 的模拟效果，最后取 SWAT 模拟输出值对实测值拟合效果较好的参数值。

本章选取的参数见表 7.1，采用同步率定方法，率定评价指标为 NS、R^2、$PBIAS$，见式（7.22）～式（7.24）：

$$NS = 1 - \frac{\sum_{i=1}^{n}(V_{\mathrm{m},i} - V_{\mathrm{s},i})^2}{\sum_{i=1}^{n}(V_{\mathrm{m},i} - \overline{V}_{\mathrm{m}})^2} \tag{7.22}$$

$$R^2 = \frac{\left[\sum_{i=1}^{n}(V_{m,i} - \overline{V}_m)(V_{s,i} - \overline{V}_s)\right]^2}{\sum_{i=1}^{n}(V_{m,i} - \overline{V}_m)^2 \sum_{i=1}^{n}(V_{s,i} - \overline{V}_s)^2} \tag{7.23}$$

$$PBIAS = 100 \frac{\sum_{i=1}^{n}(V_{m,i} - V_{s,i})}{\sum_{i=1}^{n} V_{m,i}} \tag{7.24}$$

上述三式中：NS 为 Nash - Sutcliffe 效率系数；R^2 为判定系数；$PBIAS$ 为百分比偏差，%；$V_{m,i}$ 为 i 月流量（或月输沙量）的实测值；$V_{s,i}$ 为月流量（或月输沙量）的模拟值；$\overline{V}_m$ 为月流量（或月输沙量）实测值的平均值；$\overline{V}_s$ 为月流量（或月输沙量）模拟值的平均值。

表 7.1　　呼兰河流域 SWAT 流量与泥沙参数及其率定结果

参数符号	参数名称	t - Stat	P - Value	参数取值
GW_DELAY	地下水延迟时间（d）	10.67	0.00	28.36
DEP_IMP	不透水层深度（mm）	−8.97	0.00	1057.31
LAT_SED	侧向流和地下径流的含沙量（mg/L）	−8.01	0.00	4554.28
ESCO	土壤蒸发补偿因子	−2.70	0.01	0.99
SMFMN	年内最小融雪速率 [mm/(℃·d)]	−2.08	0.04	3.16
CH_N2	主河道曼宁 n 值	1.90	0.06	0.14
SNOCOVMX	积雪 100%覆盖时的雪深阈值（mm）	−1.34	0.18	284.48
USLE_P	USLE 方程中的水土保持措施因子	1.24	0.21	0.93
CH_K2	主河道冲击层有效导水率（mm/h）	−1.10	0.27	349.78
SURLAG	HRU 地面径流延迟时间（d）	−0.95	0.34	6.42
SNO50COV	50%积雪覆盖时的雪水当量占 SNOCOVMX 的比例	−0.94	0.35	0.47
CH_COV2	河岸覆盖因子	−0.90	0.37	0.35
CANMX	最大冠层截留容量（mm）	0.75	0.45	53.55
ALPHA_BNK	河岸蓄量的基流 alpha 因子	0.67	0.50	0.62
SMFMX	年内最大融雪速率 [mm/(℃·d)]	−0.61	0.54	2.78
ADJ_PKR	洪峰流量校正因子	0.55	0.58	1.43
CH_COV1	河道侵蚀因子	0.51	0.61	0.25
SFTMP	降雪临界气温（℃）	−0.42	0.67	1.02
ALPHA_BF	基流 alpha 因子	−0.40	0.69	0.51
SPEXP	泥沙输送方程指数	0.36	0.72	1.48

续表

参数符号	参　数　名　称	t - Stat	P - Value	参数取值
SPCON	泥沙输送方程系数	0.22	0.83	0.01
SMTMP	融雪基温（℃）	0.22	0.83	0.32
EPCO	植被吸收补偿因子	0.18	0.86	0.49
TIMP	积雪温度延迟因子	−0.08	0.93	0.28

考虑到实测流量与输沙量资料的同步性，取 1966—1985 年为模拟期，其中 1966—1970 年为模型预热期，1971—1985 年为模型率定期，1981—1985 年为模型验证期。由于收集的输沙资料有限，本章仅在月尺度模拟产沙输沙过程，每年的模拟时段为 4—10 月（缺 1971 年 4 月以及 1981 年 4—10 月）。利用逐日流量资料（单位为 m^3/s）和逐日平均含沙量资料（单位为 g/m^3），计算出兰西站施测断面的逐日输沙量（单位为 t）并统计为月份值，作为率定 SWAT 泥沙参数和分析 SWAT 模拟输沙过程的基础数据。参数率定结果见表 7.1，t - Stat、P - Value 为评价参数敏感性的指标，表中各参数已按参数敏感性进行排序。采用表 7.1 率定的参数集驱动的 SWAT 模拟精度见表 7.2。

表 7.2　　SWAT 模拟呼兰河兰西站流量与输沙量的评价指标

评价指标	率　定　期		验　证　期	
	流量模拟	泥沙模拟	流量模拟	泥沙模拟
NS	0.77	0.57	0.93	0.61
R^2	0.81	0.62	0.93	0.63
$PBIAS$	13.87	−12.18	10.73	3.47

7.3.2　呼兰河流域产沙输沙过程模拟

7.3.2.1　兰西站输沙过程模拟结果

从表 7.2 可以看出，SWAT 在验证期模拟流量和泥沙的精度比率定期高。在本实例中，验证期指标值更高仅表明 SWAT 在验证期的模拟值与实测值的符合情况相对更好，但不能表明率定期的模拟结果差。由图 7.1 和图 7.2 可见，兰西站的月流量和月输沙量在年内和年际间变化剧烈，1971—1985 年，最大的月峰值流量（1985 年 8 月 1577.5m^3/s）是最小的月峰值流量（1980 年 7 月 169.8m^3/s）的 9.3 倍，最大的月峰值输沙量（1985 年 8 月 82.1 万 t）是最小的月峰值输沙量（1978 年 8 月 18.6 万 t）的 4.4 倍。参数率定的实质是使模型在率定期内的模拟值尽量趋近于实测值，但仅依靠率定 SWAT 的参数集还不能完全平衡流量和输沙量的剧烈波动变化趋势。综合率定期与验证期，1971—1985 年，流量模拟的 NS、R^2、$PBIAS$ 分别为 0.88、0.89、12.49%，输沙量模拟

的 NS、R^2、$PBIAS$ 分别为0.61、0.64、−6.20%，这是在当前所拥有的基础数据条件下，几乎将SWAT率定到极限的结果。从表7.1还可以看出，呼兰河流域地下水延迟时间GW_DELAY、不透水层深度DEP_IMP、侧向流和地下径流的含沙量LAT_SED、土壤蒸发补偿因子ESCO、年内最小融雪速率SMFMN、主河道曼宁 n 值CH－N2等参数的敏感性相对较强，其他参数的敏感性相对较弱。

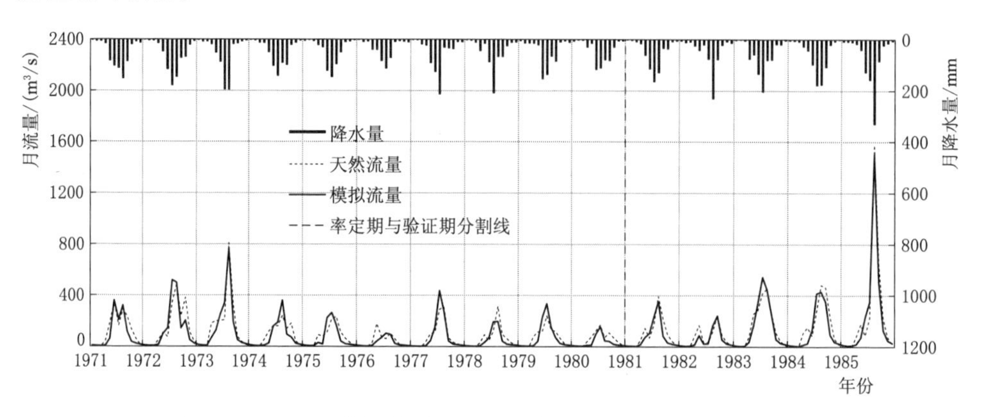

图7.1　SWAT模拟的呼兰河兰西站1971—1985年的月流量

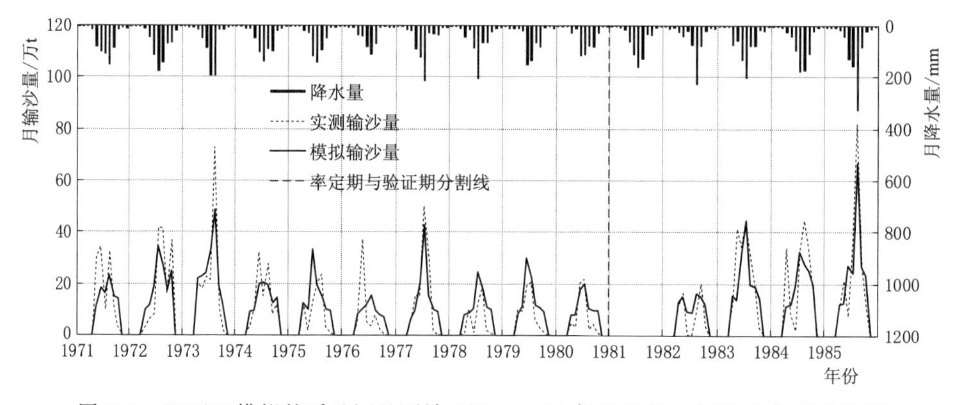

图7.2　SWAT模拟的呼兰河兰西站1971—1980年及1982—1985年的月输沙量

7.3.2.2　兰西站以上集水区土壤侵蚀模拟结果

在定义水文响应单元时，本章以SWAT计算的呼兰河流域平均坡度为界，将地形划分为低于流域平均坡度、高于流域平均坡度2类，在设置了土地覆盖和土壤阈值后，得到的呼兰河兰流域内的土地覆盖类型（按SWAT植被/城镇区分类）主要是旱田、落叶林、混交林、稻田、草地，图7.3和图7.4是在两类地形坡度范围内分布较广的落叶林（FRSD）和混交林（FRST）的月侵蚀量模拟结果。图7.5是SWAT模拟的呼兰河流域多年平均土壤侵蚀模数。

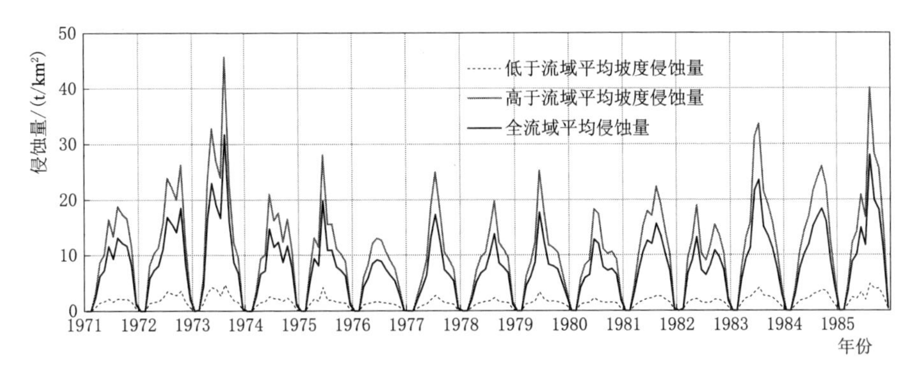

图7.3 SWAT模拟的呼兰河流域1971—1980年落叶林地的月土壤侵蚀量

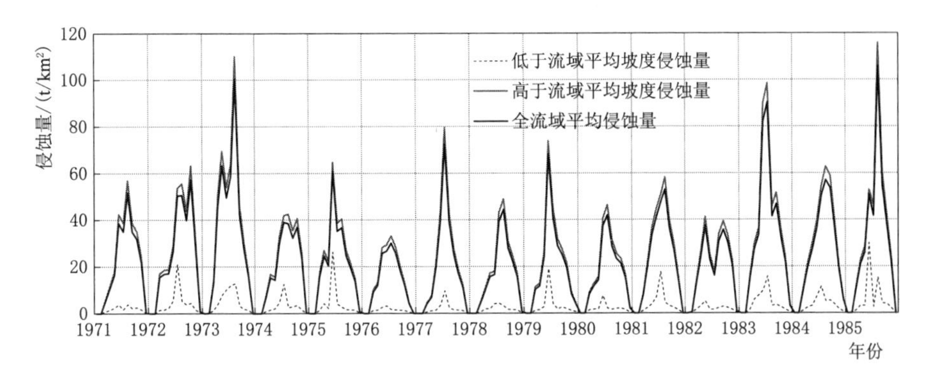

图7.4 SWAT模拟的呼兰河流域1971—1980年混交林地的月土壤侵蚀量

从图7.3和图7.4的模拟结果可以看出：同种土地覆盖下的土壤侵蚀量变化趋势相近，坡度对土壤侵蚀量的影响较大；在相同时段内，同种土地覆盖条件下的土壤侵蚀量差异较大，高、低坡地带的土壤侵蚀量可达数倍以上；不同土地覆盖下的土壤侵蚀量存在差别，在相同的坡度范围内，落叶林覆盖下的土壤侵蚀量小于同期的混交林下的土壤侵蚀量，后者的土壤侵蚀量约为前者的2倍。

从图7.5可以看出，1971—1985年，呼兰河流域多年平均土壤侵蚀模数的空间分布规律为：无论是呼兰河干流还是支流通肯河，土壤侵蚀模数的变化规律都是从上游到下游逐渐减小；相对而言，呼兰河干流区的土壤侵蚀量更大，尤其是流域东部的干流源区是全流域土壤侵蚀模数最高的区域，而流域西部的通肯河支流区土壤侵蚀强度相对较小；呼兰河干流与通肯河交汇处至河口的区域土壤侵蚀模数最小。经统计，1971—1985年，呼兰河流域多年平均侵蚀模数为47.8t/(km^2 • a)，小于《土壤侵蚀分类分级标准》(SL 190—2007) 中规定的东北黑土区容许土壤流失量为200t/(km^2 • a)。

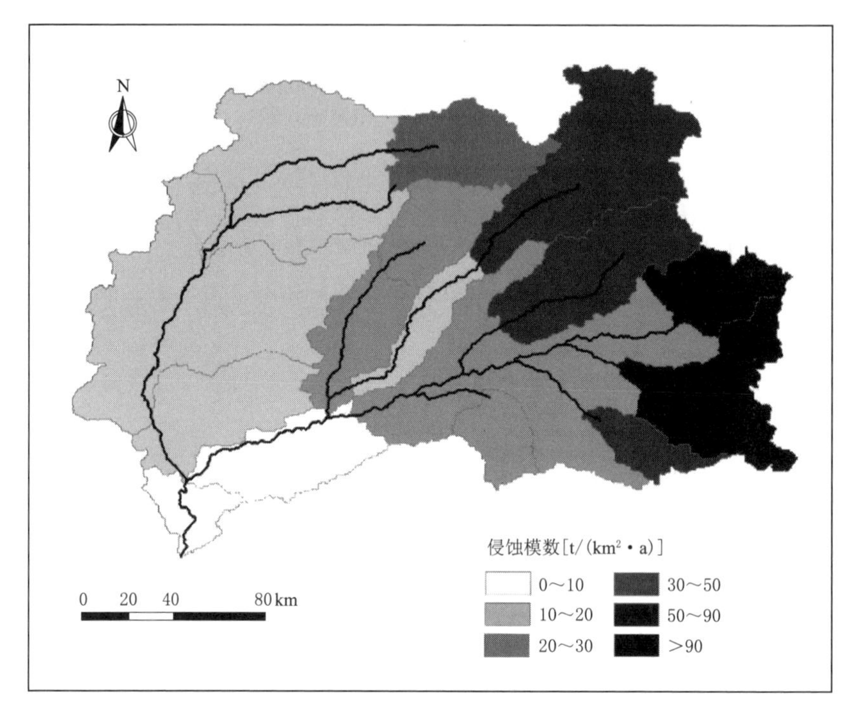

图7.5 SWAT模拟的呼兰河流域多年平均（1971—1985年）土壤侵蚀模数空间分布图

7.4 本章小结

（1）“土壤侵蚀”与“水土流失”是既相互联系，又完全不同的两个概念。对于水文过程模拟而言，区别土壤侵蚀、水土流失的内涵和外延，将有助于明确水文模型模拟的对象以及模拟的主要变量。从模型模拟角度而言，可以认为SWAT的土壤侵蚀、河道演算两部分计算分别对应土壤侵蚀及水土流失两部分内容。

（2）鉴于目前获取的呼兰河流域输沙资料有限，尤其缺少寒冷季节的输沙数据，且连续监测的日输沙数据变化较剧烈，本章仅在月尺度下对呼兰河兰西站4—10月的输沙过程进行了模拟。结果表明SWAT对地处寒区的呼兰河兰西站的月流量模拟结果较好，但对兰西站月输沙量的模拟精度不是很高；由于缺失寒冷季节数据，没有对年输沙量的情况进行模拟。

（3）SWAT集成的产沙输沙方程虽然可以实现日步长的模拟计算，但在日步长甚至月步长模拟计算中对输沙量的拟合效果不是很理想，原因可能不在SWAT本身，也可能是基础数据方面的原因。在研究中发现连续两日的实测含沙量之间可能相差数倍、十几倍甚至几十倍，这种差异可能是由于冰封、断流、采样点不足等原因造成的，而 SWAT 的连续模拟计算难于符合这种情况。如果是这些原因，后续研究不仅需要加强数据的监测工作，也需要对 SWAT 进行相应的结构改进或发展新的模型。

参 考 文 献

ARNOLD J G，KINIRY J R，SRINIVASAN R，et al，2012. SWAT 2009 输入输出文件手册 [M]. 邹松兵，尹振良，汪党献，等，译. 郑州：黄河水利出版社.

白雪峰，王斌，戚颖，2017. 土地覆被变化对径流量影响的 GSAC 模型分析 [J]. 农业机械学报，48 (7)：257 - 264.

包为民，2009. 水文预报 [M]. 北京：中国水利水电出版社.

长办水文局，1981. 水文预报模型译文集 [M]. 武汉：全国水文科技情报网.

陈内萍，罗智明，姚落根，等，2007. 概率论与数理统计 [M]. 北京：清华大学出版社，北京交通大学出版社.

陈仁升，康尔泗，吴立宗，等，2005. 中国寒区分布探讨 [J]. 冰川冻土，27 (4)：469 - 475.

陈祥义，肖文发，黄志霖，等，2016. 空间数据对分布式水文模型 SWAT 流域水文模拟精度的影响 [J]. 中国水土保持科学，14 (1)：138 - 143.

陈亚新，康绍忠，1995. 非充分灌溉原理 [M]. 北京：水利电力出版社.

陈永良，刘大有，虞强源，2002. 从 DEM 中自动提取自然水系 [J]. 中国图像图形学报，7 (1)：93 - 98.

陈志恺，王浩，汪党献，2007. 东北地区有关水土资源配置、生态与环境保护和可持续发展的若干战略问题研究（水资源卷）[M]. 北京：科学出版社.

邓沽霖，1965. 超渗产流情况下降雨径流预报方法的建议 [J]. 水利水电技术（水文副刊）(6)：18 - 21.

丁飞，潘剑君，2007. 分布式水文模型 SWAT 的发展与研究动态 [J]. 水土保持研究 (1)：33 - 37.

段明葳，冯健，2017. 呼兰河兰西站 1956 年以来径流量变化趋势 [J]. 黑龙江水利，3 (5)：59 - 61.

段兴武，赵振，刘刚，2012. 东北典型黑土区土壤理化性质的变化特征 [J]. 土壤通报，43 (3)：529 - 534.

傅抱璞，1981. 论陆面蒸发的计算 [J]. 大气科学，6 (1)：23 - 31.

关志成，2002. 寒区流域水文模拟研究 [D]. 南京：河海大学.

关志成，段元胜，2003. 寒区流域水文模拟研究 [J]. 冰川冻土，25 (S2)：266 - 272.

关志成，朱元甡，段元胜，等，2002. 扩展的萨克拉门托模型在寒冷地区的应用 [J]. 水文，22 (2)：36 - 39.

郭姚生，曹伟征，徐焕卿，等，1997. 松花江佳木斯水文站“94・7”洪水与历年洪水的对比分析 [J]. 黑龙江水利科技 (1)：98 - 101.

郭元裕，1997. 农田水利学 [M]. 北京：中国水利水电出版社.

韩松，赵越，2020. 呼兰河流域上游天然径流变化趋势及突变特征分析 [J]. 水电能源科学，

38 (5)：46 - 50.
何惠，2010. 中国水文站网 [J]. 水科学进展，21 (4)：460 - 465.
胡本荣，梁贞堂，孙庆伯，等，1996. 对松花江源头的科学论证 [J]. 水利水电技术 (7)：2 - 6.
胡本荣，梁祯堂，谢永刚，1996. 松花江干流名称的历史演变和源头的变革 [J]. 水利水电技术 (9)：2 - 4.
胡胜，杨冬冬，吴江，等，2017. 基于数字滤波法和 SWAT 模型的灞河流域基流时空变化特征研究 [J]. 地理科学，37 (3)：455 - 463.
黄金柏，王斌，温佳伟，2019. 黑龙江省西部半干旱区雨季及融雪期径流特性 [J]. 东北农业大学学报，50 (5)：87 - 96.
黄金柏，温佳伟，王斌，等，2015. 阿伦河流域耦合融雪分布式水文模型的构建 [J]. 人民黄河，37 (11)：18 - 24.
黄锡荃，李惠明，金伯欣，1993. 水文学 [M]. 北京：高等教育出版社.
江燕，刘昌明，胡铁松，等，2007. 新安江模型参数优选的改进粒子群算法 [J]. 水利学报，38 (10)：1200 - 1206.
姜晓峰，王立，马放，等，2014. SWAT 模型土壤数据库的本土化构建方法研究 [J]. 中国给水排水，30 (11)：135 - 138.
焦剑，谢云，林燕，赵登峰，2009. 东北地区融雪期径流及产沙特征分析 [J]. 地理研究，28 (2)：333 - 344.
金铁鑫，唐国田，夏万年，1999. 二松干流水量不平衡原因探讨 [J]. 吉林水利 (4)：15 - 18.
康绍忠，2023. 农业水利学 [M]. 北京：中国水利水电出版社.
冷雪，关志成，2003. 萨克拉门托模型的改进应用 [J]. 吉林水利 (5)：37 - 39.
李峰平，2015. 变化环境下松花江流域水文与水资源响应研究 [D]. 哈尔滨：中国科学院研究生院 (东北地理与农业生态研究所).
李军，于爱智，李钰璟，等，2019. 干旱半干旱区 20cm 口径蒸发器对 E601 型蒸发器的折算系数 [J]. 内蒙古水利 (10)：13 - 15.
李兰，2003. 东北夏季 (6—8 月) 气温异常的多尺度时空特性分析 [D]. 南京：南京气象学院.
李致家，周轶，哈布・哈其，2004. 新安江模型参数全局优化研究 [J]. 河海大学学报 (自然科学版)，32 (4)：376 - 379.
梁贞堂，韩梅，2000. 关于松花江河源的研究 [J]. 黑龙江水专学报，27 (4)：8 - 11.
刘宝元，阎百兴，沈波，等，2008. 东北黑土区农地水土流失现状与综合治理对策 [J]. 中国水土保持科学 (1)：1 - 8.
刘昌明，洪宝鑫，曾明煊，等，1965. 黄土高原暴雨径流预报关系初步实验研究 [J]. 科学通报 (2)：158 - 161.
刘良云，张肖，2021. 2020 年全球 30 米地表覆盖精细分类产品 V1.0 [R]. 北京：中国科学院空天信息创新研究院.
刘苏宁，甘泓，魏国孝，2010. 粒子群算法在新安江模型参数率定中的应用 [J]. 水利学报，41 (5)：537 - 544.
刘兴土，阎百兴，2009. 东北黑土区水土流失与粮食安全 [J]. 中国水土保持 (1)：17 - 19.

刘振兴，1956. 论陆面蒸发量的计算 [J]. 气象学报，(4)：337－344.

陆桂华，郦建强，杨晓华，2004. 水文模型参数优选遗传算法的应用 [J]. 水利学报，35 (2)：50－56.

缪韧，2007. 水文学原理 [M]. 北京：中国水利水电出版社.

NEITSCH S L，ARNOLD J G，KINIRY J R，et al，2012. SWAT 2009 理论基础 [M]. 龙爱华，邹松兵，许宝荣，等，译，郑州：黄河水利出版社.

蒲真，张芳玲，古元阳，等，2019. 我国东北地区自然植被保护现状及保护优先区分析 [J]. 生态学杂志，38 (9)：2821－2832.

钱正英，沈国舫，石玉林，2007. 东北地区有关水土资源配置、生态与环境保护和可持续发展的若干战略问题研究（综合卷）[M]. 北京：科学出版社.

芮孝芳，2004. 水文学原理 [M]. 北京：中国水利水电出版社.

沈冰，黄红虎，薛焱森，2008. 水文学原理 [M]. 北京：中国水利水电出版社.

盛长滨，吕素琴，2007. 嫩江大赉水文站枯冰期最小流量系列分析 [J]. 东北水利水电，25 (11)：43－44.

石玉林，戴景瑞，2007. 东北地区有关水土资源配置、生态与环境保护和可持续发展的若干战略问题研究（农业卷）[M]. 北京：科学出版社.

石岳，赵霞，朱江玲，等，2022. "山水林田湖草沙" 的形成、功能及保护 [J]. 自然杂志，44 (1)：1－18.

宋桂琴，1997. 谈水土流失、土壤侵蚀两概念的区别与联系 [J]. 中国水土保持 (2)：51－53.

孙福宝，2007. 基于 Budyko 水热耦合平衡假设的流域蒸散发研究 [D]. 北京：清华大学.

孙福宝，杨大文，刘志雨，等，2007. 基于 Budyko 假设的黄河流域水热耦合平衡规律研究 [J]. 水利学报，38 (4)：409－416.

孙立宇，1998. 第二松花江扶余水文站 9581 号与 8681 号洪水特性对比 [J]. 吉林水利 (10)：24－25.

汪志农，2013. 灌溉排水工程学 [M]. 北京：中国农业出版社.

王斌，2011. 水文学原理课程教学的实践与探索 [J]. 黑龙江教育（高教研究与评估）(7)：83－85.

王斌，丁星臣，黄金柏，等，2017. 基于 HWSD 的 GSAC 模型网格化产流参数估计与校正 [J]. 农业机械学报，48 (9)：250－256，249.

王斌，付强，王敏，等，2011. 几种模拟逐日降水的分布函数比较分析 [J]. 数学的实践与认识，41 (9)：128－133.

王斌，付强，张金萍，等，2011. Hargreaves 公式的改进及其在高寒地区的应用 [J]. 灌溉排水学报，30 (3)：82－85.

王斌，郭帅帅，冯杰，等，2022. 基于 SWAT 的积雪消融对高寒区农田土壤水分影响模拟 [J]. 农业机械学报，53 (1)：271－278.

王斌，黄金柏，宫兴龙，等，2016. Free Search 算法率定的 Sacramento 模型在东北寒旱区的应用 [J]. 农业机械学报，47 (6)：171－177.

王斌，王贵作，黄金柏，等，2011. 农业旱情评估模型及其应用 [M]. 北京：中国水利水电出版社.

王斌，王贵作，黄金柏，等，2013. 栅格分布式水文模型在高寒区日流量模拟中的应用 [J].

水力发电学报，32（6）：36-42.
王斌，张展羽，张国华，等，2008. 基于自由搜索的灌区优化配水模型研究［J］. 水利学报，39（11）：1239-1243.
王斌，张展羽，张国华，等，2008. 一种新的优化灌溉制度算法——自由搜索［J］. 水科学进展，19（5）：736-741.
王斌，朱士江，黄金柏，等，2018. 基于全球陆面数据同化系统蒸散量的 GSAC 模型率定［J］. 农业机械学报，49（2）：232-240.
王亚辉，唐明奇，2015. 多邻域链式结构的多目标粒子群优化算法［J］. 农业机械学报，46（1）：365-372，358.
王莺，张强，王劲松，等，2017. 基于分布式水文模型（SWAT）的土地利用和气候变化对洮河流域水文影响特征［J］. 中国沙漠，37（1）：175-185.
魏永霞，王丽学，2005. 工程水文学［M］. 北京：中国水利水电出版社.
温树生，关志成，王晓辉，2002. 改进的萨克拉门托流域水文模型在小河站的应用［J］. 东北水利水电，20（11）：42-43.
武新宇，程春田，赵鸣雁，2004. 基于并行遗传算法的新安江模型参数优化率定方法［J］. 水利学报，35（11）：85-90.
夏卫兵，1994. 略谈水土流失与土壤侵蚀［J］. 中国水土保持（4）：48-49，62.
肖迪芳，陈培竹，1983. 冻土影响下的降雨径流关系［J］. 水文（6）：10-16.
肖玉成，董飞，张新华，等，2013. 基于 SWAT 分布式水文模型的河道内生态基流［J］. 四川大学学报（工程科学版），45（1）：85-90.
谢永刚，1998. 关于松花江河源问题及其主流认定过程的历史研究［J］. 中国历史地理论丛（4）：99-109，252.
信乃诠，王立祥，1998. 中国北方旱区农业［M］. 南京：江苏科学技术出版社.
邢韶华，张芳玲，承勇，等，2022. 我国东北地区国家级自然保护地空间分布特征分析［J］. 自然保护地，2（3）：106-119.
徐冬梅，胡昊，王文川，等，2018. SWAT 模型土壤物理属性数据库本土化构建研究［J］. 华北水利水电大学学报（自然科学版），39（1）：36-41.
徐梅，张宏礼，薛自学，等，2012. 概率论与数理统计［M］. 北京：中国农业出版社.
薛丽君，2016. 基于 Budyko 水热耦合平衡理论的嫩江流域蒸散发研究［D］. 长春：吉林大学.
阎百兴，杨育红，刘兴土，等，2008. 东北黑土区土壤侵蚀现状与演变趋势［J］. 中国水土保持（12）：26-30.
杨国威，2017. 新安江模型在大赉站的应用［J］. 东北水利水电，35（9）：28-30，72.
杨倩，2015. 东北地区积雪时空分布及其融雪径流模拟［D］. 长春：吉林大学.
杨卫东，邓树民，2010. 黑龙江省地面气象预报业务技术手册［M］. 北京：气象出版社.
叶爱中，段青云，徐静，2014. 水文集合预报概述及模型案例［M］. 北京：中国水利水电出版社.
袁飞，2006. 考虑植被影响的水文过程模拟研究［D］. 南京：河海大学.
张芳玲，蒲真，梁晓玉，等，2020. 中国东北地区自然保护地数量特征分析［J］. 北京林业大学学报，42（2）：61-67.
张静，2019. 气候变化背景下基于 Budyko 假设的松花江流域蒸散发研究［D］. 杨凌：西北农林科技大学.
张静，刘国庆，宋小燕，等，2019. Budyko 假设对松花江流域实际蒸散发的模拟研究 [J]. 水文，39 (2)：22-27.
张双银，1992. 浅谈水土流失与土壤侵蚀 [J]. 水土保持通报，12 (4)：53-55，52.
张兴义，刘晓冰，赵军，2018. 黑土利用与保护 [M]. 北京：科学出版社.
翟富荣，梁帅，戴慧敏，2020. 东北黑土地地球化学调查研究进展与展望 [J]. 地质与资源，29 (6)：503-509，532.
翟家瑞，1995. 常用水文预报算法和计算程序 [M]. 郑州：黄河水利出版社.
赵虎牛，程文龙，王拴莲，等，2001. 对土壤侵蚀和水土流失的再认识 [J]. 山西水土保持科技 (2)：29-31.
赵人俊，1984. 流域水文模拟——新安江模型与陕北模型 [M]. 北京：水利电力出版社.
赵人俊，1989. 流域水文模型的比较分析研究 [J]. 水文 (6)：1-5.
赵人俊，王佩兰，1988. 新安江模型参数的分析 [J]. 水文 (6)：2-9.
赵人俊，庄一鸰，1963. 降雨径流关系的区域规律 [J]. 华东水利学院学报 (水文分册) (S2)：53-68.
中国主要农作物需水量等值线图协作组，1993. 中国主要农作物需水量等值线图研究 [M]. 北京：中国农业科技出版社.
中华人民共和国国家能源局，2009. 水电水利工程水文计算规范：DL/T 5431—2009 [S]. 北京：中国电力出版社.
中华人民共和国国家质量监督检验检疫局，中国国家标准化管理委员会，2008. 水文情报预报规范：GB/T 22482—2008 [S]. 北京：中国标准出版社.
中华人民共和国水利部，2008. 土壤侵蚀分类分级标准：SL 190—2007 [S]. 北京：中国水利水电出版社.
中华人民共和国水利部，2013. 水文资料整编规范：SL/T 247—2012 [S]. 北京：中国水利水电出版社.
中华人民共和国水利部，2015. 灌溉试验规范：SL 13—2015 [S]. 北京：中国水利水电出版社.
中华人民共和国水利部，2015. 土壤墒情监测规范：SL 364—2015 [S]. 北京：中国水利水电出版社.
中华人民共和国水利部，2020. 水利水电工程水文计算规范：SL/T 278—2020 [S]. 北京：中国水利水电出版社.
中华人民共和国水利部，2021. 水文资料整编规范：SL/T 247—2020 [S]. 北京：中国水利水电出版社.
钟科元，2018. 极端气候变化和人类活动对松花江流域输沙量的影响研究 [D]. 杨凌：西北农林科技大学.
周光涛，2018. 呼兰河流域河川径流年内分配变化特征分析 [J]. 水电能源科学，36 (9)：39-43.
周嘉欣，丁永建，吴锦奎，等，2019. 基流分割方法在疏勒河上游流域的应用对比分析 [J]. 冰川冻土，41 (6)：1456-1466.
周幼吾，邱国庆，郭东信，等，2000. 中国冻土 [M]. 北京：科学出版社.
朱大林，詹腾，张屹，等，2015. 多邻域结构多目标遗传算法 [J]. 农业机械学报，46 (4)：

309 - 315，324.

朱桂玲，蔡天鹤，赵秀洁，2000. 1998 年 8 月松花江洪水佳木斯站测整质量分析 [J]. 东北水利水电 (6)：15 - 16.

ABBASPOUR K C，ROUHOLAHNEJAD E，VAGHEFI S，et al，2015. A continental - scale hydrology and water quality model for Europe：calibration and uncertainty of a high - resolution large - scale SWAT model [J]. Journal of Hydrology，524：733 - 752.

ABBASPOUR K C，YANG J，MAXIMOV I，et al，2007. Modelling hydrology and water quality in the pre - alpine/alpine Thur watershed using SWAT [J]. Journal of Hydrology，333 (2 - 4)：413 - 430.

AJAMI N K，GUPTA H，WAGENER T，et al，2004. Calibration of a semi - distributed hydrologic model for streamflow estimation along a river system [J]. Journal of Hydrology，298 (1 - 4)：112 - 135.

ALLEN R G，PEREIRA L S，RAES D，et al，1998. Crop evapotranspiration - guidelines for computing crop water requirements - FAO Irrigation and drainage paper 56 [R]. Food and Agriculture Organization，Rome.

ANDERSON R M，KOREN V I，Reed S M，2006. Using SSURGO data to improve Sacramento Model a priori parameter estimates [J]. Journal of Hydrology，320 (1 - 2)：103 - 116.

ARMSTRONG B L，1978. Derivation of initial soil moisture accounting parameters from soil properties for the national weather service river forecast system [R]. NOAA Technical Memorandum，NWS HYDRO 37.

ARNOLD J G，ALLEN P M，MUTTIAH R，et al，1995. Automated base flow separation and recession analysis techniques [J]. Groundwater，33 (6)：1010 - 1018.

ARNOLD J G，ALLEN P M，1999. Automated methods for estimating baseflow and ground water recharge from streamflow records [J]. JAWRA Journal of the American Water Resources Association，35 (2)：411 - 424.

ARNOLD J G，KINIRY J R，SRINIVASAN R，et al，2012. Soil and water assessment tool input/output documentation version 2012 [R]. Texas Water Resources Institute，Texas.

BAGNOLD R A，1977. Bed load transport by natural rivers [J]. Water Resources Research，13 (2)：303 - 312.

BARRETT J P，1974. The coefficient of determination—some limitations [J]. The American Statistician，28 (1)：19 - 20.

BERNDT R D，WHITE B J，1976. A simulation - based evaluation of three cropping systems on cracking - clay soils in a summer - rainfall environment [J]. Agricultural Meteorology，16 (2)：211 - 229.

BUDYKO M I，1948. Evaporation under natural conditions，Gidrometeorizdat，Leningrad [J]. English translation by Israel Program for Scientific Translations，1963，Jerusalem.

BUDYKO，M I，1974. Climate and Life [M]. Translated from Russian by Miller，D H，Academic，San Diego，Calif.

CHEN X，ALIMOHAMMADI N，WANG D，2013. Modeling interannual variability of seasonal evaporation and storage change based on the extended Budyko framework [J]. Water

Resources Research, 49 (9): 6067 - 6078.

CLAPP R B, HORNBERGER G M, 1978. Empirical equations for some soil hydraulic properties [J]. Water Resources Research, 14 (4): 601 - 604.

COSBY B J, HORNBERGER G M, CLAPP R B, et al, 1984. A statistical exploration of the relationships of soil moisture characteristics to the physical properties of soils [J]. Water Resources Research, 20 (6): 682 - 690.

DOORENBOS J, PRUITT W O, 1977. Crop water requirements - FAO irrigation and drainage paper 24 [R]. Land and Water Development Division, FAO, Rome.

DU C, SUN F, YU J, et al, 2016. New interpretation of the role of water balance in an extended Budyko hypothesis in arid regions [J]. Hydrology and Earth System Sciences, 20 (1): 393 - 409.

DUAN Q, SOROOSHIAN S, GUPTA V K, 1994. Optimal use of the SCE - UA global optimization method for calibrating watershed models [J]. Journal of Hydrology, 158 (3 - 4): 265 - 284.

FAIRFIELD J, LEYMARIE P, 1991. Drainage networks from grid digital elevation models [J]. Water Resources Research, 27 (5): 709 - 717.

FAO/IIASA/ISRIC/ISSCAS/JRC, 2012. Harmonized world soil database (version 1.2) [R]. FAO, Rome, Italy and IIASA, Laxenburg, Austria.

FERRANT S, OEHLER F, DURAND P, et al, 2011. Semi - distributed Understanding nitrogen transfer dynamics in a small agricultural catchment: Comparison of a distributed (TNT2) and a semi - distributed (SWAT) modeling approaches [J]. Journal of Hydrology, 406 (1 - 2): 1 - 15.

FRANCÉS F, VELEZ J I, VÉLEZ J J, 2007. Split - parameter structure for the automatic calibration of distributed hydrological models [J]. Journal of Hydrology, 332 (1 - 2): 226 - 240.

FREEMAN T G, 1991. Calculating catchment area with divergent flow based on a regular grid [J]. Computers & Geosciences, 17 (3): 413 - 422.

FUREY P R, GUPTA V K, 2001. A physically based filter for separating base flow from streamflow time series [J]. Water Resources Research, 37 (11): 2709 - 2722.

GAN T Y, BURGES S J, 2006. Assessment of soil - based and calibrated parameters of the Sacramento model and parameter transferability [J]. Journal of Hydrology, 320 (1 - 2): 117 - 131.

GENG S, DE VRIES F W T P, Supit I, 1986. A simple method for generating daily rainfall data [J]. Agricultural and Forest Meteorology, 36 (4): 363 - 376.

GREENWOOD J A, DURAND D, 1960. Aids for fitting the gamma distribution by maximum likelihood [J]. Technometrics, 2 (1): 55 - 65.

GUPTA, H V, SOROOSHIAN, S, YAPO, P O, 1998. Toward improved calibration of hydrologic models: Multiple and noncommensurable measures of information [J]. Water Resources Research, 34 (4): 751 - 763.

HANSEN M C, DEFRIES, R S, TOWNSHEND, J R G, et al, 2000. Global land cover classification at 1km resolution using a decision tree classifier [J]. International Journal of

Remote Sensing, 21 (6-7): 1331-1364.

HARGREAVES G H, SAMANI Z A, 1985. Reference crop evapotranspiration from temperature [J]. Applied Engineering in Agriculture, 1 (2): 96-99.

HARRISON L P, 1963. Fundamental concepts and definitions relating to humidity [R]. Reinhold Publishing Company, NY.

HASTINGS, DAVID A, PAULA K DUNBAR, 1999. Global Land One-kilometer Base Elevation (GLOBE) Digital Elevation Model, Documentation, Volume 1.0. Key to Geophysical Records Documentation (KGRD) 34 [R]. National Oceanic and Atmospheric Administration, National Geophysical Data Center, 325 Broadway, Boulder, Colorado 80303, U.S.A.

HEATON L, FULLEN M A, BHATTACHARYYA R, 2016. Critical analysis of the van Bemmelen conversion factor used to convert soil organic matter data to soil organic carbon data: comparative analyses in a UK loamy sand soil [J]. Espaço Aberto, 6 (1): 35-44.

HONG Y, ADLER R F, 2008. Estimation of global SCS curve numbers using satellite remote sensing and geospatial data [J]. International Journal of Remote Sensing, 29 (2): 471-477.

JAAFAR H H, AHMAD F A, EL BEYROUTHY N, 2019. GCN250, new global gridded curve numbers for hydrologic modeling and design [J]. Scientific Data, 6: 145.

JENSON S K, DOMINGUE J O, 1988. Extracting topographic structure from digital elevation data for geographic information system analysis [J]. Photogrammetric Engineering and Remote Sensing, 54 (11): 1593-1600.

Kim N W, Chung I M, Won Y S, et al, 2008. Development and application of the integrated SWAT-MODFLOW model [J]. Journal of Hydrology, 356 (1-2): 1-16.

KOREN V, MOREDA F, SMITH M, 2008. Use of soil moisture observations to improve parameter consistency in watershed calibration [J]. Physics and Chemistry of the Earth, Parts A/B/C, 33 (17-18): 1068-1080.

KOREN V, REED S, SMITH M, et al, 2004. Hydrology laboratory research modeling system (HL-RMS) of the US National Weather Wervice [J]. Journal of Hydrology, 291 (3-4): 297-318.

KOREN V, SMITH M, DUAN Q, 2003. Use of a priori parameter estimates in the derivation of spatially consistent parameter sets of rainfall-runoff models [A]. DUAN Q, GUPTA H V, SOROOSHIAN S, et al, 2003. Calibration of Watershed Models. American Geophysical Union, Washington, DC, 239-254.

KOREN V, SMITH M, WANG D, et al, 2000. Use of soil property data in the derivation of conceptual rainfall-runoff model parameters [C]. Proceedings of the 15th Conference on Hydrology, American Meteorological Society, Long Beach, California, 103-106.

LARSEN G A, PENSE R B, 1982. Stochastic simulation of daily climatic data for agronomic models [J]. Agronomy Journal, 74 (3): 510-514.

LI E A, SHANHOLTZ V O, CARSON E W, 1976. Estimating saturated hydraulic conductivity and capillary potential at the wetting front [R]. Department of Agricultural Engineers, Virginia Polytechnic Institute and State University, Blacksburg.

LI Z, SHAO Q, XU Z, ET AL, et al, 2010. Analysis of parameter uncertainty in semi - distributed hydrological models using bootstrap method: a case study of SWAT model applied to Yingluoxia watershed in northwest China [J]. Journal of Hydrology, 385 (1-4): 76-83.

LIU L, ZHANG X, GAO Y, et al, 2021. Finer - resolution mapping of global land cover: recent developments, consistency analysis, and prospects [J]. Journal of Remote Sensing, 5289697.

LOVELAND T R, REED B C, BROWN J F, et al, 2000. Development of a global land cover characteristics database and IGBP DISCover from 1 km AVHRR data [J]. International Journal of Remote Sensing, 21 (6-7): 1303-1330.

LYNE V, HOLLICK M, 1979. Stochastic time - variable rainfall - runoff modelling. Institute of Engineers Australia National Conference [J]. Barton, Australia: Institute of Engineers Australia, 79 (10): 89-93.

MADSEN H, 2003. Parameter estimation in distributed hydrological catchment modelling using automatic calibration with multiple objectives [J]. Advances in Water Resources, 26 (2): 205-216.

MARTZ L W, GARBRECHT J, 1992. Numerical definition of drainage network and subcatchment areas from digital elevation models [J]. Computers & Geosciences, 18 (6): 747-761.

MONTEITH J L, 1965. Evaporation and environment [R]. Symposia of the Society for Experimental Biology. Cambridge University Press (CUP) Cambridge, 19: 205-234.

NASH J E, SUTCLIFFE J V, 1970. River flow forecasting through conceptual models part I - A discussion of principles [J]. Journal of Hydrology, 10 (3): 282-290.

NATHAN R J, MCMAHON T A, 1990. Evaluation of automated techniques for base flow and recession analyses [J]. Water Resources Research, 26 (7): 1465-1473.

NEITSCH S L, ARNOLD J G, KINIRY J R, et al, 2011. Soil and water assessment tool theoretical documentation version 2009 [R]. Texas Water Resources Institute.

NEW M, HULME M, JONES P, 1999. Representing twentieth - century space - time climate variability. Part I: Development of a 1961 - 90 mean monthly terrestrial climatology [J]. Journal of Climate, 12 (3): 829-856.

NEW M, HULME M, JONES P, 2000. Representing twentieth - century space - time climate variability. Part II: Development of 1901 - 96 monthly grids of terrestrial surface climate [J]. Journal of Climate, 13 (13): 2217-2238.

OL' DEKOP, E M, 1911. On evaporation from the surface of river basins [J]. Transactions on Meteorological Observations, 4: 200.

PECK E L, 1976. Catchment modeling and initial parameter estimation for the National Weather Service River Forecast System [M]. Office of Hydrology, National Weather Service.

PENEV K, LITTLEFAIR G, 2005. Free search - a comparative analysis [J]. Information Sciences, 172 (1-2): 173-193.

PENMAN H L, 1956. Evaporation: an introductory survey [J]. Netherlands Journal of Agricultural Science, 4 (1): 9-29.

PENMAN H L, 1948. Natural evaporation from open water, bare soil and grass. Proceedings of the Royal Society of London [J]. Series A. Mathematical and Physical Sciences, 193 (1032): 120 - 145.

PRIBYL D W, 2010. A critical review of the conventional SOC to SOM conversion factor [J]. Geoderma, 156 (3 - 4): 75 - 83.

RICHARDSEN C W, WRIGHT D A, 1984. WGEN: a model for generating daily weather variables [J]. US Dept. of Agriculture. Agricultural Research Service, ARS - 8.

RORABOUGH M I, 1964. Estimating changes in bank storage and groundwater contribution to streamflow [J]. International Association of Scientific Hydrology, 63: 432 - 441.

SAXTON K E, RAWLS W J, 2006. Soil water characteristic estimates by texture and organic matter for hydrologic solutions [J]. Soil Science Society of America Journal, 70 (5): 1569 - 1578.

SCHREIBER P, 1904. Über die Beziehungen zwischen dem Niederschlag und der Wasserführung der Flüsse in Mitteleuropa [J]. Zeitachrift fur Meteorologie, 21 (10): 441 - 452.

SHUI L T, HAQUE A, 2004. Stochastic rainfall model for irrigation projects [J]. Pertanika Journal of Science and Technology, 12 (1): 137 - 147.

SHUTTLEWORTH W J, GURNEY R J, 1990. The theoretical relationship between foliage temperature and canopy resistance in sparse crops [J]. Quarterly Journal of the Royal Meteorological Society, 116 (492): 497 - 519.

SHUTTLEWORTH W J, WALLACE J S, 1985. Evaporation from sparse crops - an energy combination theory [J]. Quarterly Journal of the Royal Meteorological Society, 111 (469): 839 - 855.

SRINIVASAN R, ARNOLD J G, 1994. Integration of a basin scale water quality model with GIS [J]. Journal of the American Water Resources Association, 30 (3): 453 - 462.

STERN R D, COE R, 1982. The use of rainfall models in agricultural planning [J]. Agricultural Meteorology, 26 (1): 35 - 50.

TETENS O, 1930. Uber einige meteorologische Begriffe [J]. Zeitschrift fur Geophysik, 6: 297 - 309.

THOMAS JR H A, 1981. Improved methods for national avatar assessment water resources contract: WR15249270 [J]. US Water Resources Council: Washington, DC, USA.

THORNTHWAITE C W, 1948. An approach toward a rational classification of climate [J]. Geographical Review, 38 (1): 55 - 94.

WANG B, SUN H, GUO S, et al, 2023. Strategy for deriving Sacramento model parameters using soil properties to improve its runoff simulation performances [J]. Agronomy, 13 (6): 1473.

WANG D, 2012. Evaluating interannual water storage changes at watersheds in Illinois based on long - term soil moisture and groundwater level data [J]. Water Resources Research, 48 (3): W03502.

WILLIAMS J R, 1975. Sediment - yield prediction with universal equation using runoff energy factor [J]. Present and Prospective Technology for Predicting Sediment Yield and Sources, 40: 244 - 252.

WILLIAMS J R，1995. The EPIC model. In Singh V P，1995. Computer models of watershed hydrology [M]. Water Resources Publications，Highlands Ranch，CO，909 - 1000.

WILLMOTT C J，ROWE C M，PHILPOT W D，1985. Small - scale climate maps：a sensitivity analysis of some common assumptions associated with grid - point interpolation and contouring [J]. The American Cartographer，12 (1)：5 - 16.

WISCHMEIER W H，SMITH D D，1978. Predicting rainfall erosion losses：a guide to conservation planning [M]. Department of Agriculture，Science and Education Administration.

YANG D，LI C，HU H，et al，2004. Analysis of water resources variability in the Yellow River of China during the last half century using historical data [J]. Water Resources Research，40 (6).

YANG D，SUN F，LIU Z，et al，2007. Analyzing spatial and temporal variability of annual water - energy balance in nonhumid regions of China using the Budyko hypothesis [J]. Water Resources Research，43 (4)：W06502.

ZENG Z，TANG G，HONG Y，et al，2017. Development of an NRCS curve number global dataset using the latest geospatial remote sensing data for worldwide hydrologic applications [J]. Remote Sensing Letters，8 (6)：528 - 536.

ZHANG X，LIU L，CHEN X，et al，2019. Fine land - cover mapping in China using Landsat datacube and an operational SPECLib - based approach [J]. Remote Sensing，11 (9)：1056.

ZHANG X，LIU L，CHEN X，et al，2021. GLC_FCS30：Global land - cover product with fine classification system at 30 m using time - series Landsat imagery [J]. Earth System Science Data，13 (6)：2753 - 2776.

ZHANG X，LIU L，WU C，et al，2020. Development of a global 30 m impervious surface map using multisource and multitemporal remote sensing datasets with the Google Earth Engine platform [J]. Earth System Science Data，12 (3)：1625 - 1648.

ZHANG Z，KOREN V，REED S，et al，2012. SAC - SMA a priori parameter differences and their impact on distributed hydrologic model simulations [J]. Journal of Hydrology，420：216 - 227.

ZHOU M C，ISHIDAIRA H，HAPUARACHCHI H P，et al，2006. Estimating potential evapotranspiration using the Shuttleworth - Wallace model and NOAA - AVHRR NDVI data to feed a distributed hydrological model over the Mekong River basin [J]. Journal of Hydrology，327 (1 - 2)：151 - 173.

彩　　图

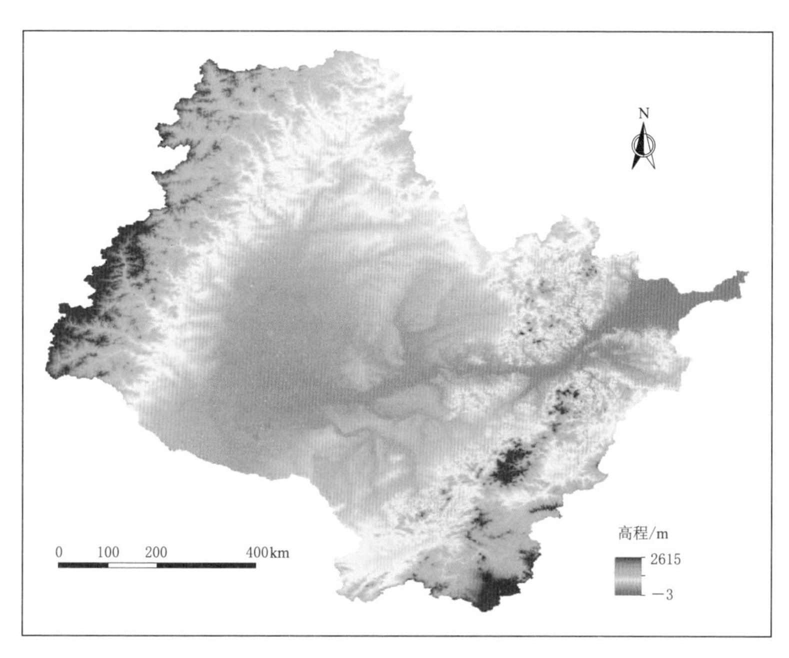

图 3.3　松花江流域地形示意图

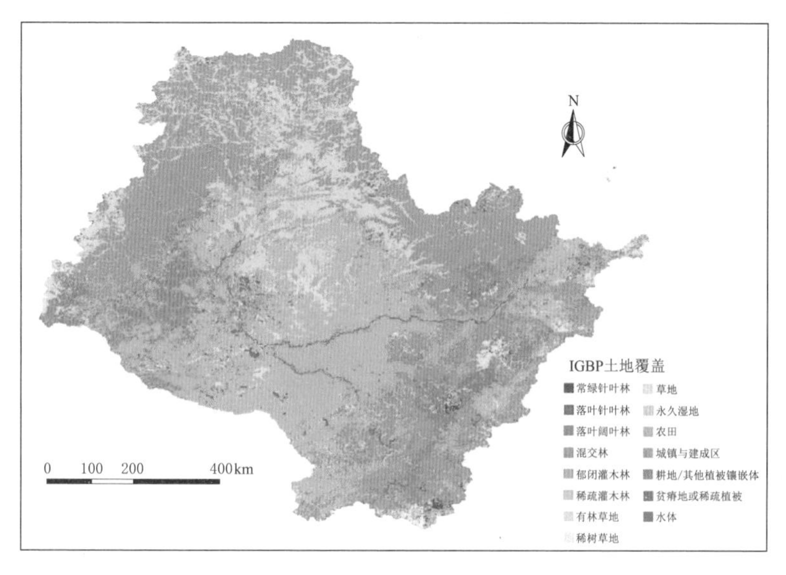

图 3.4　松花江流域 IGBP 土地覆盖分布示意图

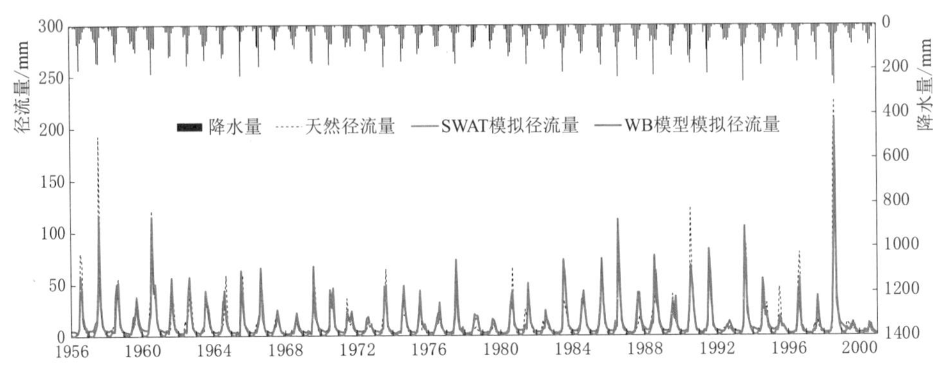

图 6.3 WB 模型和 SWAT 对 B06 流域的月径流模拟结果

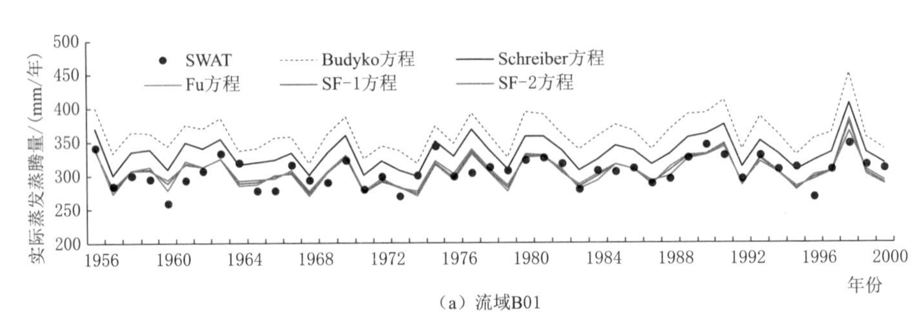

(a) 流域B01

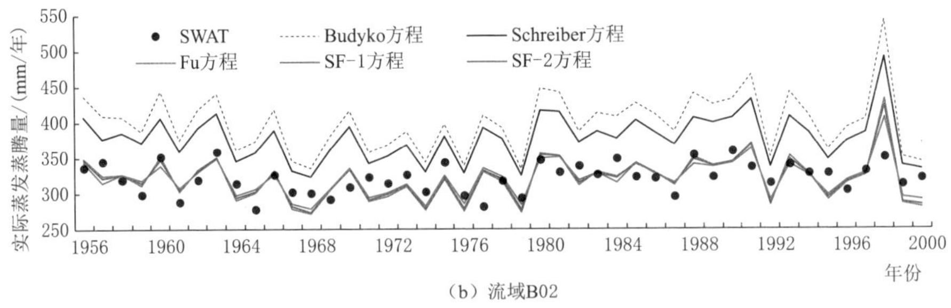

(b) 流域B02

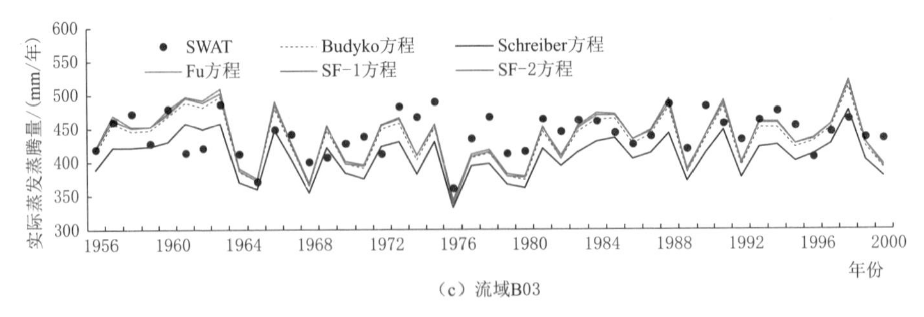

(c) 流域B03

图 6.4（一） 不同 BH 方程对松花江 12 个研究流域的年实际蒸发蒸腾量模拟结果

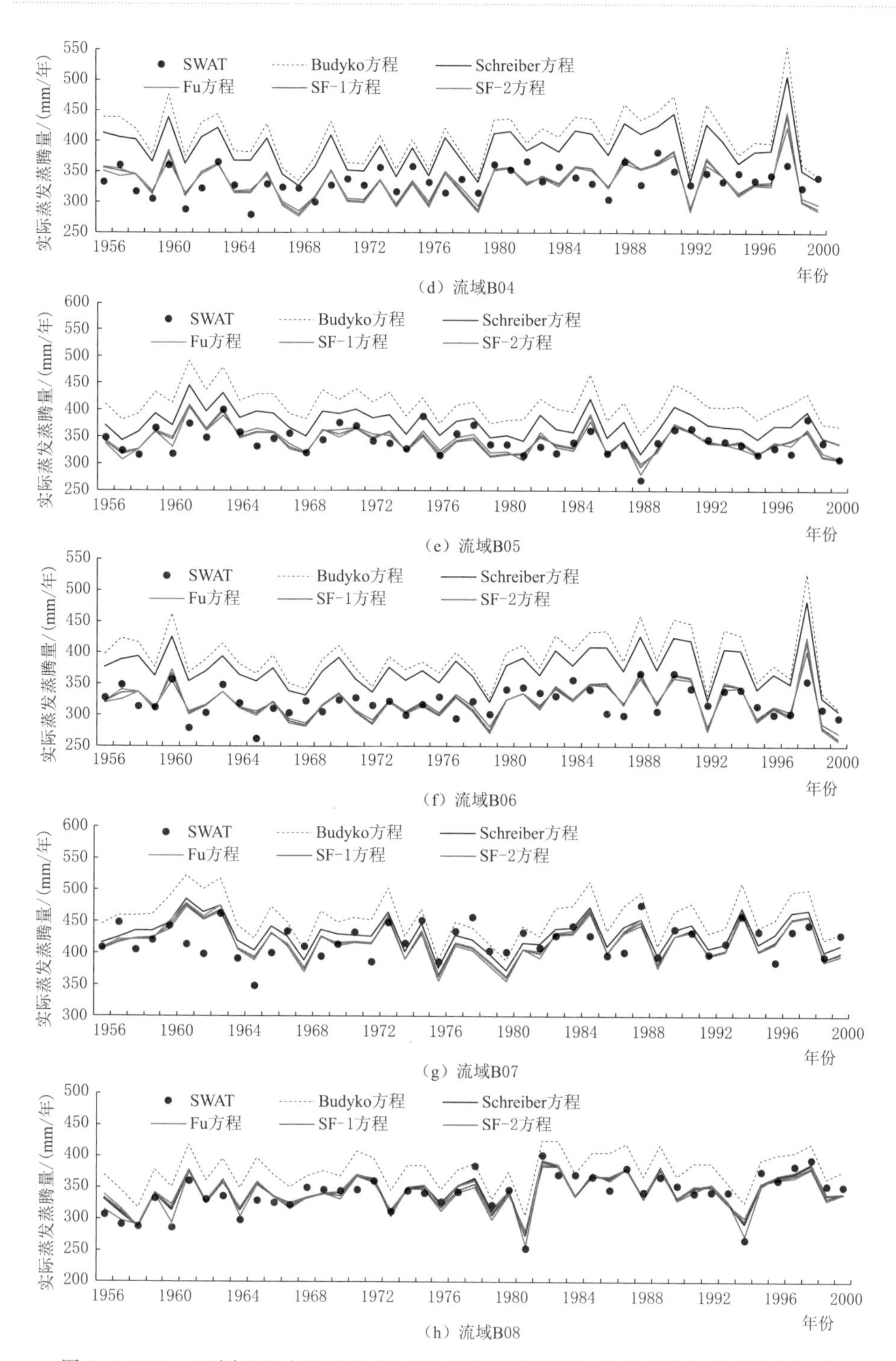

图 6.4（二） 不同 BH 方程对松花江 12 个研究流域的年实际蒸发蒸腾量模拟结果

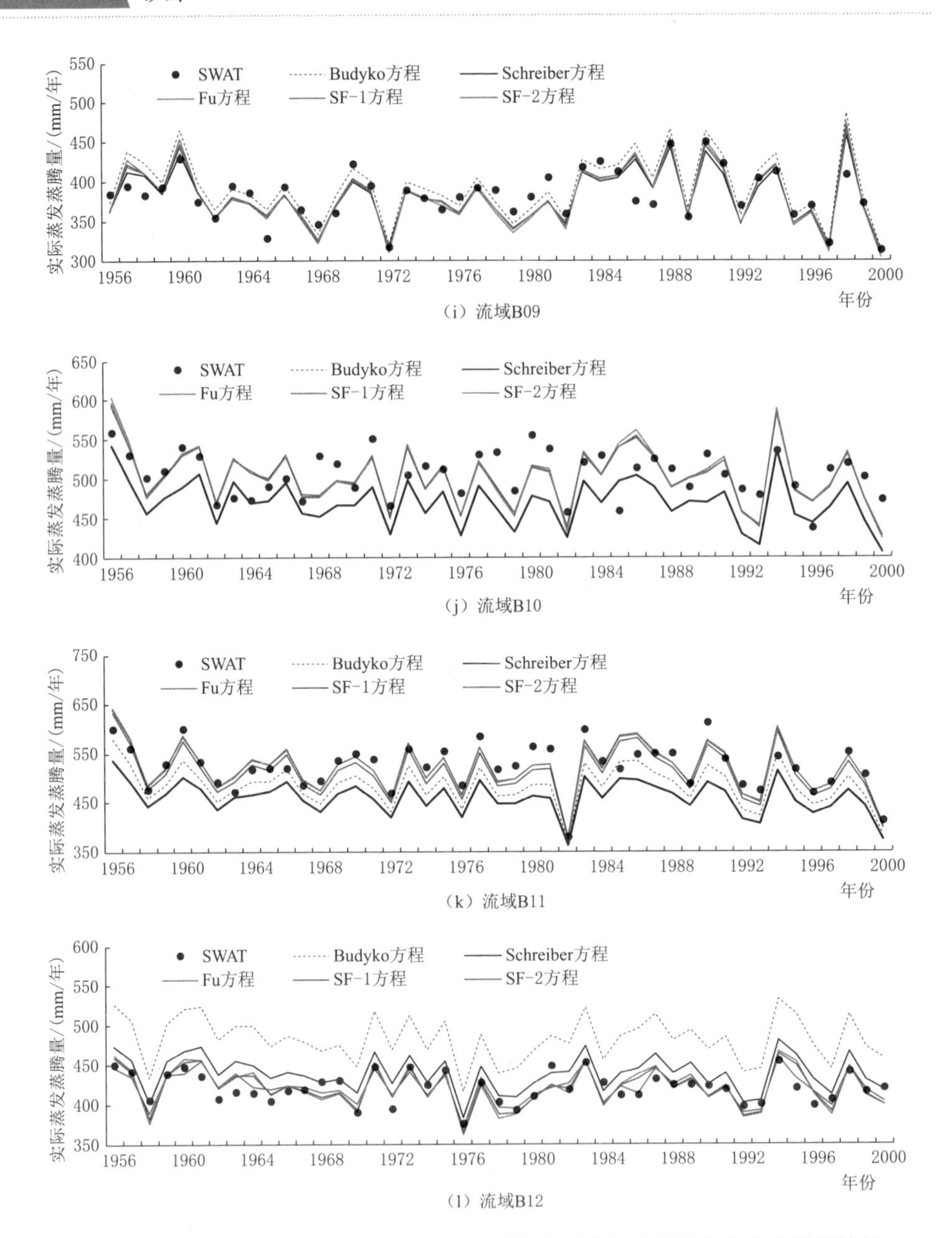

图 6.4（三） 不同 BH 方程对松花江 12 个研究流域的年实际蒸发蒸腾量模拟结果